住房和城乡建设领域"十四五"热点培训教材

矿山固体废弃物
资源化利用技术与应用

柳　浩　杨丽英　杨荣俊　著

中国建筑工业出版社

图书在版编目（CIP）数据

矿山固体废弃物资源化利用技术与应用 / 柳浩，杨
丽英，杨荣俊著. —北京：中国建筑工业出版社，
2023.8
住房和城乡建设领域"十四五"热点培训教材
ISBN 978-7-112-28534-1

Ⅰ.①矿… Ⅱ.①柳…②杨…③杨… Ⅲ.①矿山—
固体废物—废物综合利用—教材 Ⅳ.① X751

中国国家版本馆 CIP 数据核字（2023）第 049462 号

本书针对矿山固体废弃物中煤矸石和铁尾矿储量大、利用率低的现状，基于多年研究成果与工程实践撰写而成，内容涵盖了煤矸石和铁尾矿的组成、基本特性、煤矸石集料性能、煤矸石和铁尾矿沥青混合料的配合比设计及路用性能、煤矸石半刚性基层材料的强度增长规律与稳定性、铁尾矿用于半刚性基层和路基的材料组成设计、力学性能与变形特性、煤矸石水泥混凝土的微观机理、配合比设计与性能、铁尾矿配制水泥混凝土的基本性能与微观分析、煤矸石矿物掺合料制备及水泥混凝土的性能等内容，同时给出了工程应用案例。

本书可供建设、设计、施工、监理、科研、试验、检测等单位的有关人员参考使用，也可供高等院校相关专业师生借鉴和参考。

责任编辑：聂　伟
责任校对：赵　力

住房和城乡建设领域"十四五"热点培训教材
矿山固体废弃物资源化利用技术与应用
柳　浩　杨丽英　杨荣俊　著
*
中国建筑工业出版社出版、发行（北京海淀三里河路 9 号）
各地新华书店、建筑书店经销
北京建筑工业印刷厂制版
北京云浩印刷有限责任公司印刷
*
开本：787 毫米×1092 毫米　1/16　印张：21¾　字数：486 千字
2025 年 2 月第一版　　2025 年 2 月第一次印刷
定价：79.00 元
ISBN 978-7-112-28534-1
（41032）

前　言

我国是世界上矿产资源总量丰富、矿种齐全的资源大国。目前全国矿业从业人员2000多万人，并有300多座以矿业开发为基础而兴起的城市。

矿产资源的开采和利用会产生大量固体废弃物。矿山固体废弃物具有诸多危害，同时也是一种宝贵的资源。如何实现矿山固体废弃物的合理、高效、绿色、可持续资源化利用，成为矿产资源开采和利用过程中的重要课题。建材工业是固体废弃物利用的主要应用行业，矿山固体废弃物经过技术处理，可以转化为道路及建筑工程中的原材料，可提高资源的利用效率，降低对环境的影响。

党的十八大以来，我国把资源综合利用纳入生态文明建设总体布局，"十三五"期间，累计综合利用各类大宗固体废弃物约130亿t，减少占用土地超过6.67万hm²，提供了大量资源综合利用产品，促进了煤炭、化工、电力、钢铁、建材等行业高质量发展，社会效益和经济效益显著，对缓解我国部分地区原材料紧缺、改善生态环境质量发挥了重要作用。"十四五"时期，我国开启全面建设社会主义现代化国家新征程，围绕推动高质量发展主题，全面提高资源利用效率的任务更加迫切。

目前我国存量较大的矿山固体废弃物为煤矸石与铁尾矿。为研究推广应用煤矸石与铁尾矿在道路及建筑工程材料中的资源化利用技术，在2008～2017年的10年间北京市政路桥建材集团有限公司联合国内多家科研单位完成了以"发展循环经济、建设节约型社会"为主题的北京市重大科技攻关项目——矿山废弃物的资源化利用（D0804000540000）及国家科技支撑项目——道路铺面材料废物循环利用技术及示范之课题四——矿山固体废弃物筑路技术与示范（2014BAC07B04）。基于这些研究工作和成果，撰写了本书。

本书针对矿山固体废弃物中储量最大、利用率较低的煤矸石和铁尾矿，全面系统地总结了煤矸石和铁尾矿在道路工程和建筑工程中应用技术与工艺，通过多个典型工程成功应用的案例，对煤矸石和铁尾矿变身为道路及建筑工程的核心材料，以及煤矸石和铁尾矿的资源化、无害化、规模化利用关键技术进行详细阐述。

本书由柳浩、杨丽英、杨荣俊著。参加相关研究工作的有谭忆秋、张晓燕、王栋民、徐慧宁、段丹军、王建国、王路松、王真、布海玲、孙海娇、田锦松、董雨明、李振等，在此表示衷心感谢!

　　由于作者水平有限，书中错误及不足之处在所难免，敬请读者批评指正!

柳　浩

目 录

上篇　煤矸石和铁尾矿在道路工程中的应用

下篇 煤矸石和铁尾矿在建筑工程中的应用

第1章 绪 论

矿产资源指经过地质成矿作用，埋藏于地下或出露于地表，呈固态、液态或气态的，具有开发利用价值的矿物或有用元素的集合体。矿产资源属于非可再生资源，其储量是有限的。地球上的矿物已知有 3300 多种，并构成多样的矿产资源。世界上已知的矿产有170 多种，其中 80 多种应用较广泛。按其特点和用途，矿产通常分为四类：能源矿产、金属矿产、非金属矿产、水气矿产，有固体、液体、气体三种形态。

我国已探明的矿产资源总量约占全球的 12%，居世界第 3 位。我国是世界上矿产资源总量丰富、矿种比较齐全的资源大国之一。截至 2021 年年底，我国已发现 173 种矿产，其中能源矿产 13 种，金属矿产 59 种，非金属矿产 95 种，水气矿产 6 种。我国的主要矿产有：① 能源矿产：煤、石油、天然气、油页岩、铀、钍等。② 黑色金属矿产：铁、锰、铬、钒、钛等。③ 有色金属及贵金属矿产：铜、铅、锌、铝、钨、锡、镍、铋、钼、钴、汞、锑、金、银、铂等。④ 稀有、稀土和分散元素：铌、钽、锂、铍、稀土族元素、锗、镓、铟、镉、硒、磅等。⑤ 冶金辅助原料非金属矿产：熔剂石灰岩、熔剂白云岩、硅石、菱镁矿、耐火黏土、萤石、铸型用砂、高铝矿物原料等。⑥ 化工原料非金属矿产：硫铁矿、自然硫、磷、钾盐、钾长石、明矾石、硼、芒硝、天然碱、重晶石、钠硝石等。⑦ 建筑材料及其他非金属矿产：云母、石棉、高岭土、石墨、石膏、滑石、水泥用原料、陶瓷黏土、砖瓦黏土、玻璃用砂、建筑用石材、大理石、铸石用玄武岩、珍珠岩、沸石、蛭石、硅藻土、膨润土、叶蜡石、刚玉、天然油石、玉石、玛瑙、金刚石、冰洲石、光学萤石、蓝石棉、压电水晶等。⑧ 地下水、地热等：我国从 20 世纪 50 年代将地下水、地热也列为矿产管理。

矿产资源是人类社会存在与发展的重要物资基础，是一种重要的生产资料与劳动对象。人类目前使用的 95% 以上的能源、80% 以上的工业原材料和 70% 以上的农业生产资料都是来自矿产资源。根据中国地质调查局以市、县为单位的全国矿山地质环境调查数据统计，截至 2018 年，我国共有各类废弃矿山约 99000 座，按矿产类型分，非金属矿山约 75000 座，金属矿山 11700 座，能源矿山 12300 座。按生产规模分，大型废弃矿山共有 2000 座，中型废弃矿山共有 4200 座，小型废弃矿山共有 92800 座。按开采方式分，露天开采的废弃矿山共有 80600 座，井工开采的废弃矿山共有 16400 座，其他混合开采的废弃矿山 2000 座。

矿产资源的开采和利用会产生大量固体废弃物，如果不能及时有效地得到控制和处理，不仅会导致土地资源以及矿物质资源的严重浪费，还会直接威胁矿山周边生态环境，严重影响附近居民的日常生活。矿山固体废弃物大量堆存，容易诱发地质灾害和工程事故。例如，1970年9月，赞比亚某矿尾矿坝的尾砂涌入矿坑内，导致89名井下工人死亡，矿区全部被淹没，教训十分惨痛。1998年，西班牙阿斯纳科利亚尔的尾矿库发生溃坝事故，造成严重的环境污染。1986年，我国湖南某矿的尾矿坝因暴雨而坍塌，造成数十人伤亡，直接经济损失达数百万元。2008年，山西省襄汾县的尾矿库发生特别重大溃坝事故，事故泄容量26.8万m^3，过泥面积30.2hm²，波及下游500m左右的矿区办公楼、集贸市场和部分民宅，造成277人死亡、4人失踪、33人受伤，直接经济损失达9619.2万元。类似这样的实例不胜枚举。尾矿库的建设投资数字也非常惊人。据统计，20世纪70年代我国所建的72座尾砂库，平均建库费用为200万元左右。矿山地质灾害发生率较高，同时治理比较困难，需要投入大量人力、物力以及资金。为安全起见，每年还需要投资数十万元进行维护管理及监测，以长期观测尾矿坝的静压力及坝基状态。截至2018年，全国废弃矿山固体废弃物累计积存量约$4.96×10^{10}$t，累计毁损土地面积超过$6.3×10^5$hm²，其中以非金属类废弃矿山毁损土地最多。矿产资源开发过程中产生的各种固体废弃物，含有大量重金属和有毒有害元素，有的未经达标处理，不合理堆积、排放，通过雨水淋溶和风扬作用扩散传播到矿区周边的土壤和水体中，对矿区及其下游的水土造成严重污染。已堆积的以及每年新产生的大量固体废弃物不仅侵占了宝贵的土地资源，而且给土壤、水体和大气带来了不同程度的污染。大量的固体废弃物对环境构成巨大威胁，同时作为"放错了地方的资源"，对其简单处理也是一种资源浪费。因此，工业和信息化部将尾矿、煤矸石、粉煤灰、冶炼渣、副产石膏、赤泥等固体废弃物列为大宗工业固体废弃物，作为大宗工业固体废物综合利用专项规划中的主要处理对象。

党的"十八大"以来，我国把资源综合利用纳入全面加强生态文明建设"五位一体"总体布局。随着生态文明建设的深入推进和环境保护要求的不断提高，大宗固体废物综合利用作为我国构建绿色低碳循环经济体系的重要组成部分，既是资源综合利用、全面提高资源利用效率的本质要求，更是助力实现碳达峰碳中和、建设美丽中国的重要支撑。经过多年培育和发展，大宗固体废物综合利用规模水平不断提高、产业体系不断健全、政策制度和长效机制不断完善、创新实践不断取得突破，大宗固体废弃物综合利用由"低效、低值、分散利用"向"高效、高值、规模利用"整体转变取得积极进展。产业规模稳步扩大。"十三五"期间，我国大宗固体废弃物综合利用产业规模不断扩大，综合利用率不断提高。2019年，煤矸石、粉煤灰、尾矿、冶炼渣、工业副产石膏、建筑垃圾、农作物秸秆7类主要品类大宗固体废弃物产生量约为63亿t，综合利用量为35.4亿t，综合利用率约为56.2%，比2015年提高5%。随着综合利用产业的快速发展，预计到2025年，大宗固体废弃物综合利用量将持续增加达到47.8亿t，综合利用率提高至60.9%。对缓解我国部分行业原材料紧缺、提高资源利用高效率、改善生态环境质量、促进综合利用产业绿色高质量发展，发挥重要作用。

1.2 矿山固体废弃物的现状

1.2.1 矿山固体废弃物分类

矿山固体废弃物包括矿山开采过程中所产生的废石以及矿石经选冶生产后所产生的尾矿或废渣，因其排放量大、成分复杂、难处理、难利用等特点，成为目前环保一大难题。一般根据固体废弃物产生环节的不同，可以分为采矿废石和选矿尾矿两类；依据开采矿产的种类，可将矿山固体废弃物分为能源矿产矿山固体废弃物，如煤矸石等；金属矿产矿山固体废弃物，如铁矿废石和铁尾矿等；非金属矿产矿山固体废弃物，如石棉尾矿和石墨尾矿等。数量较大的矿山固体废弃物为尾矿及包含煤矸石在内的各类废石。

1. 废石

废石是指直接与矿体接触、不含有用矿物或含量过少、矿石质量差、当前无工业价值的岩石，在矿体内部的废石称为夹石，在矿体周围的废石称为围岩。对于地下采矿来说，是指坑道掘进和采场爆破开采时所分离不能作为矿石利用的岩石；对于露天矿来说，是指剥离下来的矿床表面的围岩或夹石，经调查，露天矿每开采 1t 矿石要剥离 6～8t 废石。因此我国废石的堆存数量大，各类废石利用量均不及增量，利用水平不高且参差不齐。

矿山废石根据矿体赋存的主岩、围岩类型及矿山固体废弃物的矿物组成，可分为基性岩浆岩、自变质花岗岩、玄武－安山岩等 28 个基本类型。矿山废石进行综合利用能够有效解决我国资源短缺的需要，同时节约土地资源，避免其造成空气、土壤和水体污染，以及地质灾害，保护环境。废石的去向一般为经有效去除泥、粉等杂质，破碎加工后作为砂石骨料、砂、水泥的基本原料、铁路道砟材料，以及填埋露天坑复田等。

2. 煤矸石

煤矸石是采煤和洗煤过程中排放的固体废物，是成煤时期与煤伴生的低碳岩石，主要包括巷道掘进矸石，洗煤作业时洗选出来的煤层顶板、底板及煤层夹层中的矸石。煤矸石含碳量约为 20%，其他成分是 Al_2O_3、SiO_2 以及少量的 MgO、Na_2O、Fe_2O_3、CaO、K_2O、SO_3 和稀有元素等。

根据煤矸石热值、含碳量、矿物质含量不同，有不同的用途。低位发热量在 6.27～12.54MJ/kg、碳含量大于 20% 的煤矸石适合于作为锅炉燃料；低位发热量在 2.09～6.27MJ/kg，碳含量在 6%～20% 的煤矸石适宜制造砖、水泥和其他建筑材料；低位发热量小于 2.09MJ/kg，灰分含量在 5%～90% 的煤矸石适宜于复垦、筑坝和铺路材料；有机物含量较高的煤矸石适宜于生产有机肥料。

煤矸石排放量大，不但占用土地，还会造成环境污染。煤矸石中含有一定量的具有可燃性的物质，煤矸石在长期露天堆放中会因氧化放热，热量无法散失，导致内部温度不断提高，在有空气存在的情况下，煤矸石内部温度一旦达到着火点就会燃烧，释放出一氧化碳、二氧化碳、二氧化硫、硫化氢和氮氧化合物等有毒有害气体，二氧化硫释放量位居首位。可见，煤矸石的排放会对矿区周边环境造成巨大的负面影响，填埋处置不当将会导致土地贫瘠化、盐渍化、荒漠化；同时产生的淋滤液含有大量有毒有害物质，渗入地下水后造成地下水水质和水生态环境破坏；煤矸石自燃会产生有毒有害气体污染环境等。因此合理利用煤矸石，既可以保护环境，又可以利用其富含的有价能源和资源。

3. 尾矿

尾矿是原矿经过选别之后，得到有用矿物含量较低，不需要进一步处理的或目前技术经济上不适合于进一步处理的产品。尾矿是一种致密、稳定、成分复杂的物质，其典型特征是种类多、堆存量大、粒度细、易泥化。尾矿的特点为：① 含有用成分少、排放量大、成分复杂且易对环境造成污染。② 其堆存大量占用土地，容易导致堆存成本高、安全事故频发、资源浪费较大的情况。③ 选矿厂将预选的部分粗尾矿砂剔除，剩余精选矿石大多采用二段或三段研磨选矿工艺，导致尾矿颗粒粒度较细。尾矿多以泥浆形式外排，日积月累形成尾矿库。尾矿库占地面积大，而且极具安全隐患，另外在尾矿库中富含选矿药剂的水渗透到地下，对环境、地下水会造成极大污染。

随着环境保护形势日益严峻，加之矿产资源的缺乏，尾矿的综合利用是未来矿山固体废弃物资源化利用技术发展的重要方向。根据当地的市场需求以及矿山的自身实际情况，选择成熟的矿山尾矿处理技术对尾矿进行回收利用，不但能够显著提高矿山企业的生产效益，而且还可以降低其对环境的影响，实现经济效益与社会效益双赢的局面。

1.2.2 我国矿山固体废弃物现状

我国是世界采矿大国，伴随各类矿产资源的开发利用，产出了大量的固体废弃物（或称固废），且逐年增多。随着矿石开采量的上升和品位的下降，每年矿山固体废弃物的排放量还将不断增加。这些固体废弃物的存量既是我国千百年矿业开发的历史积累，也是矿产资源利用不合理的结果。矿山固体废弃物是工业固体废弃物中的一类，2020 年我国大宗工业固体废物约 37.87 亿 t，较 2019 年增长 0.71 亿 t，同比增长 1.91%。2011—2020 年我国大宗工业固体废物产生情况见图 1-1，2020 年各类大宗固体废物产生量及占比情况见表 1-1。从 2020 年各品类固体废弃物的产生情况来看，矿山固体废弃物中尾矿 12.95 亿 t，占比 34.20%；煤矸石 7.02 亿 t，占比 18.54%。

受环保及有关政策倒逼，我国大宗固体废弃物（简称"固废"）综合利用率近年来呈上升趋势。2020 年我国大宗工业固体废弃物利用量约为 21.54 亿 t，综合利用率 56.91%，同比增长 1.62%。2011—2020 年我国大宗工业固体废弃物产生及综合利用情况见图 1-2，2020 年我国大宗工业固废综合利用情况见表 1-2。

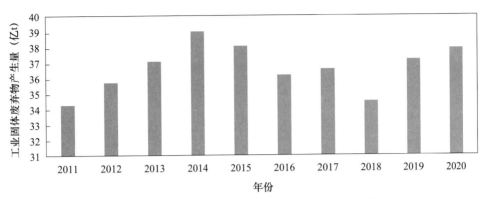

图 1-1　2011—2020 年我国大宗工业固体废弃物产生情况

2020 年我国大宗固体废弃物产生量及占比情况　　　　　　　　　　　表 1-1

种类	产生量（亿 t）	占比（%）
尾矿	12.95	34.20
冶金渣	6.89	18.19
煤矸石	7.02	18.54
粉煤灰	6.48	17.11
赤泥	1.06	2.80
工业副产石膏	2.30	6.09
石材固废	0.37	0.97
煤气化渣	0.45	1.19
电石渣	0.35	0.91
合计	37.87	100.00

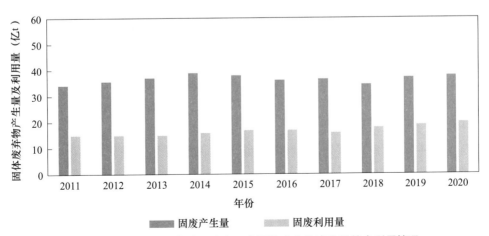

图 1-2　2011—2020 年我国大宗工业固体废弃物产生及综合利用情况

2020 年我国大宗工业固体废弃物综合利用情况 表 1-2

种类	利用量（亿 t）	利用率（%）
尾矿	4.41	34.05
冶金渣	5.06	73.48
煤矸石	5.07	72.20
粉煤灰	5.03	77.62
赤泥	0.07	7.05
工业副产石膏	1.29	56.15
石材固废	0.26	71.00
煤气化渣	0.04	8.87
电石渣	0.31	89.67
合计	21.54	56.91

2020 年我国大宗固体废弃物综合利用率与 2019 年相比有所提升，但部分品种（如尾矿、赤泥等）的利用率与《关于"十四五"大宗固体废弃物综合利用的指导意见》中提出的到 2025 年大宗固废综合利用率达到 60%，还存在较大差距，需进一步打通政策、市场、技术、"产学研用"多元融合等渠道。

1. 废石

我国国土资源部发布的《重要矿产资源开发利用水平通报》，对我国重要的 20 种矿产资源开发利用水平进行数据统计与分析。近年来，虽然我国废石、尾矿的排放量逐年增加，但增长速度逐渐下降，废石和尾矿的利用率不断提高。我国矿山废石的平均排放强度为 11t/t 精矿，即每生产 1t 精矿产生 11t 废石。相比于其他矿产，有色金属产每吨精矿的废石排放强度最大，其中排放强度较大的有钼、钨、铜矿、铝土矿、铅矿等。20 种矿产资源每年产生废石 19.56 亿 t，废石的平均年利用量为 3.49 亿 t，废石利用率相比于"十二五"初期的 11.76%，提高到 17.77%，同比提高了 6.01%。

矿产资源的开发利用会破坏地表形态，我国矿山开发破坏的土地资源中，废石堆积占用土地占比 27% 左右，尾矿库占比 15% 左右。我国拥有各类矿产开发企业 15.3 万个，这些企业在矿产开采过程中产生大量废石。据统计显示，我国有色金属矿山每年产生废石近 12 亿 t，黑色金属矿山每年产生废石约 6.2 亿 t。这些废石堆积在废石库、排土场以及自然场地中，侵占了大量土地资源，其中不乏优质的耕地和林地资源。矿山每堆存 1 万 t 的矿山固体废弃物约需要占用 1hm² 土地。到目前为止，我国矿山固体废弃物堆存将近 700 亿 t，占用土地面积超过 29.49 万 hm²。以陕西省为例，矿山固体废弃物累计占用土地超过 1411.71hm²，尾矿库累计占用土地 519.96hm²。同时，一些矿山回收率较低，伴生矿产资源利用率不高，相当部分的有价金属和非金属矿物留存在废石和尾矿中，我国每年在其中损失的矿产价值超过 1000 亿元，造成了严重的资源浪费。

2. 煤矸石

煤矸石是煤炭开采和洗选过程中排放的固体废弃物，相比于普通煤炭，其具有含碳量低、热值低、质地坚硬的特点，一般以堆存的方式存放，见图 1-3。煤矸石是我国目前排放量较大的矿山固体废弃物，其排放和堆存造成了资源浪费、环境污染等问题。我国煤矸石累计堆存已达 70 亿 t，且以 1.5 亿 t/ 年的速度增长，约为全国耕地保有面积的 6.79%，全国各地区煤矸石的累计排放量见图 1-4。

图 1-3　煤矸石山

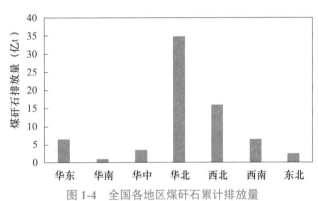

图 1-4　全国各地区煤矸石累计排放量

由于其燃烧热值大，可利用煤矸石进行火力发电等能源化利用。煤矸石中含有氧化铁等有价组分，还可用于有价金属的提取。发挥煤矸石质地坚硬的特点（图 1-5），可将煤矸石作为井下采空区填料和建筑材料使用。煤矸石中的有机质可提高土壤有机质含量，为植物生长提供营养元素，将有机质含量在 20% 以上的煤矸石制成有机矿物肥料，还可将煤矸石用于土地复垦。

3. 尾矿

我国矿山废石和尾矿的堆存量大、排放增长速度快、排放强度高，在矿产资源的开发利用过程中会排出大量的废石和尾矿。

在我国，尾矿是工业固体废弃物中产出量以及堆积量最高的危险固体废弃物。2015—2020 年我国的尾矿堆积量如图 1-6 所示。2015 年底我国尾矿堆积量为 173 亿 t，2020 年年底已达 222.6 亿 t。

我国 2008—2020 年尾矿产生量及利用率如图 1-7 所示。2008—2014 年我国尾矿产生量一直呈上升趋势，2014 年为 16.78 亿 t；2015—2018 年，由于铁尾矿产生量逐步减少，我国尾矿产生量整体呈下降趋势；2019 年开始又呈增长趋势，我国累积的尾矿库存量约 207 亿 t，其中超过一半为铁尾矿，见图 1-8；2020 年，尾矿的产生量为 12.75 亿 t；而我国尾矿的利用率随着时间的推移呈增长趋势，2008 年的尾矿利用率约为 7.0%，2020 年时已增长至 31.8%。尾矿的堆积不仅会对环境造成破坏，还会给周边居民带来巨大的安全隐患。

图 1-5 煤矸石

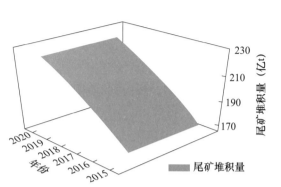

图 1-6 我国 2015—2020 年尾矿堆积量

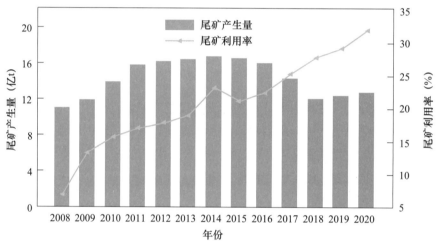

图 1-7 我国 2008—2020 年尾矿产生量及利用率

图 1-8 铁尾矿库

1.3 国内外矿山固体废弃物利用状况

1.3.1 相关法律法规的情况

各国通过各项法律法规的引导，在环境的污染治理、减轻环境污染、节省自然资源、降低成本等方面收到了显著成效。在固废利用处理方面，从减量化、资源化和无害化方面作了一系列规定。

1. 美国

美国早在 1965 年颁布了《固体废物处置法案》（Solid Waste Disposal Act），这是第一部针对改进固体废物处置方法的法令。1976 年颁布实施了《美国资源保护与回收法案》（RCRA），是对《固体废物处置法案》的修订，其重新建立了国家的固体废物管理系统，并为当时的危险废物管理项目设置了基本框架。1984 年，《危险和固体废物修正案》（HSWA）对 RCRA 进行了重要修订，拓宽了 RCRA 的范围和要求。1992 年，美国议会再次对 RCRA 进行修改，通过了《联邦设施遵守法案》，增强了在联邦设施执行 RCRA 的权限。1996 年，《掩埋处置计划弹性法案》对 RCRA 进行了修正，从而可以对某些废物的土地掩埋处理进行灵活的管理。美国国会授权美国环境保护署（EPA）根据法案要求，制定废物管理条例、政策指南等为废物管理提供明确而且具有法律强制性的要求。主要制度有州废物管理计划（系统对各级政府的职能、管理计划、监督等进行了划分）；危险废物产生者管理（明确了固废生产者职责，废物分级制度，固废生产者和处理方的责任及连带职责）；危险废物运输者管理（废物监管办法）；危险废物处理、贮存及处置设施管理制度（固废处理管理要求和许可证制度）。

2. 日本

日本于 1970 年 12 月出台了《废弃物处理法》，自颁布以来，历经数十次修正。作为废弃物管理的一部核心法律，其对废弃物的产生、转移、处理处置等环节以及相关方的责任等方面进行了规定。内阁府颁布了《废弃物处理法实施令》，对《废弃物处理法》进行了有益补充。厚生省颁布了《废弃物处理法实施规则》，提出了一些更为具体的标准。这三部法律法规由上至下，不断丰富补充，构成了日本废弃物分类管理的法律框架体系。其主要制度有：废弃物处理计划，规定了政府对固废处理的行政审批权限，企业的处理许可制度；产业废弃物转移联单，规定了对固废产生企业和处理企业监管；再生利用认定制度，对可再生利用固废的认定和从事固废回收业务经营的许可制度。

3. 中国

经过多年培育和发展，我国固体废弃物综合利用规模水平不断提高、产业体系不断健全、政策制度和长效机制不断完善、创新实践不断取得突破。在 2015 年，国务院发布了《关于加快推进生态文明建设的意见》，明确指出了生态文明的建设途径，加大资源节约，构建保护环境的空间格局、产业结构，优化生产方式，不断推进工业固废的综合利用研究。2016 年，我国的《国家创新驱动发展战略纲要》，明确提出了工业固体废物综合利用技术体系的建设要求。在 2017 年颁布的《循环发展引领行动》中提出尾矿、煤矸石等大宗工业废物的综合利用要逐步推动。"十三五"以来，《中华人民共和国固体废物污染环境防治法》《中华人民共和国环境保护税法》《中华人民共和国资源税法》等法律陆续出台，相关法律体系不断完善，进一步加强了综合利用产业链上下游企业的责任和义务，为我国大宗固体废弃物综合利用产业的高质量发展提供了良好的机遇和坚实的法律保障。2020 年新修订的《中华人民共和国固体废物污染环境防治法》为"十四五"的固体废弃物治理新篇章夯实了法治基础。在政策方面，国家发展和改革委牵头加强战略部署和顶层设计，先后印发《关于推进大宗固体废弃物综合利用产业集聚发展的通知》《关于"十四五"大宗固体废弃物综合利用的指导意见》《关于开展大宗固体废弃物综合利用示范的通知》。生态环境部等部门先后组织编制了 2023 年《国家先进污染防治技术目录（固体废物和土壤污染防治领域）》《国家工业资源综合利用先进适用工艺技术设备目录（2023 年版）》《国家鼓励发展的重大环保技术装备目录（2023 年版）》《首台（套）重大技术装备推广应用指导目录（2024 年版）》等技术目录，极大促进了大宗固体废弃物资源综合利用先进适用技术装备的推广应用。

目前已培育形成了 50 个大宗固体废弃物综合利用基地和 60 个工业资源综合利用基地，到 2025 年两类基地建设累计分别达到 100 个和 110 个，将有助于形成多途径、高附加值的综合利用发展新格局。

1.3.2 国内外矿山固体废弃物利用的情况

1. 废石

国内外对于铁矿废石的综合利用主要包括采空区充填、工程应用、回收铁矿石以及制备砂石骨料等多种方式，在矿山废石资源化利用这一研究领域，国外起步相对较早。随着我国对环保重视程度不断上升，各大企业、高校和研究机构在矿山废石资源化利用的研究投入不断加大。目前，我国在矿山废石综合利用上与国际水平还有一定的差距，但在某些具体领域的应用研究上有我国自身的独到性和开创性。矿山废石处理的发展主要经过了两个阶段，在废石处理的初期阶段，对矿山废石的处理主要侧重于堆存技术和防止二次污染。现阶段，对矿山废石的处理则侧重于回收资源和废弃物转换。目前，废石综合利用的研究主要在于废石中有用矿物或元素的分离与回收以及利用矿山废石制备其他有用材料。对矿山废石的处理思路和对策主要从两个方面考虑：一方面对堆存的矿山废石再碎再磨，利用混合选矿方法对废石中的有用矿物进行进一步回收；另一方面，改进选矿设备、技术以及流程，使用更加合理的技术设备和混合选矿流程，减少废石的产生，降低其排放强度。矿山废石的应用领域十分广泛，目前最主要的应用领域有有价金属提取、生产砂石骨料、废石充填等。

（1）有价金属提取

据研究数据表明：发达国家金属矿产平均综合利用率约为70%，而我国平均不到50%。我国仅有2%的有色金属矿山矿产的综合利用率能够达到70%，综合利用率超过50%的有色金属矿山不到15%。从矿山废石中回收有价金属的潜力巨大，同时也是矿山废石资源化利用的重要一步。先从矿山废石中回收有价成分，再对剩余的废石、尾砂进行资源化处理。已经有很多企业联合高校和科研院所进行了研究并投入工业化应用，取得了良好的综合效益。

（2）生产砂石骨料

砂石骨料是混凝土等建筑材料中最重要的原材料，被广泛运用于建筑、道路、桥梁和水利等各大领域。截至2019年，全球砂石骨料产量已达到500亿t，中国是全球砂石骨料第一大生产国，2019年已达到188亿t。与天然骨料相比，铁矿废石储量大、强度高且力学性能稳定，因此在对铁矿废石各项指标检测合格的基础上将其用于制备砂石骨料，不仅可以缓解天然骨料的供应压力，还能在一定程度上解决废石堆存过剩的难题，其具备较高的经济效益、环境效益和社会效益。

（3）废石充填

据有关数据显示，我国铁尾矿综合利用率约为17%。国外的铁尾矿综合利用率较高，如1985年铁尾矿在日本的综合利用率就几乎达到100%，1994年德国铁尾矿的综合利用率超过95%，美国的铁尾矿综合利用率也达到79%。废石用作采矿充填，不仅减小了废石的占地面积，而且可为企业降低经济成本。目前，废石的充填已成为矿山固体废物处理的主流方案。而废石充填采用胶结填充法，是指以矿山废石作为充填的粗骨料，以水泥或砂浆填充块石间隙并将其胶结成一个整体，经过自淋或搅拌混合后充填采矿区。矿山废石除可用于矿区采空区充填外，还能用于其他填埋。煤矿废石也可直接填入地下空间和巷道等。对于废石回填采空区，由于采矿风险很大，因此需要采取成熟安全的填埋工艺，一般采用废石胶结充填，能保证采空区填埋的稳定性和安全性。对于其他一些巷道、空地等填埋，工艺就较为简单，对废石进行一些简单的毒性、力学性能检测后就可以直接进行填埋。

2. 煤矸石

煤矸石堆积如山，成为全球关注的焦点，生产高附加值的化工产品越来越得到重视。国外利用煤矸石最早起源于20世纪40年代，一些发达国家制定了相关的鼓励支持政策，提倡利用煤矸石。目前，国外对煤矸石的利用最常用的方向是生产建筑材料。如俄罗斯、日本等国家用煤矸石代替部分黏土生产水泥和建筑轻骨料，英国早些时候用煤矸石建造了海岸大坝和飞机着陆点。除了工程应用，还使用煤矸石中丰富的元素制备高附加值的化学产物，如净水剂、碳化硅等，大大提升了煤矸石的潜在利用价值。

（1）煤矸石发电

用于发电的煤矸石发热量要在6.27～16.72MJ/kg，国家明确规定：推广应用循环硫化床燃烧并采用脱硫及静电除尘技术。到2001年年底，全国已建成并投产煤矸石发电厂

150 多座，总装机容量 250 万 kW。目前存在的问题集中表现在：国家鼓励发展政策不到位；监管力度滞后；技术水平偏低；环保措施跟不上；并网发电难度大等。

（2）煤矸石建材

① 煤矸石制砖。我国利用煤矸石烧结砖，一般采用全内燃焙烧技术，即用煤矸石自身的发热量提供的热能来完成干燥和焙烧的工艺过程，基本不需外加燃料。但产品的成本普遍偏高，另外砖的放射性也是值得考虑的问题。② 煤矸石生产轻骨料。适宜烧制轻骨料的煤矸石主要是碳质页岩和选矿厂排出的洗矸，煤矸石的含碳量不要过大，以低于13% 为宜。两种烧制方法为：成球法与非成球法。③ 煤矸石生产空心砌块。煤矸石空心砌块是以自燃或人工煅烧煤矸石为骨料，以磨细生石灰和石膏作胶粘剂，经转动成型、蒸汽养护制成的墙体材料。④ 煤矸石代替黏土生产水泥。煤矸石和黏土的化学成分相近并能释放一定的热量，用其代替部分或全部黏土生产普通水泥能提高熟料质量。用煤矸石制作水泥原料的生产工艺过程与生产普通水泥基本相同。但应注意煤矸石中的硫所带来的污染。⑤ 煤矸石作水泥混合材料。煤矸石经自燃或人工煅烧后具有一定的活性，可掺入水泥中作活性混合材料，与熟料和石膏按比例配合后进入水泥磨磨细。煤矸石的掺入量取决于水泥品种和强度等级，在水泥熟料中掺入 15% 煤矸石，可制得 425 普通硅酸盐水泥；掺量超过 20% 时，按国家规定为火山灰质硅酸盐水泥。

（3）提取化工产品

煤矸石中可利用的矿物、元素分别为 SiO_2、Al_2O_3、Fe_2O_3、FeS_2 和 Mn、P、K 等。Al_2O_3 含量大于 35% 的高铝煤矸石可用来制造炼钢高效脱氧剂硅铝铁合金、水玻璃、氢氧化铝、碱式氯化铝净水剂，及硫酸铝和铵明矾的烧结料等。另外 FeS_2 含量较高的煤矸石氧化产生的 SO_X 是污染环境的罪魁祸首，而硫又是重要的化工原料，从煤矸石中回收硫铁矿（如抽提硫酸）具有较高的生态效益和经济效益。

（4）煤矸石复垦绿化

对于不好处理或处理价值较低的煤矸石，可以考虑充填塌陷区或埋填造地。其方法是：在造地的片区上先将熟化表土转移，然后垫铺岩石及自燃煤矸石至一定厚度，碾压整平再将熟化土覆盖，如此分片区逐年扩展，可造就大面积平地和台阶地，同时结合土壤改良，再造优质农田。

（5）回填矿井采空区或铺路材料

采用煤矸石不出井的采煤生产工艺，充填采空区，减少矸石排放量和地表下沉量，采用煤矸石充填废弃矿井。在道路、堤坝等工程建设中，以煤矸石代替黏土作铺路材料，增加稳固性。

（6）用于制备复合光催化剂

天然煤矸石经酸或碱深度改性后，其吸附性能得到显著改善，物化性质与活性炭及碳纳米管相似，改性煤矸石具有比表面积大、多微孔、吸附性良好的特点，可用作吸附载体。目前已经有报道煤矸石经改性后作为载体与 TiO_2、CdS、铋基碘氧化物、α-Fe_2O_3 等制备复合光催化剂，用于将有机污染物降解为无机小分子，广泛用于生产防腐剂、染料、除草剂和杀虫剂，使煤矸石资源得到更广泛的利用。

3. 铁尾矿

我国铁尾矿资源增量和存量都极其巨大。一方面，我国铁矿资源储藏总量丰富、矿床类型齐全，但以贫矿为主且伴生组分多。据估计，中国铁矿石平均入选品位仅为25.54%，因此一般每生产 1t 铁精矿需排出近 3t 铁尾矿。2019 年，我国尾矿总产生量约为12.72 亿 t，其中，铁尾矿产生量最大，约为 5.2 亿 t，占尾矿总产生量的 40.9%。另一方面，我国铁矿资源呈现相对集中的分布特点，超过半数铁矿在鞍山、白云鄂博、攀枝花等成矿带，历年累积下也造就了很多地区巨大的尾矿存量。截至 2018 年年底，我国尾矿累积堆存量约为 207 亿 t，其中占比最大的就是铁尾矿。

铁尾矿的化学成分主要以硅、铝、铁、钙、镁的氧化物为主，主要矿物包含石英、长石类矿物及黏土类矿物等，与天然砂矿物成分十分接近，这就为铁尾矿制备建筑材料提供了基础。

（1）铁尾矿制备新型墙体材料

建筑用砖是最普遍且主要的一种建筑墙体材料。传统建筑用砖以黏土矿物为主要原料，烧制过程既不环保又不节能。目前，传统的建筑材料正逐步向节能环保方向发展。由于铁尾矿的主要组成与黏土矿物组成相似，利用铁尾矿等固体废弃物制备建筑用砖将是未来建筑用砖的一大发展方向。

（2）铁尾矿替代混凝土细骨料

铁尾矿混凝土是将混凝土中的天然细骨料替换为铁尾矿制备的绿色混凝土。与普通混凝土相比，铁尾矿细骨料混凝土具有以下特点：① 铁尾矿混凝土的孔隙结构更为致密，较多的无害孔会吸收更多的水分并延缓水分释放，减小铁尾矿混凝土的干燥收缩，二次水化与细颗粒充填产生致密的结构，使其吸水率比普通混凝土低。② 合理掺量下的铁尾矿混凝土，抗压强度与劈裂强度均有显著提高，均高于普通混凝土。合理控制铁尾矿的掺量可以提高混凝土密实度与强度，与钢筋的粘结力、耐久性、抗渗能力也优于普通混凝土。③ 铁尾矿掺入量过多时，其颗粒强度小于石英砂，混凝土强度明显下降，颗粒棱角分明，增大了颗粒之间的摩擦，导致泵送混凝土困难，但有利于钢筋粘结。④ 在适当掺量的条件下，铁尾矿作为细骨料替代天然砂，致密的铁尾矿混凝土强度、抗冻性、抗碳化能力均高于普通混凝土。但是，铁尾矿细骨料混凝土的高温性能仍有待深入研究。

综上所述，矿山固体废弃物包含废石和尾矿，当前我国存量最大、利用率较低的是煤矿选矿和开采过程中产生的煤矸石，以及铁矿开采精选产生的铁尾矿。煤矸石和铁尾矿在道路工程和建筑工程中材料中的广泛应用是减量化、绿色化消纳这两种大宗矿山固体废弃物的最佳途径之一，因此非常有必要开展煤矸石和铁尾矿在道路工程和建筑工程中应用的研究。

1.4.1 煤矸石的基本特性

1. 煤矸石的成分

煤矸石是一种黑色固体，由黏土岩、砂岩、碳酸盐岩和铝质岩组成。它是一种无机混合物，主要由铝硅酸盐组成，含有不同量的 Fe_2O_3、CaO、MgO、K_2O 等无机物质。由于岩石种类不同，其矿物组成具有一定的复杂性，煤矸石主要由黏土矿物高岭石、伊利石、蒙脱石、勃姆石、石英、方解石、硫酸铁及碳质组成。煤矸石燃烧后通常结构松散，呈淡黄色。

通过X-荧光光谱半定量分析，可得到煤矸石、钢渣中各元素及含量组成，结果见表1-3。

X- 荧光光谱半定量分析试验结果 表 1-3

序号	元素	煤矸石	钢渣
		质量含量（%）	
1	C	6.84	3.17
2	N	0.735	1.37
3	O	52.0	36.4
4	Na	0.486	0.0222
5	Mg	0.367	1.89
6	Al	11.4	1.41
7	Si	21.2	6.65
8	P	0.0334	0.818
9	S	0.0359	0.117
10	Cl	0.0027	0.0094
11	K	1.55	0.0207
12	Ca	0.770	29.1
13	Ti	0.541	0.892
14	V	—	0.380
15	Cr	0.0134	0.320
16	Mn	0.151	3.46
17	Fe	3.68	13.8
18	Co	0.0021	—
19	Ni	0.0032	—

序号	元素	煤矸石	钢渣
		质量含量（%）	
20	Cu	0.0048	0.0030
21	Zn	0.0079	—
22	Ga	0.0035	—
23	Rb	0.0096	—
24	Sr	0.0220	0.0279
25	Zr	0.0180	0.0054
26	Nb	0.0019	0.0096
27	Ba	0.0531	0.0860
28	W	—	0.0119
29	Pb	0.0054	—
30	Th	0.0040	—

从表 1-3 中可以看出：煤矸石中含量最高的 6 种元素依次为 O、Si、Al、C、Fe、K，含量分别为 52.0%、21.2%、11.4%、6.84%、3.68%、1.55%，说明煤矸石中 O 含量最高，Si、C 含量也较高。

2. 煤矸石矿物组成的变异性

煤矸石的组成复杂，因产地不同各成分含量波动范围也很大。从形成时间上看，煤矿主要有两大类：形成于石炭－二叠纪的煤矿与形成于侏罗纪的煤矿，不同煤矿的煤矸石组成不同；从矿源上看，各地煤矸石矿物组成也有所不同。北京市典型煤矿的煤矸石测试结果见表 1-4～表 1-9。

形成于石炭－二叠纪的煤矿煤矸石的全矿物物相 X 射线衍射分析结果　　　　　表 1-4

样品特征	矿物种类和含量（%）						黏土矿物总含量（%）	备注
	石英	钾长石	方解石	白云石	云盐	黄铁矿		
炭质页岩	47	0.7		5.4	1.9	1.5	43.5	有少量非晶质，样品取自新堆
炭质页岩	29	1		19.5		1	49.5	
炭质页岩	32	0.6		0.6	0.8		66	
混合样	22.9	1.4	1.7	2.4	2.8	3.2	65.6	

形成于石炭－二叠纪的煤矿煤矸石的黏土矿物物相 X 射线衍射分析结果　　　　　表 1-5

样品号	黏土矿物相对含量（%）		黏土矿物总含量（%）	伊利石总含量（%）
	I（伊利石）	C（绿泥石）		
YX-1	46	54	43.5	20.01
YL-1	87	13	49.5	43.065

续表

样品号	黏土矿物相对含量（%）		黏土矿物总含量（%）	伊利石总含量（%）
	I（伊利石）	C（绿泥石）		
YL-2	71	29	66	46.86
YL-3	67	33	65.6	43.952
平均	67.75	32.25	56.15	38.47

形成于石炭－二叠纪的煤矿煤矸石的等离子光谱分析结果（%）　　表 1-6

样品号	烧失量	Al_2O_3	Fe_2O_3	CaO	MgO	K_2O	Na_2O	TiO_2	MnO	P_2O_5	SiO_2
YX-1	8.272	13.11	7.643	1.754	3.554	1.821	0.2596	0.6096	0.0795	0.0867	62.49
YL-1	12.91	17.32	3.148	4.768	3.066	2.291	0.5942	0.5188	0.1081	0.0718	54.88
YL-2	7.092	15.49	5.584	0.6854	2.169	1.877	0.5981	0.5921	0.0379	0.1036	65.41
YL-3	7.466	17.38	7.685	3.086	3.229	1.864	1.004	0.9838	0.0708	0.6586	56.24
平均	8.935	15.83	6.02	2.57	3.00	1.96	0.61	0.68	0.07	0.23	59.76

从测试数据看，石炭－二叠纪煤矿煤矸石具有如下特点：

（1）煤矸石中黏土矿物含量较高，平均达 56.15%；

（2）煤矸石中均含有碳酸盐矿物，这与形成时的古地理环境有关，当时处于海陆交互状况，同时含有一些岩盐也与此有关；

（3）在黏土矿物中，伊利石的含量高达 67.75%；

（4）煤矸石中 Fe_2O_3 的含量较高；

（5）样品有一定量的烧失量，这意味着含有一定量的煤质。

形成于侏罗纪的煤矿煤矸石样品的全矿物物相 X 射线衍射分析结果　　表 1-7

样品号	样品特征	矿物种类和含量（%）				黏土矿物总量（%）	备注
		石英	钾长石	钠长石	黄铁矿		
CZC-1	粉砂岩	32.5	0.7	18.9		47.9	有少量非晶质
CGC-1	炭质页岩	35.9	0.8	18.8	1	43.5	
CGC-1	炭质页岩	6.5	0.4	42.9	12.4	37.8	
平均值		24.97	0.63	26.87	6.70	43.07	

形成于侏罗纪的煤矿煤矸石样品的黏土矿物物相 X 射线衍射分析结果　　表 1-8

样品号	黏土矿物相对含量（%）		黏土矿物总含量（%）	伊利石总含量（%）
	I（伊利石）	C（绿泥石）		
CZC-1	75	25	47.9	35.925
CGC-1	75	25	43.5	36.625
CGC-1	78	22	37.8	29.484
平均	76	24	43.07	32.68

形成于侏罗纪的煤矿煤矸石堆样品的等离子光谱分析结果（%）　　　　表 1-9

样品	烧失量	Al₂O₃	Fe₂O₃	CaO	MgO	K₂O	Na₂O	TiO₂	MnO	P₂O₅	SiO₂
CZC-1	2.132	14.55	9.412	3.059	1.182	2.936	5.369	1.398	0.1754	0.7631	58.75
CGC-1	4.564	13.56	4.787	0.5291	1.404	3.144	2.468	0.6384	0.0436	0.1378	68.39
CGC-1	4.522	11.34	3.724	0.9414	1.241	2.915	2.417	0.6301	0.0511	0.1256	71.74
平均	3.74	13.15	5.97	1.51	1.28	3.00	3.42	0.89	0.09	0.34	66.29

从测试数据看，侏罗纪煤矿煤矸石具有如下特点：

（1）侏罗纪煤矸石中黏土矿物含量低于石炭－二叠纪煤矸石；

（2）煤矸石中不含有碳酸盐矿物和岩盐，这与形成时的古地理环境有关，当时处于陆地湖泊或三角洲状况；同时钠长石的含量高达 26.87%，这与火山灰有关；

（3）煤矸石的黏土矿物中，伊利石的含量高于石炭－二叠纪煤矿煤矸石 8.25%；

（4）在黏土矿物中，绿泥石的含量低于石炭－二叠纪煤矸石 8.25%；

（5）煤矸石中 CaO 和 MgO 的含量较低，这与矿物相测试结果中碳酸盐矿物含量较低是吻合的；

（6）煤矸石中 Na₂O 的含量较高，这与矿物相测试结果钠长石含量较高相吻合。

3. 毒性

为分析煤矸石对环境的影响，进行了煤矸石毒性浸出液的检测，结果见表 1-10。

毒性浸出液检测结果　　　　表 1-10

样品	密度（mg/L）							
	C	Mn	Cu	Ba	F	Ni	Pb	Zn
煤矸石	0.0118	0.0946	0.124	0.535	1.32	0.0085	0.0054	0.442

从表 1-10 中的检测结果可以看出，煤矸石中除含有 Mn、Cu、Zn 等一般金属外，还含有极其少量的 Pb、Ni 等重金属，不会对土壤或水体造成危害。

4. 煤矸石分类及加工

煤矸石是聚煤盆地煤层沉积过程的产物，是成煤物质与其他沉积物质相结合而成的可燃性矿石。煤矸石的分类和命名方法很多，其中最简单、最常用的是以煤矸石的产地来分类。煤炭生产部门则习惯以煤矸石的颜色来分类，如黑矸、白矸、红矸、灰矸等；或根据煤矸石的产出层位来分类命名，如夹石矸、顶板矸等。

根据煤矸石原料特性及工程粒径、硬度及建设场地等具体情况，可采用三级破碎、两级筛分生产工艺生产粗集料。煤矸石粗集料生产工艺流程如图 1-9 所示。

图 1-9　煤矸石粗集料生产工艺流程

原料煤矸石置于封闭原料堆棚内。生产时原料经给料机上料到皮带输送机，经除铁器后输送进入颚式破碎机，初破后经皮带输送机进入反击破碎机，进行二级破碎，二级破碎后的煤矸石经皮带输送机进入振动筛进行一次筛分，除去 0～5mm 粉末，其余部分经皮带输送机进入立式破碎机进行第三级破碎，之后经振动筛筛分成不同级别的集料，并通过皮带输送机输送到相应的封闭成品堆棚堆存。可根据道路工程和建筑工程的需要，生产不同规格的煤矸石集料。

1.4.2 铁尾矿的基本特性

1. 铁尾矿来源

经过破碎、筛分、研磨、重选、浮选、磁选等工艺流程，从原铁矿石中选出有用铁等金属后的剩余固体废弃物叫铁尾矿。我国铁矿石资源丰富，但资源禀赋差，铁精矿与相应的铁尾矿产出量之比约为 1 : 3。以调查的 7 个铁矿的经验数据计算，需剥离 2.37t 废石，才能生产出 1t 可用于磁选的矿石；而 1t 矿石经过粉碎和磁选仅能生产 0.3t 精粉（铁回收率 88.3%），却要排放 0.7t 尾矿（含铁 3.54%）。也就是说需要开采 3.37t 矿石，才能生产出 0.3t 精粉，同时排放 0.7t 铁尾矿和 2.37t 尾矿废石，这就造成铁尾矿存有量快速增长，而相应的利用率还不足 5%。我国的尾矿总产量在 2019 年为 12.72 亿 t，其中铁尾矿总产量为 5.21 亿 t，是产量最大的尾矿，占尾矿总产量的 40.9%。据中国钢铁工业协会 2021 年统计数据，我国铁精矿产量为 2.85 亿 t，"十四五"末我国铁精矿将年产 3.7 亿 t。据此估算，我国每年产生的铁尾矿扣除综合利用后堆存量约为 6 亿 t，并持续增长。长期堆存累积的铁尾矿数量更加可观，初步估算铁尾矿累积堆存预计在 80 亿 t。随着 2020 年国家八部委印发《防范化解尾矿库安全风险工作方案》（应急〔2020〕15 号），要求尾矿库"只减不增"准入管理，铁尾矿作为一种二次资源，越来越受到政府和企业的重视。

2. 铁尾矿的成分

（1）化学分析

我国的铁尾矿资源种类繁多，成分复杂，其矿物成分主要为石英、辉石、石榴石、角闪石、长石等，与天然砂的矿物成分相似。铁尾矿的主要化学成分为：Fe、SiO_2、CaO、Al_2O_3 和 MgO，且各成分含量随着地区不同而有较大的差异。

采用化学分析法对不同产地的铁尾矿进行化学成分分析，分析结果见表 1-11。

铁尾矿化学成分分析   表 1-11

化学成分		SiO_2	Al_2O_3	Fe_2O_3	TiO_2	CaO	MgO	K_2O	Na_2O	MnO	P_2O_5	SO_3
质量含量（%）	尾矿样品①	58.12	4.91	24.04	0.25	4.58	3.68	0.28	0.64	0.16	0.12	2.31
	尾矿样品②	68.12	3.88	15.53	0.23	3.91	2.13	0.26	0.22	0.13	0.11	0.95
	尾矿样品③	74.98	6.56	7.63	0.34	2.41	2.98	1.46	1.2	0.34	0.32	1.85

从表 1-11 中尾矿化学成分检测结果可以看出，铁尾矿中 SiO_2 含量最大，Fe_2O_3 含量

较大，其余化合物含量较少。

（2）矿物组成

采用 X 射线衍射仪对铁尾矿试样进行测试，得到的 XRD 光谱分析（图 1-10），从图 1-10 可知，该铁尾矿的矿物成分主要为赤铁矿、石英，另外还含有部分高岭石、方解石，少量的水解石和氟磷灰石等。

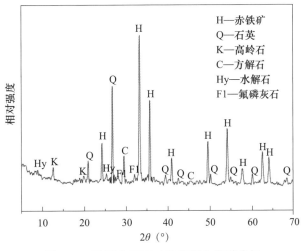

图 1-10　铁尾矿 XRD（X 衍射）光谱分析

3. 放射性

对铁尾矿的内外照指数进行试验，结果见表 1-12。试验结果表明，铁尾矿无放射性影响，具备用于公众设施的安全性。

放射性指标检测结果　　　　　　　　　　　　　表 1-12

项目	标准要求（建筑主体材料）	检验结果	结论
内照射指数	≤ 1.0	0.2	符合要求
外照射指数	≤ 1.0	0.3	符合要求

4. 铁尾矿的加工

为从铁矿石中选出更多的铁精粉，在选矿前需要对矿石进行破碎、磨细处理，所以铁尾矿都是细小的岩石颗粒，经取样分析，铁尾矿颗粒均小于 5mm。由于矿石开采、尾矿储存中会混入泥土，矿石磨细过程中也会产生大量细粉，泥土和过多的细粉对道路材料沥青混合料和建筑材料水泥混凝土性能会产生负面影响，所以铁尾矿生产加工就是要将铁尾矿中的泥土和部分细粉除去，以保证铁尾矿中小于 0.075mm 颗粒含量满足相关规范的质量要求。

对铁尾矿进行洗选加工首先是让尾矿形成能够泵送的尾矿浆，如果是选矿生产线直接洗选下来的尾矿，可以直接进入过滤脱水机进行过滤脱水。如果是存放一段时间的铁尾矿，则可采用高压水直接冲击铁尾矿堆形成尾矿浆，然后用砂浆泵将铁尾矿浆泵送到过滤脱水机进行过滤脱水。过滤脱水后的粗颗粒就是铁尾矿砂，其含水率小于20%，可以直接送到沥青混合料拌合厂或水泥混凝土搅拌站。铁尾矿中的泥土和部分矿石细粉颗粒与水形成泥浆进入浓缩池，沉淀浓缩后进行压滤形成滤饼，可用于制砖或矿山生态恢复，水则可进入循环水池继续循环使用。铁尾矿加工工艺流程见图1-11，铁尾矿加工设备见图1-12。

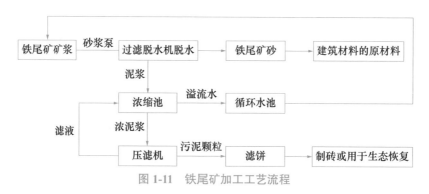

图 1-11　铁尾矿加工工艺流程

图 1-12　铁尾矿加工设备

上篇

煤矸石和铁尾矿在道路工程中的应用

第2章 煤矸石在道路沥青面层中的应用

2.1 概述

2.1.1 煤矸石概况

煤矸石是煤矿采煤过程的尾产品。在采煤过程中，煤矸石作为煤伴生的废石，是在掘进、开采和洗煤过程中排出的固体废物，为碳质、泥质和砂质页岩的混合物，具有低发热值，一般含碳量在20%~30%，有一些含腐殖酸。

对于煤矸石的资源综合利用研究人员已进行了很多研究和探索，目前的应用途径主要是发电和制砖。由于含碳量高的黑矸和硬度高、含碳量低的白矸混合堆放在一起，很难分离，导致煤矸石的应用受到很大限制。由于土地紧张、社会对环境保护要求高，煤矸石的消化利用压力巨大。2010年后，北京市委、市政府高度关注采煤区的环境治理，大量煤矸石经填埋后进行绿化，使得煤矸石由废弃物成为一种储存资源，待今后技术条件成熟后再二次开发利用。在我国山西、黑龙江等地，数量巨大的煤矸石大面积堆放，由于缺乏切实可行的技术措施和科学合理的管理手段，尚未形成规模化、无害化应用，急需开拓新的应用领域，实现煤矸石的大规模利用。道路工程是世界上体量最大的人工工程之一，道路新建和养护需要大量的石料资源，可以为大量消纳煤矸石提供安全途径，这就为其资源化利用提供了良好的载体。

1. 国内外研究现状

煤矸石作为煤矿排出的固体废弃物，任意堆放会污染环境、危害社会，如果加以利用，又是一种资源。随着环境的日益恶化和资源的日趋紧张，煤矸石的合理、有效利用已成为保护环境、发展循环经济的一项重要课题，对它的开发利用也越来越受到政府和有关机构的重视，其资源化应用技术研究也在不断探索之中。

（1）国外煤矸石研究应用现状

煤矸石的研究和应用已得到世界上许多国家的关注。法国、波兰、英国、美国、芬兰等国家利用煤矸石生产建筑材料。法国、英国用煤矸石生产烧结实心砖和空心砖。

国外对煤矸石的初步利用可以追溯到第二次世界大战以前，但是直至20世纪60年代后期，这项工作才真正得到各国重视。煤矸石的工程利用技术发展已比较成熟，利用率较高。除用于充填、填筑材料外，煤矸石的利用率一般在40%以上，高者可达60%~80%。

英国有已燃煤矸石约 16 亿 t，目前每年销售量为 600 万～700 万 t，其中大部分是已燃的煤矸石，可用作公路、填坝和其他土建工程的普通充填物。其中，采用 4:1 的比例将已燃矸石与铝土矿物混合起来，可以制成满意的防滑路面。

美国利用燃烧过的煤矸石渣－红矸石作为筑路材料，这是目前煤矸石用量最大的一种途径。在宾夕法尼亚州，燃烧过的矸石被用作未整修的道路面层。某采矿公司调查了燃烧过的无烟煤碎石作防滑材料的情况，试验结果表明其可制成特别坚固的沥青混合料，这种混合料可用作修补路面及路面处理的材料，或机动车道的铺路材料。

苏联某矿区每年排出约 6000 万 t 煤矸石，积存的矸石约 8 亿 t。煤和硫在空气中因氧化而自燃，使矸石经受自燃煅烧变成烧岩，这种烧岩经常当作碎石用，铺在沥青混凝土路面下作双层垫层的底层，每平方米造价比利用高炉矿渣低一半。利用烧岩在矿区内建成 500km 的大、小街道和人行道。该矿区每年要用 4050 万 m³ 烧岩作为回填材料和在工业建筑区内作为平整场地使用。烧岩还可用作沥青混凝土石粉，这种石粉比惰性石粉便宜 35%～40%，并且沥青混凝土质量不变，而路面的稳定性和耐久性提高。烧岩磨细后，可用来生产蒸压加气混凝土或泡沫混凝土制品，少量用作波特兰水泥的活性矿物掺料。用烧岩骨料制成的混凝土，实践证明可以用于基础和其他地下结构，这种混凝土可大量用于低层建筑和工业建筑。烧岩砌块用作墙体自承结构的材料特别有效。

法国的煤矸石年产量约 850 万 t，煤矸石的堆积总量已超过 10 亿 t，煤矸石山 500 多座。利用煤矸石最普遍的方法还是作为建筑材料。近几年法国将自燃煤矸石进行破碎划分等级，用于空地和公共场所表面装饰，铺路或停车场，年用量达已达 40 万～50 万 t。从 20 世纪 70 年代起，20 年中他们共利用煤矸石 1 亿多吨，主要用来制砖、生产水泥和铺路。法国道路公路技术研究部和道路桥梁实验中心在研究中发现，煤矸石是很好的建筑充填材料，很容易分层铺成 30～40cm 厚的路基，易于压实，干密度可达 1.81g/cm³，使路基具有良好的不透水性。近些年来，以煤矸石作建筑材料，从城市道路发展至乡村道路，从轻荷载汽车道路发展到重载荷公路、铁路路基，人行道甚至到公园小路和运动场地等。

（2）国内煤矸石研究应用现状

国内对煤矸石的矿物组成进行了研究和分析，为其下一步研究奠定了基础。煤矸石的主要成分是 Al_2O_3、SiO_2，另外还含有数量不等的 Fe_2O_3、CaO、MgO、Na_2O、K_2O、P_2O_5、SO_3 和微量稀有元素 Ga、V、Ti、Co。由于经历了不同时期的成岩作用，煤矸石成分差异较大。形成年代早的，经历了较强的重结晶作用，煤矸石纯净、致密。形成年代新的煤矸石，成分复杂，结晶程度差，含有较多的含水黏土矿物。

可将煤矸石划分为 3 类，第 1 类为黏土岩类煤矸石，成分以 Al_2O_3、SiO_2 和 C 为主，SiO_2 含量为 40%～60%，Al_2O_3 含量为 15%～30%，其他化学组分含量很低，这类煤矸石产出最广。第 2 类为砂岩类煤矸石，其组分中除了 Al_2O_3、SiO_2 和 C 外，还有较多的 Fe_2O_3 和 CaO，此类煤矸石主要分布在山东和江苏。第 3 类为碳酸盐岩类煤矸石，其组分中 CaO 含量很高，此类煤矸石主要分布在我国西北地区。多种化学成分使得煤矸石极不稳定。不同地区的煤矸石成分差异很大，这就导致了其在利用时稳定性差，往往无法对症下药。

随着我国高速公路的大规模兴建，煤矸石在土木工程中的利用具有广阔的前景。对于我国煤矿地区既能解决高速公路征地取土困难，又能大量消耗积存的煤矸石，因此对煤矸石性能进行研究，特别是在道路工程中的应用将产生巨大的经济效益、环境效益和社会效益。

我国在煤矸石的工程利用方面也进行了越来越多尝试，取得了长足进步。近年来，我国公路、铁路工程相继开展了煤矸石的工程应用试验，取得了较好的成绩。我国从 20 世纪 70 年代起开展了煤矸石综合利用的研究工作，开辟了一系列煤矸石的利用途径。根据有关资料，煤矸石在我国应用的实例有：平顶山至临汝高速公路、京福高速公路曲张段、104 国道枣庄段、205 国道张博段、徐丰公路（S239）庞庄矿区段、山西介休汾西矿务局洗煤厂专用线、鹤伊（鹤岗至伊春）高速公路、徐州市"时代大道"等项目。已有的工程中，更多的是积累施工经验，对煤矸石的原材料特性和路用性能没有系统研究。由于组成煤矸石的岩石性质不同，煤矸石在工程应用中很可能存在水稳性、膨胀性及崩解性等不利因素。但在适当的工程措施配合下，煤矸石可以作为建筑材料广泛应用于土木工程。但是目前国内道路用煤矸石的过程中，并没有对煤矸石的路用特性进行深入细致研究，对煤矸石的整体工程力学性质也没有统一研究，导致煤矸石填筑路基的应用没有一个确定的标准。

在煤矸石的试验研究方面，姜振泉等对煤矸石的颗粒破碎和压密作用机制进行了试验研究，研究表明煤矸石的压密性与一般工程用土的压密性有实质差异，压密过程和结果受煤矸石本身颗粒破碎特性的影响显著。刘松玉等对煤矸石的强度特征做了相对系统的试验研究，得出了其试验煤矸石的强度公式。刘松玉、童立元等对徐州北部地区路用煤矸石的基本粒度特性及其颗粒破碎细化规律进行了试验研究，综合分析了其对各种工程力学特性的影响，在此基础上提出了适合当地煤矸石的强度与变形本构模型。由于目前国内煤矸石的工程应用主要集中在路基填筑、地基回填等方面，所以对煤矸石的试验研究也主要针对路用材料的工程性质，以压密机制和强度特性的研究为主，缺乏针对其他工程的相对系统的试验研究。另外，由于受地质年代和成煤作用的影响，不同煤矿地区的煤矸石性质有较大的差异。

2. 煤矸石研究应用中存在的问题

从总体上看，国内外对煤矸石的分析应用，尤其是在道路工程中的应用还缺乏深入系统的工作。目前，煤矸石在道路工程应用方面存在的主要问题有：

（1）煤矸石岩性成分复杂，级配粒径极不均匀，用于公路建设如何分级分类，合理应用到各等级公路中。

（2）煤矸石吸水率较大，且吸水后容易出现崩解、风化、软化等现象，如何合理地利用到道路结构层中，保证路用性能长期稳定。

（3）未燃煤矸石数量比较大，而且随着煤矿开采还有不断上升趋势，而目前研究多集中在对已燃煤矸石的应用中，应开发利用未燃煤矸石的路用价值。

（4）煤矸石强度较低（压碎值达到40%以上），且天然级配不满足基层材料要求，如何进行性能分级、集料再造以便合理地利用开发。

（5）煤矸石种类繁多，成分复杂，各地煤矸石的理化性质差异较大，而且同一处的煤矸石粒径和强度又很不均匀，对其成型理论、力学特性、微观结构等方面缺乏系统认识。

2.1.2　煤矸石在沥青路面中的应用

沥青路面结构层由面层、基层、底基层组成。高速公路典型路面结构简图见图2-1。其中，面层直接承受交通荷载作用，也是道路结构中直接与外界环境接触的界面，因此要求具有良好的抵抗荷载能力，并具有良好的耐候性。一般地，面层可分为单层、两层或三层，各层的功能侧重有所不同。上面层应具有抗滑耐磨、平整舒适、抗裂耐久的性能，高等级道路中一般采用沥青玛蹄脂碎石混合料，简称SMA。中、下面层应具有良好的抗车辙、抗剪切和耐疲劳性能，多采用密级配沥青混合料，简称AC。根据沥青混合料的性能要求，所采用的集料和沥青结合料也有所不同。一般地，上面层采用坚硬、耐磨、抗滑、坚固的硬质石料，如玄武岩等。

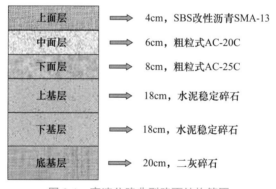

图2-1　高速公路典型路面结构简图

针对煤矸石的特点，在对煤矸石矿物组成、物理化学特性进行分析的基础上，根据道路工程对石料的要求，提出煤矸石沥青混合料和煤矸石用于半刚性基层材料两种技术路线，从而实现基于煤矸石性质和路面结构层功能要求的煤矸石筛选和利用技术体系。其中强度高、稳定良好的煤矸石加工成集料，用于沥青路面中，可以代替部分或全部粗集料，实现煤矸石的高附加值利用。

在沥青混合料中，煤矸石作为粗集料用于构建混合料的骨架，其粒径分布以及强度特性对于混合料的性能影响显著。对于煤矸石，与普通石料不同的是，其热稳定性问题，这是影响煤矸石的关键技术指标，也是制约其在混合料应用的关键。因此，本章针对煤矸石的特点进行分析，研究煤矸石添加比例对混合料性能的影响，在此基础上，进行煤矸石沥青混合料配合比设计和沥青混合料的路用性能研究，并通过铺筑煤矸石沥青混合料试验路工程，研究煤矸石沥青混合料的施工工艺与质量控制指标，论证其使用性能。

2.2 煤矸石粗集料性能

2.2.1 沥青混合料对粗集料的要求

沥青混合料粗集料为混合料提供骨架和支撑，对混合料质量具有重要影响，要求粗集料应均匀、洁净、干燥和表面粗糙，宜选用耐磨耗、强度高、黏附性好的优质集料。《公路沥青路面施工技术规范》JTG F40—2004 对粗集料提出明确的质量要求，包括技术要求和级配要求，见表 2-1、表 2-2。

粗集料技术要求 表 2-1

指标	单位	高速公路、一级公路		其他等级公路	试验方法
		表面层	其他层次		
石料压碎值，不大于	%	26	28	30	T0316
洛杉矶磨耗损失，不大于	%	28	30	35	T0317
表面相对密度，不小于	—	2.60	2.50	2.45	T0304
吸水率，不大于	%	2.0	3.0	3.0	T0304
坚固性，不大于	%	12	12		T0314
针片状颗粒含量（混合料），不大于 其中粒径大于 9.5mm，不大于 其中粒径小于 9.5mm，不大于	%	15 12 18	18 15 20	20 — —	T0312
水洗法小于 0.075mm 颗粒含量，不大于	%	1	1	1	T0310
软石含量，不大于	%	3	5	5	T0320

各种规格石料级配要求范围 表 2-2

规格名称	公称粒径（mm）	通过下列筛孔（mm）的质量百分率（%）							
		37.5	31.5	26.5	19.0	13.2	9.5	4.75	2.36
S7	10～30	100	90～100	—	—	—	0～15	0～5	
S8	10～25		100	90～100	—	0～15	—	0～5	
S9	10～20			100	90～100	—	0～15	0～5	
S10	10～15				100	90～100	0～15	0～5	
S11	5～15					100	90～100	40～70	0～15	0～5

2.2.2　煤矸石粗集料

集料的技术要求按其性质可分为两类：一类是反映材料来源的"资源特性"，它是由石料产地所决定的，如密度、压碎值、磨光值等。另一类是反映加工水平的"加工特性"，如石料的级配组成、针片状颗粒含量、细粉含量等。对煤矸石可用性的研究首先是考虑其资源特性，确定资源特性能够满足沥青路面使用要求后，再通过加工过程的质量控制，保证加工特性指标符合要求。

煤矸石作为沥青混合料的粗集料应满足两个条件，一是按照《公路沥青路面施工技术规范》JTG F40—2004 中对粗集料的一般规定，煤矸石应满足粗集料的技术要求，二是生产加热过程中，煤矸石应保持稳定。

选用 10～20mm 和 5～10mm 两种粒径煤矸石粗集料，采用沥青混合料正常生产工艺进行烘干加热，对加热后的煤矸石按规范要求进行检测，以验证沥青混合料生产过程的加热对煤矸石的影响，同时测定煤矸石的"资源特性"类指标。煤矸石粗集料技术指标见表 2-3。

煤矸石粗集料技术指标　表 2-3

指标		单位	10～20mm 煤矸石	5～10mm 煤矸石	技术要求	试验方法
石料压碎值		%	16.8		≤ 28	T0316
洛杉矶磨耗损失		%	17.3		≤ 30	T0317
表观相对密度			2.745	2.743	≥ 2.50	T0304
吸水率		%	0.5	0.7	≤ 3.0	T0304
针片状含量	＞ 9.5mm	%	18.6		≤ 15	T0312
	＜ 9.5mm			20.6	≤ 20	
＜ 0.075mm 颗粒含量		%	1.2	1.9	≤ 1	T0310
对沥青的黏附性			4 级		≥ 4 级	T0616

试验结果表明，两种煤矸石的压碎值、磨耗损失、坚固性等资源性指标均能满足《公路沥青路面施工技术规范》JTG F40—2004 中对高速公路及一级公路其他层次沥青混合料粗集料的技术要求。这说明煤矸石的"资源特性"类的指标均符合沥青混合料使用要求。但值得注意的是，作为"加工特性"类指标的针片状颗粒含量超出技术规范的要求。这主要是由于当地的煤矸石是以沉积岩为主，岩石表面具有明显的纹理，加工过程中由于纹理处结合力较小，比较容易分离而形成针片状。煤矸石与沥青的黏附性均能达到 4 级以上，符合沥青混合料使用要求。因此在应用时要控制煤矸石的用量，以保证混合料的针片状颗粒含量满足规范要求，要注意加强集料针片状颗粒含量控制，以保证混合料的路用性能。

除了对煤矸石进行常规技术指标测试外，还结合煤矸石特性进行了燃烧炉加热试验，以检验煤矸石的加热损失和加热后破碎情况。采用的试验方法是取 9.5～16mm 粒径的煤矸石烘干后称量1500g,在530℃高温下加热50分钟,冷却后称量剩余煤矸石质量,以燃烧前后的质量差计算加热损失百分率,然后对加热后的材料进行筛分,以通过9.5mm筛的百分率表示加热破损状况,试验设定的温度条件高于沥青混合料生产过程集料加热温度。试验结果见表2-4。从检测结果看,加热损失和加热破损率两项指标都处在较低的水平,不会对沥青混合料质量产生负面影响。

煤矸石加热试验 表 2-4

试验项目	煤矸石
燃烧炉加热质量损失 530℃,50分钟,%	0.6
加热破碎率(加热后通过9.5mm筛孔),%	2.54

通过以上分析可知,煤矸石粗集料的性能符合沥青路面的使用要求,可以用作沥青混合料粗集料。

2.2.3 煤矸石用量对沥青混合料的影响

在煤矸石粗集料性能研究的基础上,为了进一步研究利用煤矸石生产沥青混合料的可行性,验证煤矸石对沥青混合料的影响,选择AC-25C型沥青混合料作为试验规格品种,混合料中的粗集料选择三种配合方式,第一种全部采用煤矸石,编号A。第二种采用煤矸石和石灰石混合,编号B。第三种全部使用石灰石,编号C。AC-25C型沥青混合料矿料组成级配见表2-5。AC-25C型沥青混合料矿料级配分布见表2-6,AC-25C型沥青混合料矿料级配曲线见图2-2。

AC-25C型沥青混合料矿料组成级配 表 2-5

编号	材料品种规格用量(%)								
	石灰石			煤矸石			机制砂	天然砂	矿粉
	10~30mm	10~20mm	5~10mm	10~30mm	10~20mm	5~10mm			
A				28	14	22	22	11	3
B	13	5	18	13	12	4	21	11	3
C	24	20	25				18	8	5

AC-25C型沥青混合料矿料级配分布 表 2-6

编号	通过下列筛孔(mm)的质量百分率(%)												
	31.5	26.5	19	16	13.2	9.5	4.75	2.36	1.18	0.6	0.3	0.15	0.075
A	100	100	85.7	74.2	65.6	55.7	36.7	29.5	21.2	16.9	10.8	7.4	5.3
B	100	100	85.7	73.8	65.3	55.9	37.5	28.7	20.6	16.5	10.5	7.1	5.2
C	100	96.8	84.5	73.6	65.1	56.7	35.7	28.4	19.7	15.6	9.8	7.3	5.5
范围	100	90~100	75~90	65~83	57~76	45~65	24~52	16~42	12~33	8~24	5~17	4~13	3~7

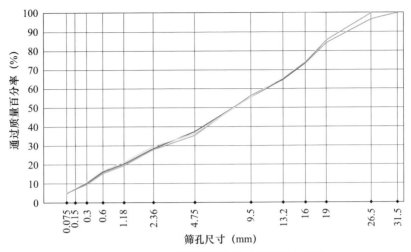

图 2-2　AC-25C 型沥青混合料矿料级配曲线图

由表 2-6 可看出三种混合料合成矿料级配比较近似，便于比较煤矸石对混合料性能的影响。沥青混合料各项指标试验结果见表 2-7。

沥青混合料各项指标试验结果　　　　　　　　　　表 2-7

试验项目		单位	A	B	C	技术要求	试验方法
混合料最大密度	γ_t	g/cm³	2.537	2.573	2.616	实测	T0711
试料毛体积密度	γ_f	g/cm³	2.412	2.456	2.502	实测	T0705
空隙率	VV	%	4.93	4.55	4.4	4～6	T0705
矿料间隙率	VMA	%	14.08	13.87	13.50	≥13	T0705
沥青饱和度	VFA	%	65	67.16	67.8	65～75	T0705
马歇尔稳定度	MS	kN	8.83	9.52	10.6	≥8	T0709
流值	FL	0.1mm	46	38	28	15～40	T0709
浸水马歇尔残留稳定度	MSO	%	86.4	88.7	84.9	≥80	T0709
冻融劈裂强度比	TSR	%	91	81.8	81.6	≥75	T0729
车辙动稳定度	DS	次/mm	2932	2172	1416	≥1000	T0719

试验结果表明，采用 29% 煤矸石＋36% 石灰石作粗集料的 B 级配各项指标均能达到技术规范的要求，全部采用煤矸石作粗集料的 A 级配除流值偏大外，其他各项指标也符合规范的要求，初步认为采用煤矸石部分代替石灰岩作沥青混合料粗集料是可行的。

2.3　煤矸石沥青混合料配合比设计

为了研究煤矸石对不同类型沥青混合料的影响，选择沥青路面各个结构层常用的

AC-25、AC-20、AC-16、AC-13 四种规格，进行煤矸石了沥青混合料配合比设计。通过配合比设计，确定煤矸石的用量和矿料级配，为煤矸石沥青混合料性能评价和工程应用奠定基础。

2.3.1 原材料

沥青混合料的结构特点决定了其对原材料有着较高的技术要求，为了充分发挥沥青混合料优异的路用性能，粗、细集料必须使用坚硬、粗糙、有棱角、洁净的优质石料，并与沥青有较好的黏附性能。沥青、粗集料、细集料、矿粉性能（技术）指标见表 2-8～表 2-11。

道路石油沥青性能指标 表 2-8

项目	单位	技术要求（I-3）	试验结果	试验方法
针入度 25℃	0.1mm	80～100	81	T0604
针入度指数	—	−1.5～+1.0	−1.43	T0604
15℃延度	cm	≥100	>100	T0605
10℃延度	cm	≥20	>100	T0605
软化点（R&B）	℃	≥45	45.1	T0606
闪点	℃	≥245	258	T0611
沥青旋转薄膜烘箱试验 RTFOT				
质量变化	%	≤±0.8	0.05	T0610
残留针入度比	%	≥61	79.1	T0604
残留延度（10℃）	cm	≥6	17.0	T0605

石灰岩粗集料技术指标 表 2-9

指标		单位	10～30mm	10～25mm	10～20mm	10～15mm	5～10mm	技术要求	试验方法
石料压碎值		%			17.6			≤28	T0316
洛杉矶磨耗损失		%			17.0			≤30	T0317
表观相对密度			2.838	2.841	2.847	2.848	2.759	≥2.50	T0304
吸水率		%	0.4	0.3	0.3	0.4	0.4	≤2.0	T0304
针片状含量	≥9.5mm	%	5.4	4.2	4.9	8.1	19.8	≤12 或 15	T0312
	<9.5mm							≤18 或 20	
<0.075mm 颗粒含量		%	0.3	0.6	0.4	0.5	1.0	≤1	T0310
对沥青的黏附性					5 级			≥4 级	T0616

细集料技术指标　　　表 2-10

指标	单位	机制砂	技术要求	试验方法
表观相对密度		2.769	≥ 2.50	T0328
砂当量	%	82	≥ 60	T0334

矿粉技术指标　　　表 2-11

项目		单位	检测结果	技术要求	试验方法
表观密度		g/cm³	2.746	≥ 2.50	T0352
含水量		%	0.4	≤ 1	T0332
粒度范围	< 0.6mm	%	100	100	T0351
	< 0.15mm	%	89.5	90～100	
	< 0.075mm	%	78.3	75～100	
外观		—	无团粒结块	无团粒结块	—
亲水系数		—	0.9	< 1	T0353
塑性指数		—	2.8	< 4	T0354
加热安定性		—	无颜色变化	实测	T0355

由表 2-8～表 2-11 中数据可见，各原材料技术指标均符合《公路沥青路面施工技术规范》JTG F40—2004 的技术要求，可以使用。

2.3.2 集料筛分及矿料组成设计

为了确保沥青混合料的高温抗车辙能力，同时兼顾低温抗裂性能的需要，根据以往工程中取得的成功经验，在进行矿料组成设计时宜适当减少公称最大粒径附近的粗集料用量，减少 0.6mm 以下部分细粉的用量，使中等粒径集料偏多，形成较为平坦的 S 形级配曲线，并取中等或偏高水平的设计空隙率。

在进行沥青混合料 AC-25、AC-20、AC-16、AC-13 配合比设计时，分别考虑夏季温度高且高温持续时间长、重载交通较多等的不利情况，选择了粗型（C 型）混合料。在充分借鉴以往工程经验和研究成果的基础上，采用人机对话的方式，确定了矿料配合比。AC-25C、AC-20C、AC-16C、AC-13C 混合料的集料筛分与合成级配情况分别见表 2-12～表 2-15，矿料合成级配图见图 2-3～图 2-6。

AC-25C 集料筛分与合成级配一览表（%）　　　表 2-12

筛孔尺寸（mm）	石灰岩 10～30mm	石灰岩 10～25mm	石灰岩 10～20mm	煤矸石 10～20mm	石灰岩 5～10mm	煤矸石 5～10mm	机制砂	矿粉	甲级配	乙级配	中值	范围
31.5	100	100	100	100	100	100	100	100	100.0	100.0	100	100
26.5	81.8	99.7	100	100	100	100	100	100	98.1	97.5	95	90～100

续表

筛孔尺寸（mm）	石灰岩 10～30mm	石灰岩 10～25mm	石灰岩 10～20mm	煤矸石 10～20mm	石灰岩 5～10mm	煤矸石 5～10mm	机制砂	矿粉	甲级配	乙级配	中值	范围
19	10.8	54.3	96.8	89.4	100	100	100	100	81.5	84.9	82.5	75～90
16	2	27.1	81.7	43.5	100	100	100	100	72.9	72.2	72.5	65～80
13.2	0.6	10.3	47.8	13.2	99.8	100	100	100	64.3	60.9	63	56～70
9.5	0.4	1.9	8.3	1.4	96.9	82.6	100	100	52.5	52.0	51.5	45～58
4.75	0.4	0.8	1.2	1.2	10.3	2.4	99.8	100	31.9	33.5	35	30～40
2.36	0.3	0.8	1.2	1.2	1.5	1.9	71.7	100	23.9	23.8	23	18～28
1.18	0.3	0.8	1.2	1.2	1.3	1.9	39.6	100	14.9	14.8	17	12～22
0.6	0.3	0.8	1.2	1.2	1.2	1.9	24.5	100	10.7	10.6	12	8～16
0.3	0.3	0.7	1.2	1.2	1.2	1.9	15.3	100	8.1	8.0	8.5	5～12
0.15	0.3	0.7	1.1	1.2	1.1	1.9	11.9	89.5	6.8	6.7	6.5	4～9
0.075	0.3	0.7	1	1.2	1	1.9	9.5	78.3	5.8	5.6	4.5	3～6
甲级配	10	20	15	0	0	24	28	3	100	—	—	—
乙级配	14	0	15	20	20	0	28	3	—	100	—	—

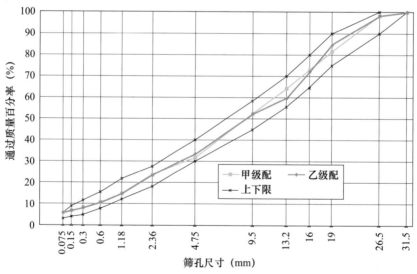

图 2-3 AC-25C 矿料合成级配图

AC-20C 矿料筛分与合成级配一览表（%）　　　表 2-13

筛孔尺寸（mm）	石灰岩 10～25mm	石灰岩 10～20mm	煤矸石 10～20mm	石灰岩 5～10mm	煤矸石 5～10mm	机制砂	矿粉	甲级配	乙级配	中值	范围
26.5	99.7	100	100	100	100	100	100	100.0	100.0	100	100
19	54.3	96.8	89.4	100	100	100	100	92.3	97.1	95	90～100

续表

筛孔尺寸（mm）	石灰岩 10～25mm	石灰岩 10～20mm	煤矸石 10～20mm	石灰岩 5～10mm	煤矸石 5～10mm	机制砂	矿粉	甲级配	乙级配	中值	范围
16	27.1	81.7	43.5	100	100	100	100	84.3	84.1	83	76～90
13.2	10.3	47.8	13.2	99.8	100	100	100	73.0	69.6	72	64～80
9.5	1.9	8.3	1.4	96.9	82.6	100	100	57.3	56.7	57	50～64
4.75	0.8	1.2	1.2	10.3	2.4	99.8	100	35.9	37.5	38	33～43
2.36	0.8	1.2	1.2	1.5	1.9	71.7	100	26.8	26.8	26	21～31
1.18	0.8	1.2	1.2	1.3	1.9	39.6	100	16.6	16.5	18	13～23
0.6	0.8	1.2	1.2	1.2	1.9	24.5	100	11.7	11.6	13	9～17
0.3	0.7	1.2	1.2	1.2	1.9	15.3	100	8.8	8.7	9	6～12
0.15	0.7	1.1	1.2	1.1	1.9	11.9	89.5	7.3	7.2	6.5	4～9
0.075	0.7	1	1.2	1	1.9	9.5	78.3	6.2	6.1	5	3～7
甲级配	15	26	0	0	24	32	3	100	—	—	—
乙级配	0	25	20	20	0	32	3	—	100	—	—

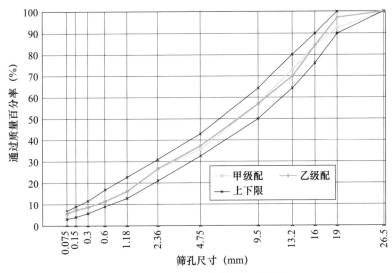

图 2-4　AC-20C 矿料合成级配图

AC-16C 矿料筛分与合成级配一览表（%）　　　　表 2-14

筛孔尺寸（mm）	石灰岩 10～20mm	煤矸石 10～20mm	石灰岩 5～10mm	煤矸石 5～10mm	机制砂	矿粉	甲级配	乙级配	中值	范围
19	96.8	89.4	100	100	100	100	99.0	98.3	100	100
16	81.7	43.5	100	100	100	100	94.3	90.7	95	90～100
13.2	47.8	13.2	99.8	100	100	100	83.8	80.8	84	78～90
9.5	8.3	1.4	96.9	82.6	100	100	67.9	69.5	69.5	63～76

续表

筛孔尺寸（mm）	石灰岩 10~20mm	煤矸石 10~20mm	石灰岩 5~10mm	煤矸石 5~10mm	机制砂	矿粉	甲级配	乙级配	中值	范围
4.75	1.2	1.2	10.3	2.4	99.8	100	43.5	43.5	45	40~50
2.36	1.2	1.2	1.5	1.9	71.7	100	31.8	31.1	30	25~35
1.18	1.2	1.2	1.3	1.9	39.6	100	19.3	18.8	20	15~25
0.6	1.2	1.2	1.2	1.9	24.5	100	13.4	13.1	14	10~18
0.3	1.2	1.2	1.2	1.9	15.3	100	9.8	9.6	10	7~13
0.15	1.1	1.2	1.1	1.9	11.9	89.5	8.1	7.9	7.5	5~10
0.075	1	1.2	1	1.9	9.5	78.3	6.8	6.7	6	4~8
甲级配	31	0	7	20	39	3	100	—	—	—
乙级配	20	10	19	10	38	3	—	100	—	—

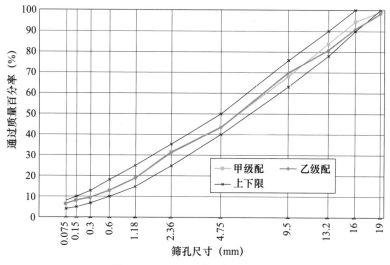

图 2-5 AC-16C 矿料合成级配图

AC-13C 矿料筛分与合成级配一览表（%）   表 2-15

筛孔尺寸（mm）	石灰岩 10~15mm	煤矸石 10~20mm	石灰岩 5~10mm	煤矸石 5~10mm	机制砂	矿粉	合成级配	中值	范围
16	99.7	89.4	100	100	100	100	99.9	100	100
13.2	95.9	43.5	99.8	100	100	100	98.2	95	90~100
9.5	51.1	13.2	96.9	82.6	100	100	75.9	73	66~80
4.75	1.2	1.4	10.3	2.4	99.8	100	43.7	46	40~52
2.36	0.6	1.2	1.5	1.9	71.7	100	32.2	30	25~35
1.18	0.5	1.2	1.3	1.9	39.6	100	19.3	20	15~25
0.6	0.5	1.2	1.2	1.9	24.5	100	13.3	14	10~18

续表

筛孔尺寸（mm）	石灰岩10～15mm	煤矸石10～20mm	石灰岩5～10mm	煤矸石5～10mm	机制砂	矿粉	合成级配	中值	范围
0.3	0.5	1.2	1.2	1.9	15.3	100	9.6	10	7～13
0.15	0.5	1.2	1.1	1.9	11.9	89.5	7.9	7.5	5～10
0.075	0.5	1.2	1	1.9	9.5	78.3	6.6	6	4～8
合成级配	45	0	0	12	40	3	100		

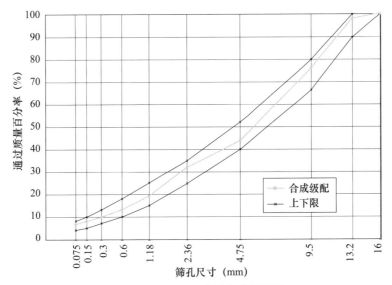

图 2-6 AC-13C 矿料合成级配图

合成级配图中存在不圆滑、折角的情况。以图 2-6 为例，级配中 2.36mm、0.075mm 筛孔通过率偏高，4.75mm 筛孔通过率偏低，主要是由于细集料的级配不合理造成的；由于 10～20mm 煤矸石偏粗，造成 AC-25C、AC-20C、AC-16C 混合料 13.2mm 筛孔通过率偏低。因此，应关注矿料的级配变化，防止部分筛孔通过率超出级配范围，从而影响混合料质量。

根据以上确定矿料的级配，计算出 AC-25C、AC-20C、AC-16C、AC-13C 混合料的针片状颗粒含量均满足现行规范对于混合料针片状颗粒含量小于 15% 或 18% 的要求。

2.3.3 确定最佳油石比

根据各种矿料级配及其毛体积密度，结合以往工程，预估最佳油石比，参考规范要求，按照 0.5% 间隔变化，取 5 个不同的油石比，进行马歇尔试验。试件毛体积密度采用表干法测定，理论最大相对密度采用真空法实测。

AC-25C、AC-20C、AC-16C、AC-13C 混合料马歇尔试验数据见表 2-16～表 2-19，试验数据汇总图见图 2-7～图 2-10。

AC-25C 马歇尔试验结果   表 2-16

油石比 （%）	理论最大 相对密度	毛体积 相对密度	空隙率 （%）	矿料间隙率 （%）	沥青饱和度 （%）	稳定度 （kN）	流值 （0.1mm）
3.0	2.645	2.455	7.2	13.5	46.7	9.95	24
3.5	2.624	2.474	5.7	13.2	56.8	11.43	27
4.0	2.604	2.492	4.3	13.0	66.9	11.70	31
4.5	2.584	2.495	3.4	13.3	74.3	11.82	32
5.0	2.565	2.494	2.8	13.8	80.0	10.18	33

AC-20C 马歇尔试验结果   表 2-17

油石比 （%）	理论最大 相对密度	毛体积 相对密度	空隙率 （%）	矿料间隙率 （%）	沥青饱和度 （%）	稳定度 （kN）	流值 （0.1mm）
3.4	2.629	2.448	6.9	14.0	50.7	10.56	26
3.9	2.609	2.473	5.2	13.5	61.5	11.59	28
4.4	2.589	2.487	4.0	13.4	70.6	11.83	26
4.9	2.570	2.492	3.0	13.7	77.8	11.13	29
5.4	2.551	2.491	2.3	14.1	83.4	10.65	31

AC-16C 马歇尔试验结果   表 2-18

油石比 （%）	理论最大 相对密度	毛体积 相对密度	空隙率 （%）	矿料间隙率 （%）	沥青饱和度 （%）	稳定度 （kN）	流值 （0.1mm）
3.6	2.623	2.443	6.9	14.0	51.0	11.03	22
4.1	2.603	2.462	5.4	13.8	60.6	12.04	26
4.6	2.584	2.475	4.2	13.7	69.2	12.30	24
5.1	2.565	2.487	3.1	13.7	77.8	11.45	26
5.6	2.546	2.478	2.7	14.4	81.6	10.32	27

AC-13C 马歇尔试验结果   表 2-19

油石比 （%）	理论最大 相对密度	毛体积 相对密度	空隙率 （%）	矿料间隙率 （%）	沥青饱和度 （%）	稳定度 （kN）	流值 （0.1mm）
3.8	2.620	2.438	6.9	14.8	53.1	10.71	23
4.3	2.600	2.458	5.5	14.5	62.4	11.66	24
4.8	2.580	2.471	4.2	14.5	70.9	12.25	26
5.3	2.561	2.479	3.2	14.6	78.2	11.92	29
5.8	2.543	2.474	2.7	15.2	82.3	11.18	33

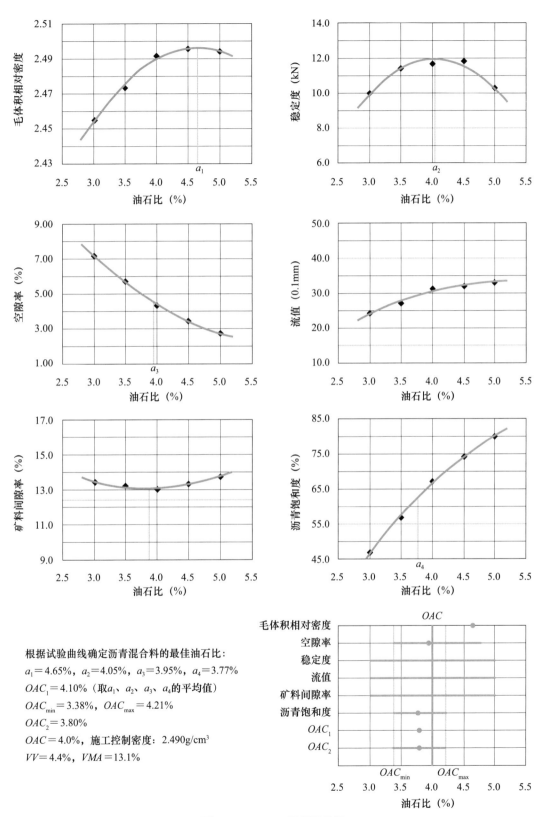

根据试验曲线确定沥青混合料的最佳油石比：

$a_1 = 4.65\%$，$a_2 = 4.05\%$，$a_3 = 3.95\%$，$a_4 = 3.77\%$

$OAC_1 = 4.10\%$（取a_1、a_2、a_3、a_4的平均值）

$OAC_{min} = 3.38\%$，$OAC_{max} = 4.21\%$

$OAC_2 = 3.80\%$

$OAC = 4.0\%$，施工控制密度：2.490g/cm^3

$VV = 4.4\%$，$VMA = 13.1\%$

图 2-7 **AC-25C 数据汇总图**

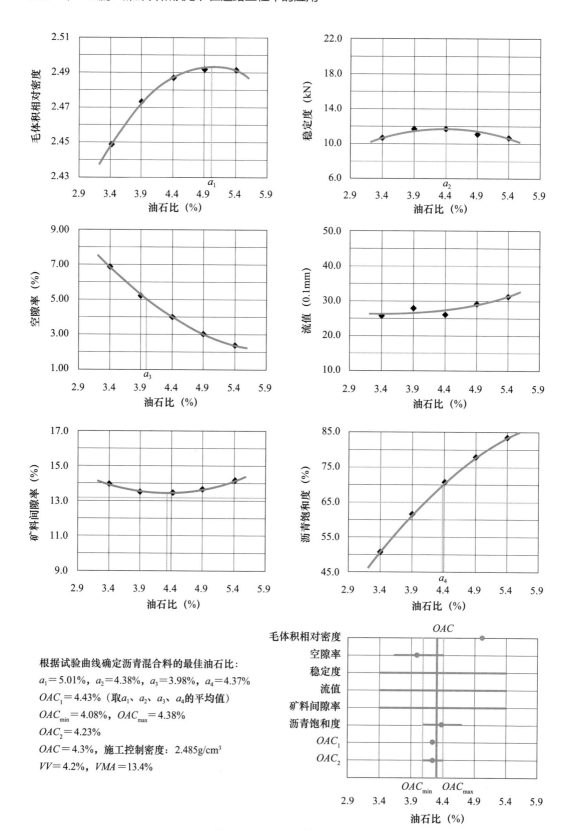

根据试验曲线确定沥青混合料的最佳油石比:

$a_1 = 5.01\%$, $a_2 = 4.38\%$, $a_3 = 3.98\%$, $a_4 = 4.37\%$

$OAC_1 = 4.43\%$ (取a_1、a_2、a_3、a_4的平均值)

$OAC_{min} = 4.08\%$, $OAC_{max} = 4.38\%$

$OAC_2 = 4.23\%$

$OAC = 4.3\%$, 施工控制密度: 2.485g/cm³

$VV = 4.2\%$, $VMA = 13.4\%$

图 2-8 AC-20C 数据汇总图

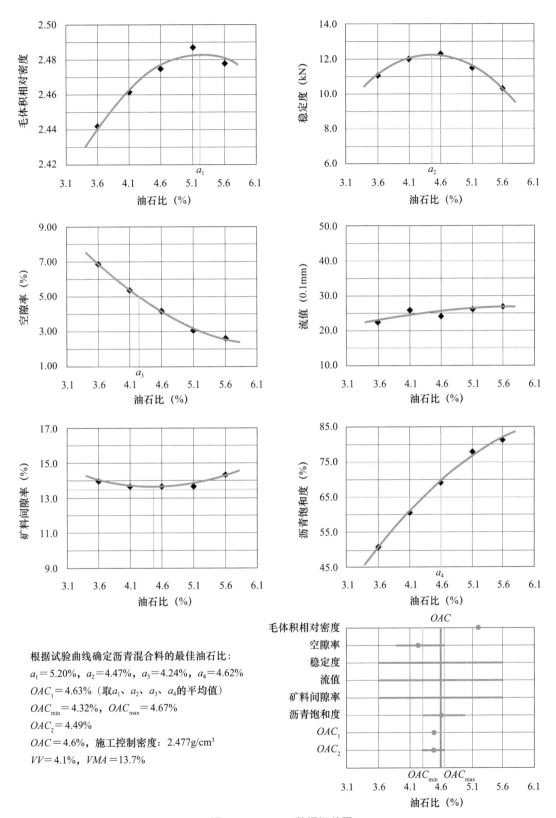

根据试验曲线确定沥青混合料的最佳油石比：

a_1＝5.20%，a_2＝4.47%，a_3＝4.24%，a_4＝4.62%

OAC_1＝4.63%（取a_1、a_2、a_3、a_4的平均值）

OAC_{min}＝4.32%，OAC_{max}＝4.67%

OAC_2＝4.49%

OAC＝4.6%，施工控制密度：2.477g/cm³

VV＝4.1%，VMA＝13.7%

图 2-9 **AC-16C 数据汇总图**

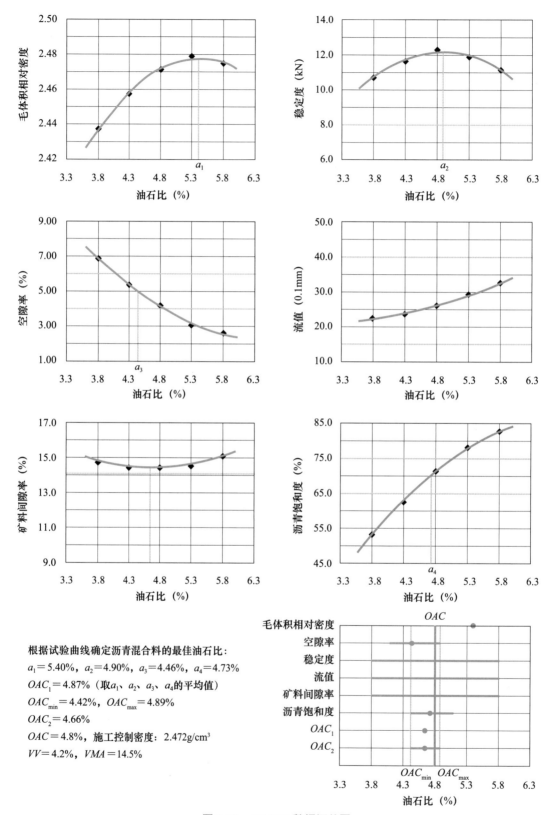

根据试验曲线确定沥青混合料的最佳油石比:

$a_1 = 5.40\%$, $a_2 = 4.90\%$, $a_3 = 4.46\%$, $a_4 = 4.73\%$

$OAC_1 = 4.87\%$（取a_1、a_2、a_3、a_4的平均值）

$OAC_{min} = 4.42\%$, $OAC_{max} = 4.89\%$

$OAC_2 = 4.66\%$

$OAC = 4.8\%$, 施工控制密度: 2.472g/cm³

$VV = 4.2\%$, $VMA = 14.5\%$

图 2-10 AC-13C 数据汇总图

根据现行规范的要求，确定混合料的最佳油石比后进行马歇尔试验，试验结果见表2-20。

煤矸石混合料最佳油石比马歇尔试验结果 表 2-20

类型	油石比（%）	理论最大相对密度	毛体积相对密度	空隙率（%）	矿料间隙率（%）	沥青饱和度（%）	稳定度（kN）	流值（0.1mm）
AC-25C	4.0	2.604	2.490	4.4	13.1	66.6	11.93	31
AC-20C	4.3	2.593	2.485	4.2	13.4	68.9	11.71	26
AC-16C	4.6	2.584	2.477	4.1	13.7	69.7	12.20	24
AC-13C	4.8	2.580	2.472	4.2	14.5	71.0	12.16	26

2.3.4 目标配合比设计检验

根据要求，对最佳油石比下的煤矸石沥青混合料进行了目标配合比检验，结果见表2-21～表2-24。

AC-25C 煤矸石沥青混合料目标配合比检验结果 表 2-21

检验项目	单位	甲级配	乙级配	技术要求	试验方法
车辙试验（60℃）动稳定度	次 /mm	1074	1517	> 1000	T0719
马歇尔残留稳定度	%	91.2	93.4	> 80	T0709
冻融劈裂残留强度比	%	81.5	84.8	> 75	T0729
渗水系数	mL/min	87	92	≤ 120	T0730

AC-20C 煤矸石沥青混合料目标配合比检验结果 表 2-22

检验项目	单位	甲级配	乙级配	技术要求	试验方法
车辙试验（60℃）动稳定度	次 /mm	1382	1319	> 1000	T0719
马歇尔残留稳定度	%	88.5	94.5	> 80	T0709
冻融劈裂残留强度比	%	81.2	84.3	> 75	T0729
渗水系数	mL/min	73	78	≤ 120	T0730

AC-16C 煤矸石沥青混合料目标配合比检验结果 表 2-23

检验项目	单位	甲级配	乙级配	技术要求	试验方法
车辙试验（60℃）动稳定度	次 /mm	1030	1193	> 1000	T0719
马歇尔残留稳定度	%	85.6	92.3	> 80	T0709
冻融劈裂残留强度比	%	82.8	85.6	> 75	T0729
渗水系数	mL/min	0	0	≤ 120	T0730

AC-13C 煤矸石沥青混合料目标配合比检验结果　　　　　表 2-24

检验项目	单位	甲级配	技术要求	试验方法
车辙试验（60℃）动稳定度	次 /mm	1009	＞ 1000	T0719
马歇尔残留稳定度	%	92.1	＞ 80	T0709
冻融劈裂残留强度比	%	82.7	＞ 75	T0729
渗水系数	mL/min	12	≤ 120	T0730

从表 2-21～表 2-24 中可见，设计的煤矸石沥青混合料各项指标均符合规范要求，说明煤矸石混合料的目标配合比设计是合理的。

2.4　煤矸石沥青混合料性能评价

沥青混合料的路用性能主要包括高温稳定性、低温抗裂性、水稳定性、耐疲劳性、抗老化性、施工和易性。本节重点评价煤矸石用于沥青混合料的高温稳定性、水稳定性、低温抗裂性、抗疲劳性。

2.4.1　高温稳定性

道路沥青及沥青混合料都是黏弹性材料，其性能与加载时间和温度密切相关。在高温条件下，车轮荷载的作用极易造成沥青路面的永久变形，从而影响行车安全、舒适性和路面寿命。因此，在高温时沥青路面应具有足够的强度及抗变形能力。

为研究道路沥青混合料的抗车辙能力，国内外普遍进行各种稳定度试验，马歇尔试验在我国用得较为普遍。实际上马歇尔试验主要用于沥青混合料的配合比设计和施工质量检验，并不能很好地评价沥青混合料的高温稳定。根据《公路沥青路面施工技术规范》JTG F40—2004 的要求，采用车辙试验得出的动稳定度来评价改性沥青混合料的高温稳定性。

从车辙试验得出的时间－变形（即车辙深度）曲线，可求得变形曲线的直线发展期的变形速率，通常是求取 45min、60min 的变形 D_{45}、D_{60}，动稳定度 $DS = 42 \times C_1 \times C_2 \times (60-45) / (D_{60}-D_{45})$，式中：$C_1$ 及 C_2 分别为试验机类型、试件类型系数。试验结果见表 2-25。

煤矸石混合料高温稳定性试验结果　　　　　表 2-25

类型	马歇尔稳定度（kN）	流值（0.1mm）	车辙试验（60℃）动稳定度（次 /mm）
AC-25C 混合料（甲级配）	10.54	28	1074
AC-25C 混合料（乙级配）	11.05	27	1517
AC-20C 混合料（甲级配）	10.59	28	1382
AC-20C 混合料（乙级配）	12.54	26	1319

续表

类型	马歇尔稳定度（kN）	流值（0.1mm）	车辙试验（60℃）动稳定度（次/mm）
AC-16C 混合料（甲级配）	13.01	26	1030
AC-16C 混合料（乙级配）	12.79	28	1193
AC-13C 混合料（甲级配）	10.78	25	1009
规范要求	不小于 8.0	—	不小于 1000

由表 2-25 中可见，沥青混合料的马歇尔稳定度、流值及车辙试验的动稳定度，均满足《公路沥青路面施工技术规范》JTG F40—2004 的性能要求。但车辙试验的动稳定度接近规范要求极限，不宜用于交通量较大的路面。

2.4.2　水稳定性

沥青混合料在浸水条件下，沥青与石料的黏附性降低，导致其物理力学性能降低，产生剥离、松散、坑洞等破坏现象，这是路面主要破坏形式之一，尤其是雨季及春融与秋末冬初期，对路面危害十分严重。

根据《公路沥青路面施工技术规范》JTG F40—2004 的要求，沥青混合料的水稳定性采用浸水马歇尔残留稳定度试验和冻融试验来评价。

1. 浸水马歇尔残留稳定度试验

此方法是我国标准的试验方法，按《公路工程沥青及沥青混合料试验规程》JTG E20—2011 进行测定，主要步骤如下：

将标准马歇尔试件分为两组，一组用于正常的马歇尔试验，即在 60℃ 热水中恒温 30min，然后测定其稳定度值 S_1，另一组在 60℃ 热水中保温 48h 后，测定其浸水后的稳定度 S_2，再用 $S_0 = S_2/S_1 \times 100\%$ 求得残留稳定度 S_0，以百分比表示。浸水马歇尔残留稳定度试验结果见表 2-26。

浸水马歇尔残留稳定度试验结果　　　　　　　　　　　　　　表 2-26

指标	残留稳定度（%）
AC-25C 混合料（甲级配）	91.2
AC-25C 混合料（乙级配）	93.4
AC-20C 混合料（甲级配）	88.5
AC-20C 混合料（乙级配）	94.5
AC-16C 混合料（甲级配）	85.6
AC-16C 混合料（乙级配）	92.3
AC-13C 混合料（甲级配）	92.1
规范要求（1-3-2 区）	≥ 80

2. 冻融试验

试验步骤如下：

（1）试件按规定级配成型，采用双面击实 50 次，冷却至室温后脱模。

（2）将试件分为两组，第一组 25℃水中保温 2h，进行劈裂试验，得到劈裂强度 R_1。

（3）将第二组试件在 25℃水中浸泡 20min 后，在 730mmHg 真空抽气 15min，在 25℃静水中浸泡 1h。

（4）将每个试件放入塑料袋中，加入约 10mL 水，扎紧袋口，将试件放入冰箱的冷冻室，冷冻温度为 −18℃，保持 16h。

（5）将试件取出后再放入 25℃水中恒温 8h，然后与第一组试件一样进行劈裂试验，得到劈裂强度 R_2。

（6）计算劈裂强度比：

$$TSR = R_2/R_1 \times 100\% \tag{2-1}$$

式中　TSR——冻融劈裂试验强度比（%）；

　　　R_2——冻融循环后第二组有效试件劈裂抗拉强度平均值（MPa）；

　　　R_1——未冻融循环的第一组有效试件劈裂抗拉强度平均值（MPa）。

冻融试验结果见表 2-27。

冻融试验结果　　　　　　　　　　　　　　　表 2-27

指标	劈裂强度比（%）
AC-25 混合料（甲级配）	81.5
AC-25 混合料（乙级配）	84.8
AC-20 混合料（甲级配）	81.2
AC-20 混合料（乙级配）	84.3
AC-16 混合料（甲级配）	82.8
AC-16 混合料（乙级配）	85.6
AC-13 混合料（甲级配）	82.7
规范要求（1-3-2 区）	≥ 75

由表 2-26、表 2-27 可见，浸水马歇尔残留稳定度和劈裂强度比，均能满足现行规范《公路沥青路面施工技术规范》JTG F40—2004 的要求，说明其混合料的水稳定性良好。

2.4.3　低温抗裂性

沥青混合料在低温条件下会发生开裂，造成路面损害，从而影响行车安全、舒适性和路面寿命。因此，在低温时沥青路面应具有足够变形能力。

根据《公路沥青路面施工技术规范》JTG F40—2004 的要求，沥青混合料的低温抗裂性采用低温弯曲试验的破坏应变来评价。

沥青混合料弯曲试验是通过小梁受荷弯曲，由破坏时的跨中挠度求得沥青混合料的破坏弯拉应变。其试验结果见表 2-28。

低温弯曲试验结果　　　　　　　　　　　　表 2-28

类型	破坏应变（με）
AC-25C 混合料（甲级配）	2179
AC-25C 混合料（乙级配）	2254
AC-20C 混合料（甲级配）	2277
AC-20C 混合料（乙级配）	2375
AC-16C 混合料（甲级配）	2203
AC-16C 混合料（乙级配）	2196
AC-13C 混合料（甲级配）	2283
规范要求（1-3-2 区）	≥ 2000

由表 2-28 可见，混合料的低温弯曲试验的破坏应变满足现行规范《公路沥青路面施工技术规范》JTG F40—2004 的要求，说明混合料低温抗裂性良好。

2.4.4　抗疲劳性

沥青混合料服役期间长期经受车辆荷载的反复作用，极易发生疲劳破坏，因此，煤矸石沥青混合料应具有良好的抗疲劳性。

现有评价沥青混合料疲劳性的试验主要有直接拉伸试验、间接拉伸试验、单轴试验、小梁弯曲试验、消散能试验等。

综合考虑各试验参数，采用间接拉伸试验对沥青混合料进行劈裂及疲劳试验，荷载采用应力控制模式，试验温度为 15℃，加载波形为半正弦波，频率 10Hz，应力比为 0.3。疲劳试验条件见表 2-29。

疲劳试验条件　　　　　　　　　　　　表 2-29

疲劳试验方法	控制模式	试验条件			
		试验温度（℃）	加载波形	频率（Hz）	应力比
间接拉伸试验	应力控制	15	半正弦波	10	0.3

不同级配条件下，沥青混合料劈裂疲劳试验所得到的疲劳寿命见表 2-30。

疲劳寿命试验结果　　　　　　　　　　　　表 2-30

类型	疲劳寿命（次）
AC-25C 混合料（甲级配）	14891
AC-25C 混合料（乙级配）	15731
AC-20C 混合料（甲级配）	17385

续表

类型	疲劳寿命（次）
AC-20C 混合料（乙级配）	16200
AC-16C 混合料（甲级配）	17331
AC-16C 混合料（乙级配）	18751
AC-13C 混合料（甲级配）	17291

由表 2-30 可见，沥青混合料的疲劳寿命与现有文献报道的普通沥青混合料疲劳寿命相比，并未存在显著差异，由此说明，煤矸石的加入并未对沥青混合料抗疲劳性产生显著的不利影响。

2.5 试验路铺筑与观测

2.5.1 北京门头沟区担下路

1. 工程概况

担下路是国道 109 线的应急通道，也是下安路和水担路的连接线，起点位于 G109 担礼隧道出口，与水担路相接，然后设担礼大桥（135m）垂直跨越永定河接上野丁路，在 K0＋480 后沿永定河的右岸与大台铁路之间的现状滩地和台地上新建路线，路线在终点下苇甸处设一长 160m 大桥跨永定河，终点位于国道 109 下苇甸 GK39＋000 处，与国道 109 和下安路相接。其设计等级为二级公路，路线全长 3.347km。路面结构如图 2-11 所示。

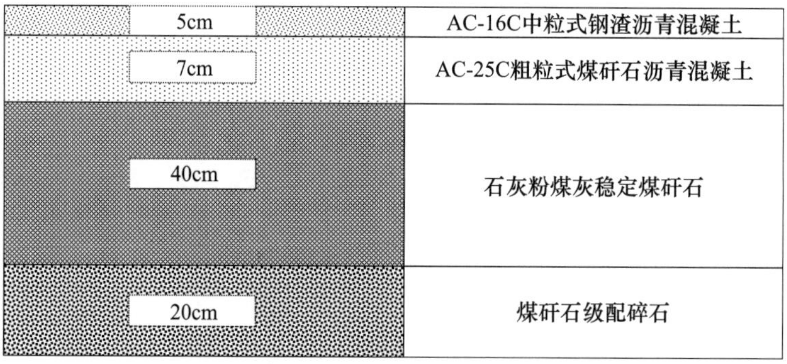

5cm	AC-16C中粒式钢渣沥青混凝土
7cm	AC-25C粗粒式煤矸石沥青混凝土
40cm	石灰粉煤灰稳定煤矸石
20cm	煤矸石级配碎石

图 2-11　担下路路面结构示意图

2. 沥青混合料配合比设计

结合料为 70 号道路石油沥青，粗集料采用了煤矸石与常用石灰岩粗集料掺配，细集料采用石灰岩机制砂，矿粉采用石灰岩矿粉。AC-25C 煤矸石沥青混合料的矿料筛分、合成级配情况见表 2-31，矿料筛分及合成级配曲线见图 2-12。

AC-25C 矿料筛分与合成级配表（%） 表 2-31

筛孔尺寸（mm）	石灰岩10~30mm	石灰岩10~20mm	煤矸石5~10mm	机制砂	矿粉	级配	中值	范围
31.5	100	100	100	100	100	100	100	100
26.5	91.7	100	100	100	100	97.8	95	90~100
19	18.4	100	100	100	100	78.8	82.5	75~90
16	4.8	92.3	100	100	100	73.6	72.5	65~80
13.2	1	45.3	100	100	100	62.2	63	56~70
9.5	0.5	1.9	98.9	100	100	52.3	51.5	45~58
4.75	0.4	0.3	14.7	99.8	100	34.2	35	30~40
2.36	0.3	0.3	4.3	67.6	100	22.7	24	19~29
1.18	0.3	0.3	1.4	44.9	100	15.5	17	12~22
0.6	0.3	0.3	1.4	31.4	100	11.5	12	8~16
0.3	0.3	0.3	1.3	20	99.7	8.2	8.5	5~12
0.15	0.3	0.3	1.2	15.8	99.2	7.0	6.5	4~9
0.075	0.3	0.3	1	12.8	97	6.0	5	3~7
级配	26	22	21	29	2	100		

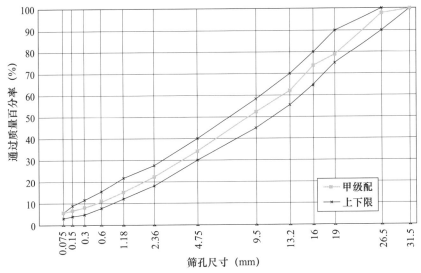

图 2-12 AC-25C 矿料筛分及合成级配曲线图

　　根据各种矿料配合比例及其毛体积密度，预估沥青混合料最佳油石比为 4.0%。参考规范要求，按照 0.5% 间隔变化，取 5 个不同的油石比，进行马歇尔试验。温拌剂采用试验室专用配合比，温拌剂与沥青比例为 10∶95，试件毛体积密度采用表干法测定，理论最大相对密度采用真空法实测。AC-25C 沥青混合料马歇尔试验数据见表 2-32。

AC-25C 沥青混合料马歇尔试验数据　　　　表 2-32

油石比（%）	理论相对密度	毛体积相对密度	空隙率（%）	矿料间隙率（%）	沥青饱和度（%）	稳定度（kN）	流值（0.1mm）
3.0	2.631	2.442	7.2	12.9	44.4	17.20	24
3.5	2.610	2.463	5.6	12.6	55.4	17.92	26
4.0	2.592	2.482	4.3	12.4	65.6	18.64	30
4.5	2.574	2.486	3.4	12.6	73.0	17.68	32
5.0	2.555	2.485	2.7	13.1	79.1	15.75	37

根据规范要求，取相应于密度最大值、稳定度最大值、目标空隙率、沥青饱和度范围中值的油石比 a_1、a_2、a_3、a_4，取其平均值作为 OAC_1。以各项指标均符合技术标准（不含 VMA）的油石比范围 $OAC_{min} \sim OAC_{max}$ 的中值作为 OAC_2。计算的最佳油石比 OAC 取 OAC_1 和 OAC_2 的平均值。本次设计中 AC-25C 混合料的计算最佳油石比 OAC 为 4.0%，相应于此最佳油石比的空隙率和矿料间隙率分别为 4.2%、13.3%。

AC-25C 混合料最佳油石比对应的毛体积相对密度为 2.480。其马歇尔试验数据见表 2-33。

AC-25 混合料最佳油石比下马歇尔试验数据表　　　　表 2-33

油石比（%）	理论最大相对密度	毛体积相对密度	空隙率（%）	矿料间隙率（%）	沥青饱和度（%）	稳定度（kN）	流值（0.1mm）
4.0	2.592	2.480	4.3	12.4	65.3	18.44	29

根据以上试验结果，按照规范的要求计算 AC-25C 沥青混合料的有效沥青含量为 3.34%，对应的粉胶比为 1.8%，对应的沥青膜有效厚度为 7.2μm。对所配沥青混合料进行高温稳定性及水稳定性检验，试验结果见表 2-34。

沥青混合料目标配合比检验试验数据表　　　　表 2-34

检验项目	单位	AC-25	技术要求	试验方法
车辙试验（60℃）动稳定度	次/mm	1968	> 1000	T0719
马歇尔残留稳定度	%	93.2	> 80	T0709
冻融劈裂残留强度比	%	81.7	> 75	T0729
渗水系数	mL/min	基本不透水	≤ 120	T0730

由表 2-34 中数据可见，AC-25 沥青混合料相关参数均符合规范要求，说明所设计的沥青混合料是合理的，可以在实际工程中应用。

3. 生产配合比设计

粗集料采用石灰岩和煤矸石掺配,各料仓生产配合比用粗集料力学指标见表2-35。矿料的筛分与合成级配情况见表2-36,矿料合成级配曲线见图2-13。

确定矿料合成级配后,按照目标配合比确定的最佳油石比为4.0%,按最佳油石比4.0%±0.3%间隔变化,取3个不同的沥青用量,进行马歇尔试验,通过对试件进行体积指标计算和分析并进行稳定度、流值试验,从而确定最佳油石比。试验结果见表2-37,根据沥青混凝土的指标要求,确定沥青混合料混凝土的最佳油石比,见表2-38。

生产配合比用粗集料力学指标 表2-35

指标		试验值					规范要求
		6仓	5仓	4仓	3仓	2仓	
石料压碎值(%)		21.3				—	不大于25
洛杉矶磨耗率(%)		22.7					不大于28
表观相对密度		2.771	2.775	2.764	2.766	2.773	不小于2.60
吸水率(%)		0.6	0.8	0.7	0.9	0.8	不大于2.0
针片状颗粒含量(%)	≥9.5mm	6.8	8.5	9.2	8.7	—	不大于12
	<9.5mm	—	—	—	—	10.5	不大于18
小于0.075mm颗粒含量(%)		0.9	0.8	0.9	0.9	1.0	不大于1
对沥青的黏附性		5级					不小于4级

矿料筛分与合成级配一览表(%) 表2-36

筛孔尺寸(mm)	矿料							级配	中值	范围
	6仓	5仓	4仓	3仓	2仓	1仓	矿粉			
31.5	100	100	100	100	100	100	100.0	100.0	100	100
26.5	94.9	100	100	100	100	100	100	98.6	95	90~100
19	46.7	93.1	100	100	100	100	100	84.2	82.5	75~90
16	25.3	65.3	99.6	100	100	100	100	74.5	72.5	65~80
13.2	4.5	18.6	90.6	99.6	100	100	100	61.8	63	56~70
9.5	1.3	6.7	16.9	91.3	99.6	100	100	51.6	51.5	45~58
4.75	0.3	1.3	3	2.7	77.3	97.7	100	34.4	35	30~40
2.36	0.3	1.3	0.9	1.1	25.8	73.3	100	22.2	24	19~29
1.18	0.3	1.3	0.9	1.1	14	46.7	100	15.1	17	12~22
0.6	0.3	1.3	0.9	1.1	10.4	32.6	100	11.7	12	8~16
0.3	0.3	1.3	0.9	1.1	6.8	18.6	100	8.3	8.5	5~12
0.15	0.3	1.3	0.9	1.1	5.6	11.1	99.9	6.5	6.5	4~9
0.075	0.3	1.3	0.9	1.1	5	6.9	85.8	5.2	5	3~7
级配	28	13	9	13	13	21	3	100		

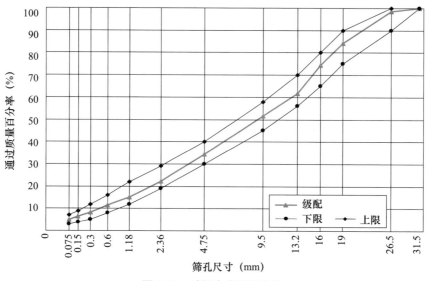

图 2-13 矿料合成级配曲线

试验数据汇总表   表 2-37

油石比（%）	最大理论相对密度	毛体积相对密度	空隙率（%）	矿料间隙率（%）	沥青饱和度（%）	稳定度（kN）	流值（0.1mm）
3.7	2.625	2.462	6.2	12.4	50.0	10.62	21
4.0	2.590	2.478	4.3	12.1	64.1	14.35	28
4.3	2.563	2.473	3.5	12.5	71.8	10.38	31

AC-25C 沥青混凝土最佳油石比计算   表 2-38

项目	a_1	a_2	a_3	a_4	OAC_1	OAC_{min}	OAC_{max}	OAC_2	OAC
数值	4.08	4.00	3.96	3.96	4.00	3.79	4.20	4.00	4.0

对设计的沥青混合料性能进行检验，配合比检验结果见表 2-39。

配合比检验结果   表 2-39

项目	试验值	技术要求
马歇尔残留稳定度（%）	88.3	不小于 80
冻融劈裂残留强度比（%）	80.6	不小于 75
动稳定度（次/mm）	1819	不小于 1000
渗水系数（次/mm）	基本不透水	不大于 120

从表 2-39 中可以看出，AC-25C 沥青混凝土水稳定性满足规范要求。有效沥青含量3.96%，粉胶比为 1.31%，有效沥青膜厚度 5.77μm，说明 AC-25C 沥青混凝土的配合比设计是合理的。本次生产配合比设计结果汇总见表 2-40。

AC-25C 沥青混凝土生产配合比汇总表　　　　　　　　　表 2-40

集料	6仓（%）	5仓（%）	4仓（%）	3仓（%）	2仓（%）	1仓（%）	矿粉（%）	油石比（%）	毛体积相对密度
AC-25C	28	13	9	13	13	21	3	4.0	2.478

4. 工程施工

试验路于 2010 年 10 月 25 日施工（图 2-14），共使用煤矸石沥青混合料 5025.5t，煤矸石 1055t。

（a）混合料生产

（b）路面摊铺

（c）路面碾压

（d）施工过程检测

（e）试验路竣工

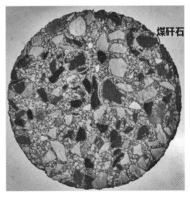
（f）芯样

图 2-14　工程施工

工程开放交通1年后，对担下路路面使用状况进行跟踪检测。检测结果表明，担下路路面平整、美观，整体使用状况优良，如图2-15所示，煤矸石沥青路面具有良好的性能。

图 2-15　路面状况

2.5.2　长安街大修工程

2009年8月21日，在长安街大修工程中，煤矸石沥青混合料得到应用。长安街大修工程是一项复杂的系统工程。国家倡导建立资源节约型、环境友好型社会，鼓励使用"绿色"环保的工程技术，煤矸石沥青混合料又一次得到应用。

1. 沥青混合料目标配合比设计

AC-10C沥青混合料粗集料采用5～10mm煤矸石，细集料采用石灰岩机制砂、矿粉石灰石粉。矿料筛分与合成级配见表2-41，矿料筛分与合成级配曲线见图2-16。

矿料筛分与合成级配一览表（%）　　　　　　　　　　　　　　表 2-41

筛孔尺寸（mm）	煤矸石 5～10mm	机制砂	矿粉	级配	中值	范围
13.2	100	100	100	100.0	100	100
9.5	95.4	100	100	97.9	95	90～100
4.75	2.6	99.8	100	56.1	56	62～50
2.36	0.8	74.3	100	42.5	38.5	32～45
1.18	0.6	42.8	100	26.7	26	21～31
0.6	0.6	24.2	100	17.4	18	14～22
0.3	0.6	10.1	97.5	10.2	13.5	10～17
0.15	0.6	6.5	95.2	8.3	9.5	7～12
0.075	0.6	3.3	86.0	6.2	6	4～8
级配	45	50	5	100		

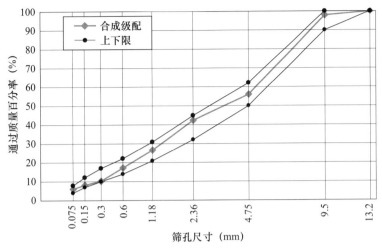

图 2-16 AC-10C 目标配合比矿料筛分及合成级配曲线图

根据各种矿料配合比及其毛体积密度，结合以往工程，预估煤矸石 AC-10C 沥青混合料最佳油石比为 5.2%。参考规范要求，按照 0.5% 间隔变化，取 5 个不同的油石比进行马歇尔试验。煤矸石 AC-10C 沥青混合料马歇尔试验数据见表 2-42，试验数据曲线见图 2-17。

煤矸石 AC-10C 沥青混合料马歇尔试验数据 表 2-42

油石比 （%）	理论 相对密度	毛体积 相对密度	空隙率 （%）	矿料间隙率 （%）	沥青饱和度 （%）	稳定度 （kN）	流值 （0.1mm）
4.2	2.573	2.411	6.3	15.3	58.8	8.71	23
4.7	2.554	2.430	4.9	15.0	67.7	10.34	25
5.2	2.536	2.447	3.5	14.9	76.4	10.78	26
5.7	2.518	2.457	2.4	14.9	83.8	9.49	30
6.2	2.500	2.454	1.8	15.4	88.1	8.38	33

根据规范要求，在图 2-17 求取相应于毛体积相对密度最大值、稳定度最大值、目标空隙率、沥青饱和度范围中值的油石比 a_1、a_2、a_3、a_4，取其平均值作为 OAC_1。以各项指标均符合技术标准（不含 VMA）的油石比范围 $OAC_{min} \sim OAC_{max}$ 的中值作为 OAC_2。计算的最佳油石比 OAC 取 OAC_1 和 OAC_2 的平均值。本设计中 AC-10 混合料的计算最佳油石比 OAC 为 5.2%，相应于此最佳油石比的空隙率和矿料间隙率分别为 3.5%、14.8%，其均符合要求。

煤矸石 AC-10C 沥青混合料最佳油石比对应的毛体积相对密度为 2.447。其马歇尔试验数据见表 2-43。

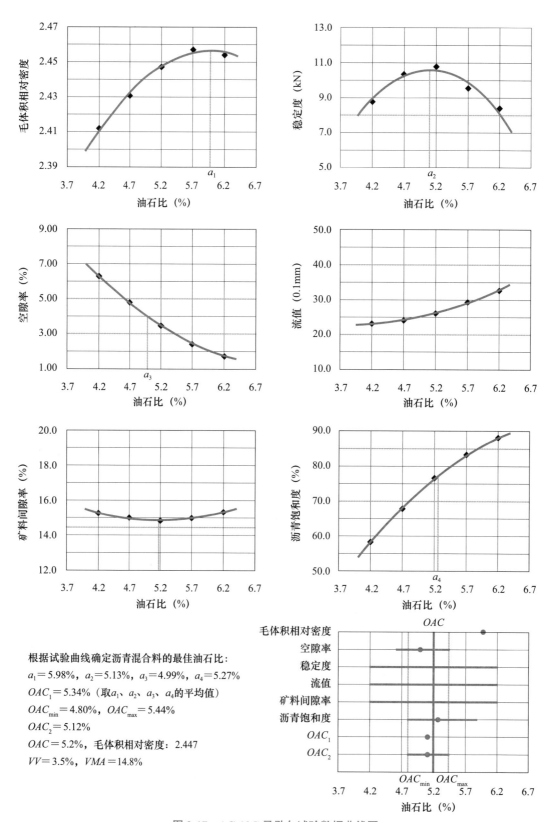

根据试验曲线确定沥青混合料的最佳油石比：

$a_1 = 5.98\%$，$a_2 = 5.13\%$，$a_3 = 4.99\%$，$a_4 = 5.27\%$

$OAC_1 = 5.34\%$（取a_1、a_2、a_3、a_4的平均值）

$OAC_{min} = 4.80\%$，$OAC_{max} = 5.44\%$

$OAC_2 = 5.12\%$

$OAC = 5.2\%$，毛体积相对密度：2.447

$VV = 3.5\%$，$VMA = 14.8\%$

图 2-17 AC-10C 马歇尔试验数据曲线图

煤矸石 AC-10C 沥青混合料最佳油石比下马歇尔试验数据表　　表 2-43

油石比（%）	理论最大相对密度	毛体积相对密度	空隙率（%）	矿料间隙率（%）	沥青饱和度（%）	稳定度（kN）	流值（0.1mm）
5.2	2.536	2.447	3.5	14.8	76.4	10.57	26

根据以上试验结果，按照规范的要求计算 AC-10C 沥青混合料的有效沥青含量为 4.69%，对应的粉胶比为 1.3%，对应的沥青膜有效厚度为 8.4μm。

对所配沥青混合料进行了高温稳定性及水稳定性检验，试验结果见表 2-44，煤矸石 AC-10 沥青混合料车辙试验（60℃）动稳定度和马歇尔残留稳定度、冻融劈裂残留强度比等均符合规范要求，说明所设计沥青混合料是合理的，可在工程中应用。

沥青混合料目标配合比检验试验数据表　　表 2-44

检验项目	单位	煤矸石 AC-10C	技术要求	试验方法
车辙试验（60℃）动稳定度	次 /mm	1289	＞ 1000	T0719
马歇尔残留稳定度	%	84.9	＞ 80	T0709
冻融劈裂残留强度比	%	79.3	＞ 75	T0729
渗水系数	mL/min	基本不透水	≤ 120	T0730

2. 沥青混合料生产配合比设计

按照冷料比例上料，取热料仓矿料筛分后进行级配合成，得到各热料仓比例为小石仓∶砂仓∶矿粉＝ 45∶52∶3，AC-10C 生产配合比矿料筛分与合成级配见表 2-45，其矿料筛分及合成级配曲线见图 2-18。

AC-10C 生产配合比矿料筛分与合成级配表（%）　　表 2-45

筛孔尺寸（mm）	小石仓	砂仓	矿粉	级配	中值	范围
13.2	100	100	100	100.0	100	100
9.5	96.2	100	100	98.3	95	90～100
4.75	7.9	96.3	100	56.6	56	50～62
2.36	2.1	70.6	100	40.7	38.5	32～45
1.18	0.6	41.7	100	25.0	26	21～31
0.6	0.4	27.1	100	17.3	18	14～22
0.3	0.4	15.5	97.5	11.2	13.5	10～17
0.15	0.4	9.9	95.2	8.2	9.5	7～12
0.075	0.4	5.6	86.0	5.7	6	4～8
级配	45	52	3	100		

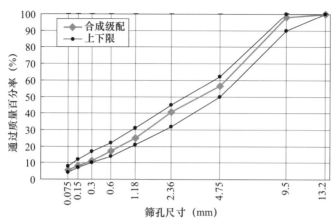

图 2-18 AC-10 生产配合比矿料筛分及合成级配曲线图

根据合成级配进行目标配合比设计，确定最佳油石比为 5.2%。拌合沥青混合料，按照真空法测理论最大密度，进行马歇尔试验，试验结果见表 2-46。

AC-10C 物理指标试验结果 表 2-46

油石比（%）	密度（g/cm³）		空隙率（%）	矿料间隙率（%）	饱和度（%）	稳定度（%）	流值（1/10mm）
	毛体积密度	理论密度					
5.2	2.448	2.536	3.5	15.5	77.4	10.9	25.9
技术标准	实测	计算	3～6	—	70～85	＞7.5	20～40

根据以上试验结果，确定 AC-10C 沥青混合料各项物理指标满足规范的要求，可以在工程中使用。

AC-10C 沥青混合料的配合比为：采用 5～10mm 煤矸石、机制砂、矿粉合成，其比例为 45∶50∶5，生产配合比中，各热料仓比例为小石仓∶砂仓∶矿粉＝45∶52∶3，最佳油石比为 5.2%，施工控制范围 4.9%～5.5%，预计施工控制密度为 2.448g/cm³。

3. 工程施工

本工程于 2009 年 8 月 21 日施工，共使用煤矸石沥青混合料 92t，铺筑沥青路面 400m。工程竣工后的检测结果表明：煤矸石沥青路面外观平整、性能满足要求，如图 2-19 所示。

图 2-19 长安街大修工程施工

2.5.3　北京惠新西街

惠新西街是北京市北四环和北三环的联络线。在惠新西街大修工程中，辅路沥青路面采用两层结构，底层为 AC-25C 型沥青混合料，面层为 AC-13C 型沥青混合料，两层沥青混合料均采用煤矸石沥青混合料。经检测煤矸石的各项指标均符合《公路沥青路面施工技术规范》JTG F40—2004 中沥青路面粗集料的技术要求。

1. 目标配合比设计

（1）原材料

本工程采用滨州 90 号 A 级道路石油沥青，粗集料采用石灰岩碎石和煤矸石。粗集料物理指标见表 2-47。机制砂为石灰岩机制砂，矿粉采用石灰岩矿粉。

粗集料物理指标　　　　　　　表 2-47

指标	单位	石灰岩				煤矸石		技术指标	试验方法
		20～30mm	10～20mm	10～15mm	5～10mm	10～20mm	5～10mm		
压碎值	%	14.4		18.9		18.9		≤ 28	T0316
洛杉矶磨耗率	%	18.4		18.5		18.5		≤ 30	T0317
表观相对密度	—	2.827	2.743	2.747	2.820	2.743	2.747	≥ 2.50	T0304
吸水率	%	0.38	0.50	0.52	0.49	0.50	0.52	≤ 3.0	T0304
针片状含量 大于 9.5mm 小于 9.5mm	%	— 6.8 —	— 11.7 —	11.6 11.5 11.7	— — 12.3	— 28.9 —	— — 28.4	≤ 18 ≤ 15 ≤ 20	T0312
水洗法＜ 0.075mm 颗粒含量	%	0.5	0.6	0.7	0.7	0.5	0.7	1	T0310
黏附性	—	五级						≤四级	T0616

（2）矿料合成级配

粗集料中煤矸石的掺量为矿料的 10%。AC-25C 矿料筛分合成级配见表 2-48，AC-25C 矿料合成级配曲线见图 2-20。AC-13C 矿料筛分合成级配见表 2-49，AC-13C 矿料合成级配曲线见图 2-21。

AC-25C 矿料筛分合成级配表（%）　　　　　　　表 2-48

筛孔（mm）	矿料							级配	目标	上限	下限
	石灰岩 20～30mm	石灰岩 10～20mm	煤矸石 10～20mm	石灰岩 5～10mm	机制砂	天然砂	矿粉				
26.5	92.7	100.0	100.0	100.0	100.0	100.0	100.0	98.0	97.4	100	90
19	35.4	100.0	98.4	100.0	100.0	100.0	100.0	81.8	79.5	90	75
16	2.8	91.9	88.7	100.0	100.0	100.0	100.0	70.7	73.0	80	64

续表

筛孔（mm）	矿料							级配	目标	上限	下限
	石灰岩 20～30mm	石灰岩 10～20mm	煤矸石 10～20mm	石灰岩 5～10mm	机制砂	天然砂	矿粉				
13.2	0.5	42.7	50.2	100.0	100.0	100.0	100.0	60.3	62.8	71	53
9.5	0.5	7.4	4.5	97.4	100.0	100.0	100.0	50.9	49.2	58	43
4.75	0.5	0.6	0.5	29.7	100.0	90.9	100.0	34.1	35.5	42	29
2.36	0.5	0.6	0.5	7.3	75.2	71.2	100.0	23.6	22.5	30	18
1.18	0.5	0.6	0.5	1.2	44.2	58.9	100.0	16.3	15.3	22	12
0.6	0.5	0.6	0.5	0.8	24.8	47.8	100.0	12.2	12.4	16	8
0.3	0.5	0.6	0.5	0.8	14.2	19.9	99.8	8.3	8.4	12	6
0.15	0.5	0.6	0.5	0.7	7.9	5.9	98.4	6.1	6.6	9	4
0.075	0.5	0.6	0.5	0.7	5.3	2.4	91.7	5.1	5.5	7	3
设计级配	28	12	10	22	16	8	4	100.0			

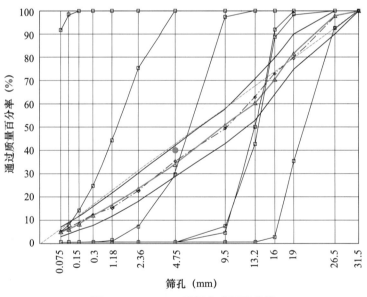

图 2-20 AC-25C 矿料合成级配曲线

AC-13C 矿料筛分合成级配表（％）　　　　　　　　表 2-49

筛孔（mm）	矿料						级配	目标	上限	下限
	煤矸石 5～10mm	石灰岩 10～15mm	石灰岩 5～10mm	机制砂	天然砂	矿粉				
16	100.0	100.0	100.0	100.0	100.0	100.0	100.0	99.7	100	100

续表

筛孔（mm）	矿料						级配	目标	上限	下限
	煤矸石 5～10mm	石灰岩 10～15mm	石灰岩 5～10mm	机制砂	天然砂	矿粉				
13.2	100.0	88.7	100.0	100.0	100.0	100.0	95.9	93.8	100	90
9.5	99.8	28.0	97.4	100.0	100.0	100.0	73.7	70.3	80	68
4.75	24.9	1.2	29.7	100.0	90.9	100.0	46.2	48.7	53	43
2.36	1.2	0.7	7.3	75.2	71.2	100.0	32.1	30.4	38	28
1.18	0.7	0.7	1.2	44.2	58.9	100.0	21.9	20.4	28	18
0.6	0.7	0.7	0.8	24.8	47.8	100.0	15.7	16.3	20	12
0.3	0.7	0.7	0.8	14.2	19.9	99.8	10.1	10.4	15	8
0.15	0.7	0.7	0.7	7.9	5.9	98.4	7.0	7.9	11	6
0.075	0.7	0.7	0.7	5.3	2.4	91.7	5.7	6.6	8	4
设计级配	10	36	14	26	10	4	100.0			

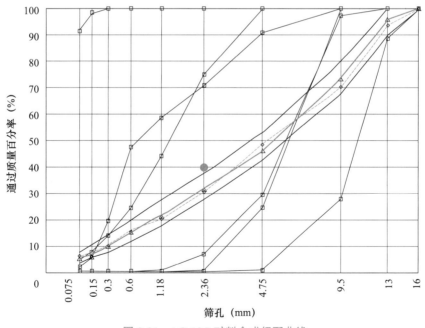

图 2-21 AC-13C 矿料合成级配曲线

（3）油石比确定

根据经验，AC-25C 的油石比在 3.0%～5.0%，AC-13C 的油石比在 4.0%～6.0%，以 0.5% 间隔的不同油石比，分别进行马歇尔试验。AC-25C 马歇尔试验结果见表 2-50，AC-13C 马歇尔试验结果见表 2-51。

AC-25C 马歇尔试验结果　　　　　　　　　　　　　　表 2-50

油石比（%）	密度（g/cm³）		空隙率（%）	稳定度（kN）	流值（0.1mm）	矿料间隙率（%）	沥青饱和度（%）
	实测	理论					
3.0	2.459	2.643	7.0	9.44	22	13.7	49.1
3.5	2.479	2.623	5.51	11.80	26	13.4	59.0
4.0	2.494	2.604	4.3	12.12	28	13.3	67.4
4.5	2.497	2.585	3.6	11.63	28	13.6	73.7
5.0	2.493	2.566	2.8	9.51	31	14.2	79.9

AC-13C 马歇尔试验结果　　　　　　　　　　　　　　表 2-51

油石比（%）	密度（g/cm³）		空隙率（%）	稳定度（kN）	流值（0.1mm）	矿料间隙率（%）	沥青饱和度（%）
	实测	理论					
4.0	2.454	2.602	5.7	10.9	24.0	14.7	61.3
4.5	2.460	2.583	4.77	11.5	27.0	14.9	68.0
5.0	2.462	2.564	4.0	12.1	28.0	15.2	73.9
5.5	2.458	2.546	3.5	12.0	32.0	15.8	78.0
6.0	2.451	2.527	3.0	10.4	36.0	16.4	81.5

根据以上试验结果，按照规范的要求计算 AC-25C 沥青混合料的有效沥青用量为 3.62%，对应的粉胶比为 1.41%，对应的沥青油膜厚度为 8.31μm。

AC-13C 沥青混合料的有效沥青用量为 4.54%，对应的粉胶比为 1.26%，对应的沥青油膜厚度为 8.96μm。

（4）设计检验

1）高温稳定性

对 AC-25C 和 AC-13C 两种沥青混合料在温度 60℃、轮压 0.7MPa 条件下进行车辙试验，结果见表 2-52，均符合规范要求。

车辙试验结果　　　　　　　　　　　　　　表 2-52

混合料	沥青	油石比（%）	试验温度（℃）	试验载荷（MPa）	动稳定度（次/mm）	
					试验结果	规范要求
AC-25C	90 号	4.0	60	0.7	1691	≥ 1000
AC-13C	90 号	4.9	60	0.7	1315	≥ 1000

2）水稳定性

按最佳油石比，重新制作试件，对 AC-25C 和 AC-13C 两种混合料进行浸水马歇尔试验及冻融劈裂试验，对混合料的水稳定性进行验证，均满足要求，结果见表 2-53、表 2-54。

浸水马歇尔试验结果 表 2-53

混合料	油石比（%）	浸水时间（h）	稳定度（kN）	残留强度比(%)	规范要求（%）
AC-25C（90号）	4.0	0.5	12.0	87.9	不小于80
		48	10.5		
AC-13C（90号）	4.9	0.5	11.8	84.9	不小于80
		48	10.0		

冻融劈裂试验结果 表 2-54

混合料	油石比（%）	试验条件	劈裂强度（kN）	残留强度比(%)	规范要求（%）
AC-25C（90号）	4.0	未冻融	6.1	80.3	不小于75
		冻融	4.9		
AC-13C（90号）	4.9	未冻融	6.0	83.8	不小于75
		冻融	5.1		

2. 生产配合比设计

（1）矿料组成设计

生产配合比设计采用 NBD-320 型拌合机，振动筛的筛孔尺寸从大到小依次为：40mm×40mm，30mm×30mm，20mm×20mm，12mm×12mm，4mm×4mm。按照目标配合比设计的冷料比例向拌合机上料、烘干、筛分，然后分别对各热料仓取样、筛分，进行级配合成，所合成生产级配曲线应尽量向目标级配曲线靠拢。AC-25C 矿料筛分合成级配详见表 2-55，AC-25C 矿料合成级配曲线详见图 2-22。AC-13C 矿料筛分合成级配详见表 2-56，AC-13C 矿物合成级配曲线详见图 2-23。

AC-25C 矿料筛分合成级配表（%） 表 2-55

筛孔（mm）	热料仓					级配	目标	上限	下限
	大石仓	中石仓	小石仓	砂仓	矿粉				
31.5	100.0	100.0	100.0	100.0	100.0	100.0	100	100	100
26.5	89.4	100.0	100.0	100.0	100.0	97.2	97.0	100	90
19	35.8	100.0	100.0	100.0	100.0	83.3	82.7	90	75
16	18.7	83.5	100.0	100.0	100.0	75.6	73.0	83	65
13.2	0.2	41.3	100.0	100.0	100.0	62.3	61.2	76	57
9.5	0.2	1.3	93.1	100.0	100.0	52.7	52.3	65	45
4.75	0.2	0.4	19.2	100.0	100.0	34.7	34.5	52	24
2.36	0.2	0.4	1.2	80.2	100.0	25.5	25.0	42	16
1.18	0.2	0.4	0.6	48.3	100.0	17.4	17.5	33	12

续表

筛孔（mm）	热料仓					级配	目标	上限	下限
	大石仓	中石仓	小石仓	砂仓	矿粉				
0.6	0.2	0.4	0.6	31.2	100.0	13.1	12.7	24	8
0.3	0.2	0.4	0.6	14.4	99.9	8.9	8.3	17	5
0.15	0.2	0.4	0.6	7.8	99.0	7.2	6.2	13	4
0.075	0.2	0.4	0.6	3	91.5	5.6	5.4	7	3
设计级配	26	20	24	25	5	100.0			

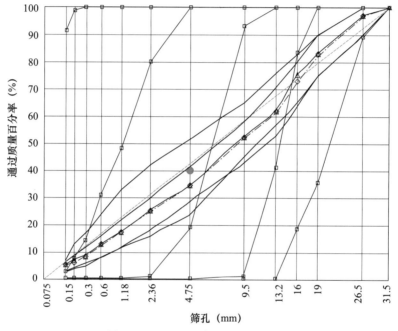

图 2-22　AC-25C 矿料合成级配曲线

AC-13C 矿料筛分合成级配表（%）　　　　　　　　　　　表 2-56

筛孔（mm）	热料仓					级配	目标	上限	下限
	大石仓	中石仓	小石仓	砂仓	矿粉				
16		100.0	100.0	100.0	100.0	100.0	100	100	100
13.2		81.3	100.0	100.0	100.0	95.1	95.9	100	90
9.5		14.7	91.1	100.0	100.0	74.5	72.5	80	68
4.75		0.4	24.7	100.0	100.0	46.2	46.5	53	43
2.36		0.4	3.7	81.7	100.0	32.6	31.8	38	28
1.18		0.4	0.5	49.4	100.0	21.1	21.4	28	18

续表

| 筛孔（mm） | 热料仓 | | | | | 级配 | 目标 | 上限 | 下限 |
	大石仓	中石仓	小石仓	砂仓	矿粉				
0.6		0.4	0.5	31.8	100.0	15.5	16.5	20	12
0.3		0.4	0.5	14.7	99.9	10.0	10.2	15	8
0.15		0.4	0.5	7.9	99.0	7.8	7.1	11	6
0.075		0.4	0.5	3.4	91.5	6.0	5.1	8	4
设计级配		26	37	32	5	100.0			

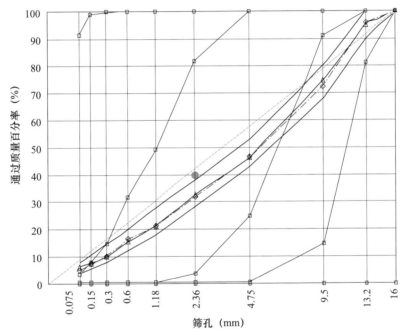

图 2-23　AC-13C 矿料合成级配曲线

（2）马歇尔试验

按规范规定取目标配合比得出的最佳油石比及最佳油石比 ±0.3% 进行马歇尔试验。AC-25C 马歇尔试验结果见表 2-57、AC-25C 马歇尔试验结果曲线见图 2-24。

AC-25C 马歇尔试验结果　　　　　表 2-57

| 油石比（%） | 密度（g/cm³） | | 空隙率（%） | 稳定度（kN） | 流值（1/10mm） | 矿料间隙率（%） | 沥青饱和度（%） |
	实测	理论					
3.7	2.489	2.615	4.8	10.7	28	13.1	63.4
4.0	2.495	2.607	4.3	11.2	31	13.2	67.4
4.3	2.493	2.598	4.1	11.0	35	13.5	70.0

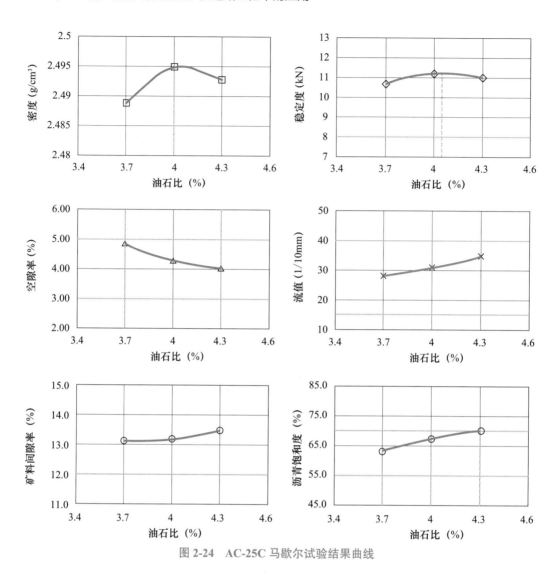

图 2-24 AC-25C 马歇尔试验结果曲线

由图 2-24 得出的最佳油石比如下：按密度最大值、稳定度最大值、空隙率中值确定的最佳油石比 $OAC_1 = 4.00\%$；按各项指标均符合范围的中值确定的最佳油石比 $OAC_2 = 4.00\%$；由此确定 AC-25C 最佳油石比 $OAC = 4.00\%$。

AC-13C 马歇尔试验结果见表 2-58，AC-13C 马歇尔试验结果曲线图见图 2-25。

AC-13C 马歇尔试验结果 表 2-58

油石比（%）	密度（g/cm³）		空隙率（%）	稳定度（kN）	流值（1/10mm）	矿料间隙率（%）	沥青饱和度（%）
	实测	理论					
4.6	2.453	2.570	4.6	10.7	27.0	14.8	69.3
4.9	2.456	2.559	4.0	11.4	30.0	15.0	73.2
5.2	2.452	2.552	3.9	11.0	34.0	15.4	74.4

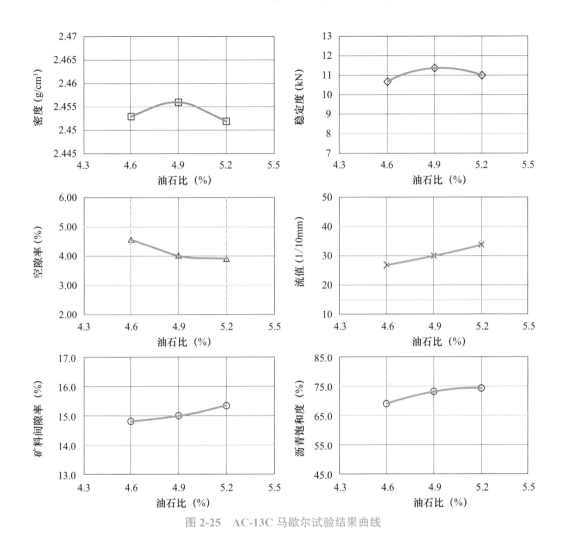

图 2-25 AC-13C 马歇尔试验结果曲线

由图 2-25 得出的最佳油石比如下：按密度最大值、稳定度最大值、空隙率中值确定的最佳油石比 $OAC_1 = 4.9\%$；按各项指标均符合范围的中值确定的最佳油石比 $OAC_2 = 4.9\%$；由此确定 AC-13C 最佳油石比 $OAC = 4.9\%$。

3. 煤矸石沥青混合料路面施工与检测

（1）沥青混合料生产过程抽检

对试验路的沥青混合料进行抽检，AC-25C 沥青混合料马歇尔试验结果见表 2-59，AC-25C 沥青混合料级配检测结果见表 2-60，AC-13C 沥青混合料马歇尔试验结果见表 2-61，AC-13C 沥青混合料级配检测结果见表 2-62。

AC-25C 沥青混合料马歇尔试验结果 表 2-59

试验项目	单位	技术要求	检测结果
马歇尔试件击实次数	次	75 次（双面）	75 次（双面）
毛体积密度	t/m³	实测	2.485

续表

试验项目	单位	技术要求	检测结果
理论密度	t/m³	实测	2.602
空隙率 VV	%	4～6	4.5
矿料间隙率 VMA 不小于	%	13.0	13.6
沥青饱和度 VFA	%	65～75	67.0
稳定度 MS 不小于	kN	8.0	11.0
流值 FL	0.1mm	15～40	27.4
动稳定度 不小于	次/mm	1000	1687
浸水马歇尔残留稳定度 不小于	%	80	90.1
冻融劈裂残留强度比 不小于	%	75	82.7

AC-25C 沥青混合料级配检测结果 表 2-60

项目	油石比（%）	通过下列筛孔（mm）的质量百分率（%）										
		26.5	19	16	13.2	9.5	4.75	2.36	1.18	0.6	0.3	0.15	0.075
指标范围	3.7～4.3	90～100	75～90	65～83	57～76	45～65	24～52	16～42	12～33	8～24	5～17	4～13	3～7
检测结果	4.1	96.5	82.4	74.6	63.3	51.6	35.3	26.7	15.3	14.2	9.4	7.2	5.7

AC-13C 沥青混合料马歇尔试验结果 表 2-61

试验项目	单位	技术要求	检测结果
马歇尔试件击实次数	次	75次（双面）	75次（双面）
毛体积密度	t/m³	实测	2.451
理论密度	t/m³	实测	2.564
空隙率 VV	%	4～6	4.4
矿料间隙率 VMA 不小于	%	13.9	15.6
沥青饱和度 VFA	%	65～75	71.7
稳定度 MS 不小于	kN	8.0	10.6
流值 FL	mm	15～40	28.0
动稳定度 不小于	次/mm	1000	1436
浸水马歇尔残留稳定度 不小于	%	80	92.3
冻融劈裂残留强度比 不小于	%	75	81.4

AC-13C 沥青混合料级配检测结果 表 2-62

项目	油石比（%）	通过下列筛孔（mm）的质量百分率（%）							
		13.2	9.5	4.75	2.36	1.18	0.6	0.3	0.15	0.075
指标范围	4.6～5.2	90～100	68～85	38～68	24～50	15～38	10～28	7～20	5～15	4～8
检测结果	4.96	95.6	73.7	47.3	33.5	24.4	16.7	10.2	7.7	6.1

表2-60、表2-62中检测结果均符合配合比设计要求及《公路沥青路面施工技术规范》JTG F40—2004 对 AC-25C 和 AC-13C 的技术要求。

（2）试验路路面检测

试验路开放交通后，对试验路进行了表面构造深度、渗水系数以及摩擦系数检测（图 2-26），检测结果见表 2-63。

图 2-26　煤矸石试验路及其芯样

煤矸石试验路路面检测结果　　　　　　　　　　　　　　表 2-63

检测项目	表面构造深度（mm）	渗水系数（mL/min）	摩擦系数（BPN）
检测值	0.5	9.11	62.9
标准要求	不大于1	不大于300	符合设计要求

第3章　煤矸石在道路半刚性基层中的应用

3.1　概述

我国从 20 世纪 80 年代开始对煤矸石应用于基层进行研究，其主要用作路基的填料。从 1985 年，国务院颁布《关于开展资源综合利用若干问题的暂行规定》之后，我国的煤矸石资源的综合利用才受到重视，一些新技术才开始逐渐成熟。最初煤矸石主要用于底基层，选用强度较高、压碎值较小、性质比较稳定的煤矸石。

山东省 205 国道张店—博山段全长 40km，1997 年修建时由于土源短缺，而沿线附近有多处矸石山堆积，经过试验论证，采用煤矸石作为底基层材料，代替原设计的石灰土结构层，完全能够满足公路整体强度要求，该段路后期运营状况良好。刘俊尧等对煤矸石用作道路基层材料的性能应用分析，针对煤矸石混合料的强度、冻稳性和抗温缩防裂性能进行了研究，得出煤矸石混合料作为道路基层的优势，特别是经济性。将石灰、煤矸石与土混合作为道路基层，能充分发挥煤矸石的特性，提高道路基层的强度。

此外，辽宁工程技术大学重点研究自燃煤矸石加固土的性能。利用水泥、自燃煤矸石、粉煤灰作为主要原料，以风积砂土为处理对象，在水泥、煤矸石和粉煤灰掺量比为 5∶20∶20，总掺量为土质量的 45% 时，其 7d 加固土强度可达 1.09MPa。研究结果表明，使用煤矸石作填料能够有效提高基层强度。

河南省焦作市丰收路改造扩建工程，全部采用煤矸石作为路面基层材料，后期路面整体状况良好，未发现拥包、推挤、沉降变形及松散现象，达到预期的效果。

吉林市市政建设有限责任公司和吉林省交通科学研究院分别采用九台和道清两处来源的煤矸石，通过室内试验对二灰稳定和水泥稳定两种煤矸石半刚性基层混合料的配合比进行了优化。结果表明，九台煤矸石适合采用水泥稳定，道清煤矸石适合采用二灰稳定。这说明，不同地区、不同矿区的煤矸石的品质可能不一样，在研究中不能照搬其他地方的配合比或是结合料使用标准来进行试验，必须结合具体矿区的煤矸石进行一系列试验，充分论证后才能形成试验方案。

国内对半刚性基层材料的收缩研究比较深入，对干缩和温缩两种形式的收缩从机理到测试都进行了多方面研究。水泥（或石灰、粉煤灰）与煤矸石材料、水拌合、压实后，由于蒸发和混合料内部发生水化作用，混合料的水分不断减少。由于水的减少而发生的各种作用都会引起无机结合料稳定材料的整体体积收缩，具体表现为以下几个方面：

（1）毛细管作用：在水分蒸发过程中，由于毛细管水分下降而引起弯液面的曲率半径变小，使毛细管压力增大，从而产生收缩。

（2）吸附水及分子间力的作用：毛细水蒸发完后，相对湿度将继续变小，无机结合料中的吸附水开始蒸发，颗粒之间的间距逐渐变小，颗粒表面的水膜变薄，分子力逐渐增强，收缩反应将进一步加强。

（3）胶凝体的层间水作用：随着养生时间的持续，基层湿度继续降低，半刚性基层材料中的一些层状结构物质的层间水开始蒸发，晶格间距变小，将产生进一步收缩。

（4）碳化脱水作用：碳化脱水作用是指 $Ca(OH)_2$ 和 CO_2 反应生成 $CaCO_3$ 析出水而导致体积收缩。

水稳和二灰基层产生干缩现象的主要原因是铺筑完基层后，没有及时养生或者没有及时铺筑沥青面层，一般情况下，只要曝晒 $2\sim3d$ 就可能出现裂缝。干缩裂缝是以横向裂缝为主，大部分间距 $3\sim10m$，也有少量纵向裂缝，缝的顶宽约 $0.5\sim3mm$。干缩主要用干缩应变、干缩系数、干缩量、失水量和失水率描述。

张洪华指出，半刚性材料的干缩应变与其原始的含水量有直接关系。由击实试验得到的最佳含水量远大于材料内部水化反应所需的水量。不同材料的失水率均随着时间的延长而不断增大，但变化速度渐渐变慢；材料的干缩应变随着时间的延长而不断增大。因此，应合理确定水泥剂量，剂量小，基层的稳定性差，剂量高，则有可能增加材料的干缩性能，从而造成基层开裂。

张互助等人对不同水泥剂量的水稳煤矸石进行了抗裂性能的研究，采用干缩抗裂系数 $[\omega]$ 来表征材料对于湿度变化且不致开裂的承受能力，见式（3-1）。$[\omega]$ 的大小可以反映该材料的抗湿度收缩相对能力的大小，其值越大，表明材料抗干燥收缩性能越好。

$$[\omega] = \varepsilon_{max}/\alpha_d \qquad (3\text{-}1)$$

式中　$[\omega]$——材料干缩抗裂系数（%）；

　　　ε_{max}——材料极限拉应变；

　　　α_d——材料干缩系数（%）。

严格来讲，材料的极限拉应变应通过材料的轴向拉伸试验获得，但是采用目前的试验设备很难得到，所以近似地采用由材料的抗弯拉强度与抗弯拉模量计算得出的材料极限拉应变来代替，即

$$\varepsilon_{max} = R_w/E_w \qquad (3\text{-}2)$$

式中　ε_{max}——材料极限拉应变；

　　　R_w——材料抗弯拉强度（MPa）；

　　　E_w——材料抗弯拉模量（GPa）。

试验结果表明：水泥剂量为 5% 时，抗裂系数最大，其干缩抗裂性能最好。从以上研究成果可以看出，水泥稳定煤矸石具有良好的抗裂性能，适合用于道路的基层。水稳煤矸石的干缩系数随着水泥剂量的增加呈现先增加后减少的规律，在水泥剂量为 5% 时，达

到最大值。

温缩产生的原因是基层内部上下温度变化不均匀，形成温差并产生温度应力。气温低的季节，无机结合料基层表面温度低，基层的顶部会产生拉应力；高温季节，无机结合料基层表面温度高，底部温度低，在基层底部产生拉应力。因此，在不同的季节，由于温缩产生的拉应力与行车荷载在基层底部产生的拉应力相结合并反复作用，会促使基层底面开裂。沥青面层的厚度也是影响基层材料产生温缩裂缝的关键因素。较厚的沥青面层对于基层能够起到很好的隔温保护作用，并降低基层顶部产生的温度拉应力。基层顶部温度的变化速度相比面层表面温度变化速度要小，有利于基层材料中的温度应力松弛。程培峰等人得出以下规律：

（1）二灰稳定煤矸石基层材料的温缩应变随着温度的降低基本呈线性增长。其中各种配合比的二灰稳定未燃煤矸石的温缩应变变化趋势一致，在0～30℃区间内增长缓慢，在-30～0℃增长较快，在-40～-30℃增长幅度有所变缓；二灰稳定自燃煤矸石温缩应变增长速率无明显变化。

（2）不同配合比的二灰稳定未燃煤矸石基层材料的温缩系数在各温度区间的变化趋势基本相同，高温段各温度区间的温缩系数差异不大，低温段各温度区间差异显著，温缩系数先增加后减少，在-20～-10℃时达到最大。二灰稳定自燃煤矸石在各温度区间的温缩系数变化均不大，同二灰稳定未燃煤矸石一样，温缩系数在温度区间为-20～-10℃时达到最大。二灰稳定煤矸石基层材料高温段平均值、低温段平均值及总平均值随着二灰质量比的减小近似呈抛物线变化，在1：3左右时最大。这是因为在二灰稳定煤矸石材料强度形成的火山灰反应中，当混合料中粉煤灰含量不足以和氧化钙完全反应时，随着粉煤灰增加，反应生成物相应增加，收缩系数相应增大；当粉煤灰与石灰的比例超过一定限值后，增加的粉煤灰将不参加反应，而粉煤灰颗粒对混合料的收缩起着约束作用，因此温缩系数将随着粉煤灰的增加相应减小。由上述文献可知，二灰稳定煤矸石基层材料具有较好的温缩性能，适合用于寒冷地区道路的路面基层。

张互助等人通过对不同剂量的水稳煤矸石进行温缩试验的研究，采用温缩抗裂系数 $[T]$ 来表征材料对于温度变化且不致开裂的承受能力，见式（3-3）。$[T]$ 的大小可以反映材料的抗温度收缩相对能力的大小，其值越大，表明材料抗温度收缩性能越好，反之亦然。

$$[T] = \varepsilon_{max}/\alpha_t \tag{3-3}$$

式中 $[T]$——材料温缩抗裂系数（%）；

　　ε_{max}——材料极限拉应变；

　　α_t——材料温缩系数（%）。

水泥稳定煤矸石的温缩抗裂系数随着水泥剂量的增加呈抛物线的规律变化，在水泥剂量为6%时达到峰值，温缩抗裂性能好。

国外对于煤矸石的利用从20世纪60年代后期开始。许多欧洲国家做了大量的试验论证煤矸石作为基层材料的可行性。英国运输部直接允许自燃煤矸石直接用于道路底基层。美国、德国、荷兰等国家对于煤矸石的利用程度相对较高，并根据长期的工程实践经验，制定出了相应的技术标准。苏联根据煤矸石的来源、特点、成分等按照指标不同进行分类，然后根据煤矸石的用途进行分类，并规定质量要求，选择合适的加工工艺。法国北部公路网、德国 Ruhr 公路网、英国 Notingham 地区干线公路和 Gateshead 高速公路都采用了煤矸石作为道路路基或基层的填筑材料。

3.2 煤矸石用于半刚性基层的分析评价

3.2.1 颗粒组成

本书对煤矸石材料进行颗粒组成分析，了解粒组分布是否均匀，粒组分布是否连续，合成级配后能否满足基层的颗粒组成范围的要求。

煤矸石主要包括 10～20mm、5～10mm、0～10mm 三种粒级，均产自北京房山区南窖乡。根据《公路路面基层施工技术细则》JTG/T F20—2015 的要求，对煤矸石的性能进行研究，作为对比，对北京市常用的 10～30mm 石灰岩进行平行测试，石灰岩产地为河北省三河市，石灰岩和煤矸石的筛分结果详见表 3-1。

原材料筛分结果（%） 表 3-1

筛孔（mm）	37.5	31.5	19	9.5	4.75	2.36	1.18	0.6	0.075
石灰岩 10～30mm	100	97.1	21.3	5.1	0.3	0.1	0.1	0.1	0.1
煤矸石 10～20mm	100	100	96.2	12.9	1.2	1.1	1.1	1.1	1.0
煤矸石 5～10mm	100	100	100	99.3	7.7	1.7	1.7	1.6	1.5
煤矸石 0～10mm	100	100	100	100	99.2	60.8	41.5	34.3	14.6

3.2.2 物理、力学技术性能

三种粒级煤矸石和作为对比的 10～30mm 石灰岩的技术指标见表 3-2。

原材料技术指标 表 3-2

指标	单位	石灰岩 10～30mm	煤矸石 10～20mm	煤矸石 5～10mm	煤矸石 0～10mm	技术要求
表观相对密度	—	2.829	2.736	2.743	2.598	≥ 2.50
石料压碎值	%	10.9	19.2			≤ 30
洛杉矶磨耗损失	%	14.6	18.3			≤ 28

由表 3-2 可知，与北京市常用的石灰岩相比，煤矸石的密度偏低，压碎值和磨耗损失偏大，从强度的角度看，煤矸石的强度略低于石灰岩，但能满足基层材料的技术要求。

3.3 煤矸石用于半刚性基层的材料组成设计

目前半刚性沥青路面结构最常用的是无机结合料稳定材料，根据结合料的不同，分为两种类型，即水泥稳定材料和石灰稳定材料。其组成设计应根据道路的交通量、道路等级、气候条件等因素，合理确定材料的组成。选用典型煤矸石，采用水泥稳定和石灰粉煤灰稳定两种稳定技术，根据现有煤矸石原材料的级配特点，进行煤矸石用于半刚性基层的材料组成设计，提出适宜的道路基层材料配合比。目前，对半刚性基层材料的组成设计是以 7d 无侧限抗压强度为指标，设计方法和流程参照《公路路面基层施工技术细则》JTG/T F20—2015。

3.3.1 水泥稳定煤矸石

水泥稳定煤矸石（或称水稳煤矸石）的材料组成与强度特性、变形特性有着直接的联系，水泥剂量的多少也将直接影响基层材料的耐久性和稳定性。煤矸石基层混合料主要是依靠粗集料互相的嵌挤而形成骨架，以水泥和 0～10mm 煤矸石中的部分煤矸石粉末作为掺合料，加水拌合而成。煤矸石骨料之间的空隙被水泥及 0～10mm 煤矸石中的石粉所填充，从而形成较高的强度。

1. 原材料

煤矸石性能见表 3-1 和表 3-2。水泥采用唐山水泥厂生产的 P·O 42.5 普通硅酸盐水泥，试验方法见国家标准《通用硅酸盐水泥》GB 175—2023。试验结果见表 3-3。

水泥性质试验结果 表 3-3

品种	细度	初凝时间	终凝时间	安定性雷氏法	3 天强度（MPa）		28 天强度（MPa）	
					抗折	抗压	抗折	抗压
42.5	8.3	4h 50min	6h 15min	合格	3.3	17.4	7.4	42.1

2. 矿料合成级配

通过对原材料的颗粒组成分析，以《公路路面基层施工技术细则》JTG/T F20—2015中的颗粒组成范围为依据进行级配设计。为了保证级配和混合料的强度，煤矸石和石灰岩掺配使用，合成矿料级配见表 3-4，组成材料比例见表 3-5。

合成矿料级配表 表 3-4

筛孔（mm）		31.5	26.5	19.0	9.5	4.75	2.36	0.60	0.075
通过率（%）	规范要求	100	90～100	72～89	47～67	29～49	17～35	8～22	0～7
	设计值	100	97.7	84.8	60.1	33.0	19.6	11.3	5.2

组成材料比例   表 3-5

材料名称	石灰岩 10～30mm	煤矸石 10～20mm	煤矸石 5～10mm	煤矸石 0～10mm	合计
比例（%）	18	26	25	31	100

由图 3-1 可知，现有材料的合成级配满足《公路路面基层施工技术细则》JTG/T F20—2015 的要求，0.075mm 筛孔通过率偏高，这与 0～10mm 煤矸石偏细有关。

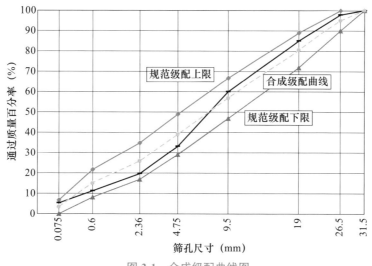

图 3-1　合成级配曲线图

3. 击实试验

混合料合成级配确定后，按照上述级配制备混合料，进行不同水泥剂量（3%、4%、5%、6%）的击实试验，确定各自的最大干密度和最佳含水量，见表 3-6。

水泥稳定煤矸石击实试验表   表 3-6

水泥剂量（%）	最大干密度（g/cm³）	最佳含水量（%）
3	2.35	6.1
4	2.36	6.1
5	2.37	6.3
6	2.35	6.5

水泥剂量与最大干密度、最佳含水量的关系见图 3-2 和图 3-3。由图 3-2 和图 3-3 可知，水泥剂量为 5% 时，混合料的最大干密度达到最大。最佳含水量随着水泥剂量的增加而增加。

4. 无侧限抗压强度

按照确定的最大干密度和最佳含水量，进行不同水泥剂量（3%、4%、5%、6%）的无侧限抗压强度试验，强度试验采用直径 150mm、高度 150mm 的标准试件，按现场压实度标准采用静压法成型试件后，将试件放入温度（20±2）℃，相对湿度在 95% 以上养护

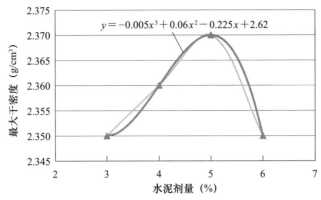

图 3-2 最大干密度与水泥剂量关系曲线图

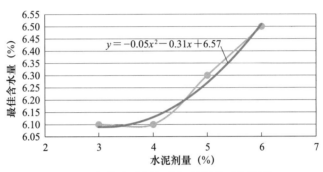

图 3-3 最佳含水量与水泥剂量关系曲线图

室内养生 6d，取出后浸于（20±2）℃恒温水槽中 1d，进行抗压强度试验，7d 无侧限抗压强度的代表值 R_d 按式（3-4）计算：

$$R_d = (1 - Z_\alpha C_v) \cdot \overline{R} \qquad (3-4)$$

式中　Z_α——标准正态分布表中随保证率或置信度 α 而变化的系数，高速公路和一级公路应取保证率 95%，即 $Z_\alpha = 1.645$；一级及二级以下公路应取保证率 90%，即 $Z_\alpha = 1.282$；

　　　$\overline{R}$——单组试件的强度平均值；

　　　C_v——单组试件的强度变异系数。

7d 无侧限抗压强度结果见表 3-7。

水泥稳定煤矸石混合料的无侧限抗压强度　　　　　　　　　　表 3-7

编号	混合料种类	水泥剂量（%）	最大干密度（g/cm³）	最佳含水量（%）	R_d（MPa）	C_v（%）
A-1	水泥稳定煤矸石	3	2.35	6.1	3.3	10.7
A-2	水泥稳定煤矸石	4	2.36	6.1	3.8	9.6
A-3	水泥稳定煤矸石	5	2.37	6.3	4.0	12.2
A-4	水泥稳定煤矸石	6	2.35	6.5	4.1	9.9

水泥剂量与 7d 无侧限抗压强度的关系见图 3-4。

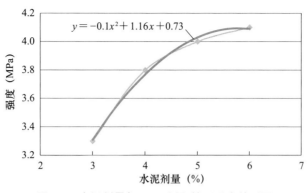

图 3-4 水泥剂量与 7d 无侧限抗压强度关系图

从表 3-7 可以看出，水泥稳定煤矸石都具有较高的早期强度，均能满足高速公路和一级公路的要求，随着水泥剂量的增加，7d 无侧限抗压强度呈上升趋势。

3.3.2 石灰粉煤灰煤矸石材料组成设计

石灰粉煤灰（以下简称二灰）稳定材料，价格相对低廉，由于其具有良好的力学性能和板体性，被广泛用于各种道路的基层和底基层。二灰稳定碎石的原理是以石灰为活性激发剂，以石灰和粉煤灰为主要胶结材料，虽然早期强度较低，但是后期强度与水稳类材料差别很小。

1. 石灰

石灰采用磨细生石灰粉，其技术指标见表 3-8。石灰有效钙加氧化镁含量低于三级钙质生石灰的标准。由于石灰品质和质量普遍较低，对于等外石灰，应通过强度试验判断其是否可以使用。后续将通过二灰煤矸石的强度是否符合《公路路面基层施工技术细则》JTG/T F20—2015 的标准，来判断其是否可用。

石灰技术指标 表 3-8

指标		单位	石灰	技术要求
细度	0.6mm	%	0.77	—
	0.15mm	%	15.27	—
有效氧化钙的含量		%	47.8	—
氧化镁的含量		%	3.6	—
有效钙加氧化镁含量		%	51.4	≥70

2. 粉煤灰

粉煤灰技术指标见表 3-9，满足相应技术要求方可使用。

粉煤灰技术指标 表 3-9

指标		单位	粉煤灰	技术要求
细度	0.3mm	%	98.07	≥90

续表

指标		单位	粉煤灰	技术要求
细度	0.075mm	%	82.67	≥ 70
三氧合计	SiO_2	%	65.8	—
	Al_2O_3	%	9.8	—
	Fe_2O_3	%	6.6	—
	合计	%	82.3	> 70
烧失量		%	14.66	≤ 20
含水量		%	20.84	≤ 35

3. 石灰粉煤灰稳定煤矸石合成级配

通过对原材料的颗粒组成分析，以《公路路面基层施工技术细则》JTG/T F20—2015中的颗粒组成范围为依据，进行级配组成设计，合成级配见图 3-5、表 3-10，材料比例见表 3-11。

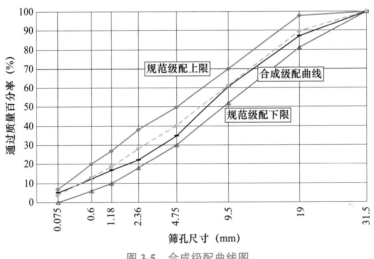

图 3-5 合成级配曲线图

合成级配表 表 3-10

筛孔（mm）		31.5	19.0	9.5	4.75	2.36	1.18	0.60	0.075
通过率（%）	规范要求	100	81~98	52~70	30~50	18~38	10~27	6~20	0~7
	设计值	100	87.1	60.5	34.9	22.3	16.9	12.4	5.1

材料比例 表 3-11

材料名称	石灰岩 10~30mm	煤矸石 10~20mm	煤矸石 5~10mm	煤矸石 0~10mm	合计
比例（%）	16	27	24	33	100

同样，合成级配能够满足《公路路面基层施工技术细则》JTG/T F20—2015 的要求，但 0.075mm 筛孔通过率偏高，这与 0~10mm 煤矸石偏细有关。

4. 击实试验

矿料合成级配确定后，按照上述级配制备二灰混合料，进行不同配合比的击实试验，确定各自的最大干密度和最佳含水量，试验结果见表 3-12。

二灰煤矸石击实试验结果 表 3-12

比例（石灰：粉煤灰：矿料）	最大干密度（g/cm³）	最佳含水量（%）
3：12：85	2.143	7.3
4：12：84	2.129	7.6
5：10：85	2.131	7.9
6：12：82	2.121	8.0

随着石灰剂量的增加，最大干密度逐渐减小，见图 3-6，最佳含水量逐渐增大，见图 3-7。

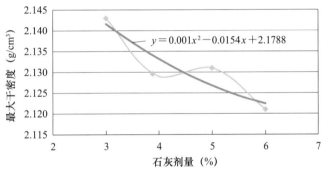

$$y = 0.001x^2 - 0.0154x + 2.1788$$

图 3-6 最大干密度与石灰剂量的关系

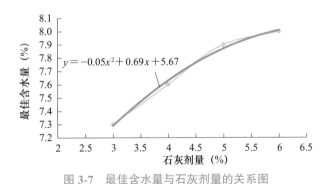

$$y = -0.05x^2 + 0.69x + 5.67$$

图 3-7 最佳含水量与石灰剂量的关系图

5. 无侧限抗压强度

按照所确定的合成级配制备不同二灰比例的无侧限抗压强度试件，强度试验采用直径 150mm、高度 150mm 的标准试件，7d 无侧限抗压强度结果见表 3-13，不同石灰剂量的强度规律见图 3-8。

二灰煤矸石混合料的无侧限抗压强度　　　　　　　　　表 3-13

编号	比例（石灰：粉煤灰：矿料）	最大干密度（g/cm³）	最佳含水量（%）	R_7（MPa）	C_v（%）
B-1	3：12：85	2.143	7.3	0.7	12.1
B-2	4：12：84	2.129	7.6	0.9	10.1
B-3	5：10：85	2.131	7.9	1.0	10.2
B-4	6：12：82	2.121	8.0	1.1	10.5

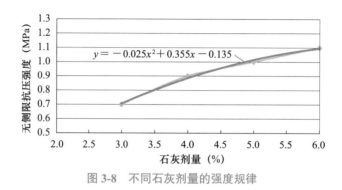

图 3-8　不同石灰剂量的强度规律

由表 3-13 可知，二灰煤矸石的 7d 抗压强度较低，这也是二灰稳定材料的特点。随着石灰掺量的增加，二灰煤矸石的 7d 无侧限抗压强度呈增长趋势。

3.4 强度增长规律

在材料组成设计的基础上，对石灰粉煤灰稳定煤矸石和水泥稳定煤矸石的强度增长特性进行分析。

水泥稳定煤矸石混合料的无侧限抗压强度　　　　　　　　　表 3-14

编号	混合料种类	水泥剂量（%）	7d 无侧限抗压		28d 无侧限抗压		90d 无侧限抗压	
			R_7（MPa）	C_v（%）	R_{28}（MPa）	C_v（%）	R_{90}（MPa）	C_v（%）
A-1	水泥稳定煤矸石	3	3.3	10.7	3.7	13	3.8	9.2
A-2	水泥稳定煤矸石	4	3.8	9.6	4.2	10.9	5.2	11.8
A-3	水泥稳定煤矸石	5	4.0	12.2	4.4	11.6	4.9	12.1
A-4	水泥稳定煤矸石	6	4.1	9.9	4.4	8	4.6	11

从图 3-9、表 3-14 可以看出，水泥稳定煤矸石具有较高的早期强度，均能满足规范要求，随着龄期的增长，抗压强度都有增长的趋势，但增长幅度不同，水泥剂量为 3% 时呈指数增长，4%、5%、6% 三种水泥剂量时呈线性增长，4% 水泥剂量时强度增长最快。随着水泥剂量的增加，7d 和 28d 强度差别不是很大，但 90d 强度有明显差异，4% 水泥剂量的水泥稳定煤矸石无侧限抗压强度达到了 5.2MPa，要高于其他剂量的强度。

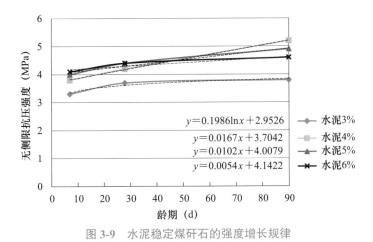

$$y=0.1986\ln x+2.9526$$
$$y=0.0167x+3.7042$$
$$y=0.0102x+4.0079$$
$$y=0.0054x+4.1422$$

图 3-9 水泥稳定煤矸石的强度增长规律

由表 3-15、图 3-10 可知，二灰煤矸石的 7d 无侧限抗压强度较低，这主要是由于石灰的水化反应较慢，早期形成的结晶凝胶物质较少，强度来自级配集料间的摩阻力；随着时间的推移，结合料中的胶结物不断生成网状结构，通过交叉连接形成很高的粘结强度，具有通过水化向稳定转化的趋势。随着石灰掺量的增加，二灰煤矸石的无侧限抗压强度呈增长趋势，石灰掺量越高，180d 无侧限抗压强度与 7d 无侧限抗压强度的差值越大。

二灰煤矸石混合料的无侧限抗压强度　　　　表 3-15

编号	比例（石灰：粉煤灰：碎石）	7d 无侧限抗压		28d 无侧限抗压		180d 无侧限抗压	
		R_7（MPa）	C_v（%）	R_{28}（MPa）	C_v（%）	R_{180}（MPa）	C_v（%）
B-1	3：12：85	0.7	12.1	1.5	10.5	2.4	12.1
B-2	4：12：84	0.9	10.1	1.8	12.1	2.8	11.2
B-3	5：10：85	1.0	10.2	2.1	11.8	3.2	11.5
B-4	6：12：82	1.1	10.5	2.2	9.6	3.4	10.6

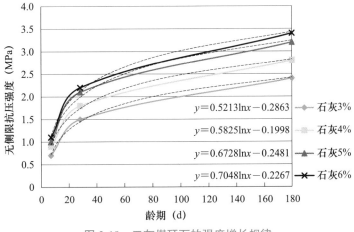

$$y=0.5213\ln x-0.2863$$
$$y=0.5825\ln x-0.1998$$
$$y=0.6728\ln x-0.2481$$
$$y=0.7048\ln x-0.2267$$

图 3-10 二灰煤矸石的强度增长规律

因此，水泥稳定煤矸石、石灰粉煤灰稳定煤矸石，是以煤矸石、碎石为骨料，以石灰、粉煤灰（或者水泥）为结合料，加水拌匀而形成的混合料。其强度形成的过程为：随着压实过程深入，煤矸石骨料的空隙被石灰、粉煤灰（或者水泥）及煤矸石粉末所填充，空隙逐步缩小，依靠煤矸石颗粒间的嵌挤作用以及结合料的粘结作用，形成初期强度。后期强度的增长则主要依靠骨料的骨架支撑作用和其中胶结物不断形成的胶结作用。因此，呈现出水泥稳定煤矸石早期强度高、石灰粉煤灰煤矸石早期强度较低的特点，但石灰粉煤灰煤矸石强度增长过程较长。

3.5 煤矸石半刚性基层材料参数与稳定性研究

与道路面层材料相比，半刚性基层材料有较高的应力比，因此有可能比沥青面层更早达到疲劳寿命，而且由于半刚性基层材料强度、模量等力学指标会在使用过程中逐渐衰减，在车辆荷载、温度影响、施工质量等因素作用下，基层材料会较早达到疲劳极限，并发生开裂破坏。因此，对煤矸石半刚性基层提出合理的设计参数对于延长煤矸石半刚性基层寿命具有重要意义。

3.5.1 间接抗拉强度（劈裂试验）

基层材料不仅要有较高的抗压强度，还必须具有较高的抗拉强度。从理论上讲，应该用直接拉伸试验测试，但由于试件不容易夹紧以及试件中心与作用荷载易产生偏心，试验操作难度较大，实际上常用间接抗拉强度（劈裂试验）测定。本试验方法有以下优点：

（1）试件截面尺寸与骨料最大粒径之比的规定较容易达到，试件成型的试验条件简单，试验结果误差相对较小。

（2）试件承受二维应力状态，较一维应力的试验结果更能接近路面结构的实际状态。

本试验方法被广泛用于道路半刚性基层材料的抗拉强度测试。

试件的间接抗拉强度 R_i 按式（3-5）计算（直径 150mm 试件）。

$$R_i = 0.004178P/h \qquad (3-5)$$

式中 P——试件破坏时的最大压力（N）；

h——浸水后试件的高度（mm）。

95% 保证率的值 $R_{i\,0.95} = R_i - 1.645S$。

试验所得数据见表 3-16。

水稳类和二灰类试件劈裂强度结果 表 3-16

种类		龄期（d）	试件个数	劈裂强度（MPa）			
				R_i	S	C_v（%）	$R_{i\,0.95}$
水稳类	水泥 3%	90	13	0.53	0.05	9.4	0.45

续表

种类		龄期（d）	试件个数	劈裂强度（MPa）			
				R_i	S	C_v（%）	$R_{i0.95}$
水稳类	水泥4%	90	13	0.74	0.084	11.3	0.60
	水泥5%	90	13	0.91	0.111	12.2	0.73
	水泥6%	90	13	1.03	0.102	9.9	0.86
二灰类（石灰：粉煤灰：石）	3：12：85	180	13	0.67	0.074	11.1	0.55
	4：12：84	180	13	0.82	0.104	12.7	0.65
	5：10：85	180	13	1.07	0.135	12.6	0.85
	6：12：82	180	13	1.24	0.117	9.4	1.05

　　水稳（90d）煤矸石和二灰（180d）煤矸石的无侧限抗压强度与劈裂强度存在相关性，见表3-17和图3-11～图3-13。

水稳类煤矸石和二灰类煤矸石无侧限抗压强度和劈裂强度对比　　　　表3-17

种类		龄期（d）	无侧限抗压强度（MPa）	劈裂强度（MPa）	劈裂强度／无侧限抗压强度
水稳类	水泥3%	90	3.8	0.53	0.14
	水泥4%	90	5.2	0.74	0.14
	水泥5%	90	4.9	0.91	0.19
	水泥6%	90	4.6	1.03	0.22
二灰类（石灰：粉煤灰：石）	3：12：85	180	2.4	0.67	0.28
	4：12：84	180	2.8	0.82	0.29
	5：10：85	180	3.2	1.07	0.33
	6：12：82	180	3.4	1.24	0.36

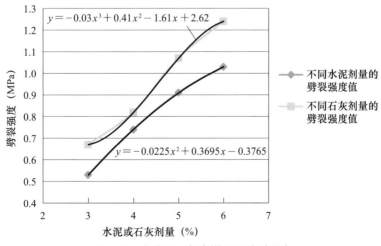

图3-11　水稳和二灰类煤矸石劈裂强度

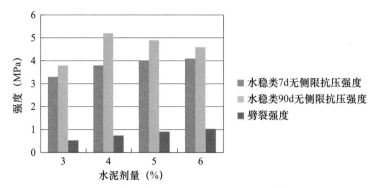

图 3-12 水稳类煤矸石无侧限抗压强度与劈裂强度

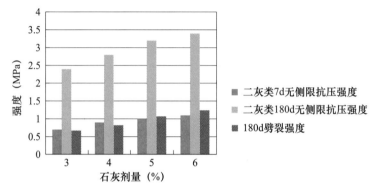

图 3-13 二灰类煤矸石无侧限抗压强度与劈裂强度

试验结果表明：

（1）二灰稳定煤矸石的抗拉强度比水泥稳定煤矸石的抗拉强度略高。

（2）随着水泥剂量的增加或者石灰剂量增加，劈裂强度呈增加趋势。

（3）水泥稳定煤矸石的劈裂强度为 0.53～1.03MPa，随着水泥剂量的增大迅速增长；二灰煤矸石的劈裂强度为 0.67～1.24MPa，且随着结合料用量的增大呈增长趋势。

（4）水稳稳定煤矸石和二灰稳定煤矸石，劈裂强度与 90d（180d）无侧限抗压强度比值随着水泥剂量（或石灰剂量）增加呈增长趋势。

3.5.2 抗压回弹模量

回弹模量是表征材料刚度性能的一个重要指标，也是进行路面力学计算、确定结构层厚度的另一个重要参数。路面结构设计中，无论是采用设计弯沉试算基层厚度，还是进行各结构层拉应力验算，都假设各材料的抗拉模量与抗压模量相等，从而简化计算。因此，针对半刚性基层进行路面设计时，需要确定抗压回弹模量。为了寻找无机结合料稳定煤矸石的抗压回弹模量，必须进行室内试验。

目前，回弹模量的测试方法有很多，室外测试方法如整层材料的承载板法、弯沉换算法等，一般以整层材料上的承载板法测试的回弹模量为标准。在室内测试回弹模量中，常见的方法有电测法、粘贴法、夹具法、顶面法、承载板法等。各方法在测试同一种材料的回弹模量时，由于采用了不同的方法测试材料在荷载作用下的形变，测试结果偏差很大。从总体上看，顶面法由于试验设备简单、易于操作、试验结果与承载板法接近而被广泛采用，成为最常用的抗压回弹模量试验方法。

顶面法测定室内基层抗压回弹模量的试验步骤为：

（1）选定加载板上的计算单位压力（对基层用 0.5～0.7MPa，对底基层用 0.2～0.4MPa）；

（2）将试件浸水 24h 后，从水中取出并用布擦干后放在加载板上，在试件顶面撒少量的 0.25～0.5mm 细砂，并手压加载板在试件顶面边加压边旋转，使细砂填补表面微观的不平整，并使多余的砂流出，以增加顶板与试件的接触面积；

（3）安装千分表，使千分表的脚支在加载板直径线的两侧并离试件中心距离大致相等；

（4）将带有试件的测形变的装置放到路面材料强度试验仪的升降台上，调整升降台的高度，使测力环下端的压头中心与加载顶板的中心接触；

（5）用拟施加的最大载荷的一半进行两次加荷卸荷预压试验，使加载顶板与试件表面紧密接触。第 2 次卸载后等待 1min，然后将千分表的短指针调到约中间位置，并将长指针调到 0，记录千分表的原始读数；

（6）测量回弹形变：将预定的单位压力分成 5～6 等份，作为每次施加的压力值。实际施加的荷载应较预定级数增加一级。施加第 1 级荷载，待荷载作用达 1min 时，记录千分表的读数，同时卸去荷载，让试件的弹性形变恢复。到 0.5min 时记录千分表的读数。如此逐级进行，直至记录下最后一级荷载下的回弹形变。

水稳类煤矸石和二灰类煤矸石抗压回弹模量试验结果见表 3-18。

水稳类和二灰类煤矸石抗压回弹模量　　　　　　　　　表 3-18

种类		龄期（d）	试件个数	抗压回弹模量 E_c（MPa）	C_v（%）
水稳类	水泥 3%	90	15	1125	9.5
	水泥 4%	90	15	1168	11.7
	水泥 5%	90	15	1236	12.6
	水泥 6%	90	15	1274	9.0
二灰类（石灰：粉煤灰：石）	3：12：85	180	15	1060	11.4
	4：12：84	180	15	1067	12.5
	5：10：85	180	15	1107	10.7
	6：12：82	180	15	1130	11.8

由表 3-18 可以看出，当水稳类和二灰类均达到规范所规定的龄期后，抗压回弹模量差别不是很大，随着水泥剂量的增加，抗压回弹模量呈增长趋势；随着石灰剂量增加，

抗压回弹模量呈增长趋势。

基层作为道路结构中的主要承重层，既要承担上面面层传递下来的压应力，又要承担基层底部的弯拉应力。如果基层的刚度太大，与面层刚度不相匹配，那么基层底部会产生相当大的拉应力，在行车荷载的反复作用下，造成基层局部开裂，并形成反射裂缝，最终导致面层开裂。因此，基层材料的力学性能将直接影响道路基层的耐久性。

抗压回弹模量能够表征基层材料的变形特性和抗疲劳性能，半刚性材料的刚度取决于原材料本身的模量、反应生成物模量以及组成的结构形式。一般来说，半刚性沥青路面的基层模量应保持在合理的范围并与面层材料合理匹配，如果基层材料模量过低，会降低路面结构的整体承载力，在荷载作用下产生路面结构损伤；而基层模量过高，基层的抗裂性能和抗疲劳性能衰减较快，容易诱发路面裂缝等早期破坏。水泥稳定煤矸石的90d抗压回弹模量约为1100～1300MPa，二灰煤矸石的180d抗压回弹模量约为1000～1200MPa，且随着结合料用量的增大呈增长趋势。

3.5.3 抗冻性

当无机结合料稳定煤矸石半刚性基层经历冻融循环时会造成其强度降低和材料损伤。抗冻性是将材料经历多次冻融循环后，评价其保持原有性质或不显著降低原有性质的能力。

对无机结合料稳定材料的抗冻性试验，是将规定龄期（28d或180d）的半刚性材料试件在经过10个冻融循环后，测试饱水无侧限抗压强度。具体试验中，冻融循环试验采用直径150mm、高150mm的标准试件，制备2组各9个冻融试件，水泥稳定类煤矸石混合料标准养生90d，石灰粉煤灰稳定类煤矸石混合料标准养生180d。试验分为两组进行，一组为冻融试件，进行冻融循环，冻融循环次数为10次；另一组为不冻融对比试件。将两组试件的抗压强度比作为评价抗冻性的指标，水泥稳定煤矸石的抗冻性结果见表3-19、图3-14，石灰粉煤灰稳定煤矸石的抗冻性结果见表3-20、图3-15。

二灰稳定煤矸石混合料在冻融前，吸水率普遍要比水稳煤矸石混合料大。水稳煤矸石试件经过冻融循环后，抗压强度损失率和质量损失率均低于二灰稳定煤矸石。说明水稳煤矸石基层的抗冻性能要优于二灰稳定煤矸石基层。这种抗冻性的规律与试件的吸水率存在一定的相关性。在经过10次冻融循环后，二灰稳定煤矸石和水稳煤矸石均未出现松散情况，强度衰减程度较小，只是在局部表面发生掉粒现象。

水泥稳定煤矸石冻融循环试验结果　　　　　　　　表3-19

水泥剂量（%）	试件冻融前吸水率（%）	试件冻融循环质量损失率（%）	90d抗压强度（MPa）	冻融循环后抗压强度（MPa）
3	2.9	0.8	3.92	3.31
4	3.6	0.8	5.11	4.64
5	3.4	0.9	4.83	4.39

续表

水泥剂量 （%）	试件冻融前吸水率 （%）	试件冻融循环质量损失率 （%）	90d 抗压强度 （MPa）	冻融循环后抗压强度 （MPa）
6	3.8	1.1	4.62	4.25

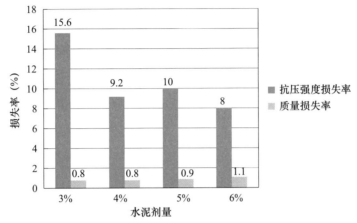

图 3-14　水泥稳定煤矸石冻融循环试验抗压强度损失率及质量损失率

二灰稳定煤矸石冻融循环试验结果　　　　　表 3-20

比例 （石灰：粉煤灰：石）	试件冻融前吸水率 （%）	试件冻融循环质量损失率 （%）	180d 抗压强度 （MPa）	冻融循环后抗压强度 （MPa）
3：12：85	3.4	1.6	2.53	2.14
4：12：84	4.2	1.1	2.92	2.46
5：10：85	3.9	1.2	3.17	2.57
6：12：82	4.3	0.9	3.56	3.21

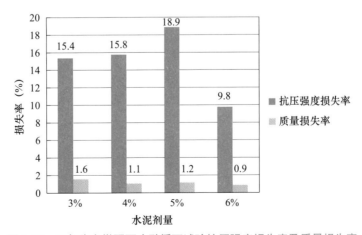

图 3-15　二灰稳定煤矸石冻融循环试验抗压强度损失率及质量损失率

3.5.4 水稳定性

沥青路面在夏季多雨、冬季冻融循环等条件反复作用下，会产生横向裂缝、网裂、松散等病害。水通过裂缝进入基层顶部引起基层唧浆、松散等水损坏，这是沥青路面发生的主要病害。因此，基层材料的水稳定性是考察其质量的重要指标。

针对沥青路面产生裂缝，水渗入后基层材料会处于浸水状态的状况，研究煤矸石基层材料的水稳定性，采用水稳系数即饱水强度损失指标来评价水稳定性。试验方法如下：制备直径150mm、高150mm的圆柱形标准试件，经恒温恒湿养生48h后，放入25℃水中进行养生，龄期7d、28d、90d后分别进行无侧限抗压强度试验。用不同龄期的水稳系数来表征基层材料的水稳定性。水稳系数为浸水试件无侧限抗压强度与标准试件无侧限抗压强度的比值。

水稳定性试验结果见表3-21。

水稳定性测试结果 表 3-21

混合料比例	龄期	浸水试件无侧限抗压强度（MPa）	标准试件无侧限抗压强度（MPa）	水稳系数（%）
水泥：矿料 = 4：96	7d	3.67	3.85	95.4
	28d	4.05	4.25	95.3
	90d	4.93	5.14	95.9
水泥：矿料 = 5：95	7d	3.90	4.03	96.7
	28d	4.30	4.48	95.9
	90d	4.80	4.98	96.3
石灰：粉煤灰：矿料 = 4：12：84	7d	0.73	0.93	78.8
	28d	1.43	1.76	81.2
	90d	1.87	2.24	83.5
石灰：粉煤灰：矿料 = 5：10：85	7d	0.81	1.05	76.9
	28d	1.66	2.11	78.9
	90d	2.16	2.57	84.1

由以上数据可以看出，水稳类煤矸石混合料的水稳定性要优于二灰类煤矸石混合料，水泥剂量不同，水稳系数相差不大，同样，石灰剂量不同，水稳系数也相差不大。

3.6 试验路铺筑与观测

3.6.1 试验路段概况

长治至临汾高速公路（简称"长临高速公路"）是国家"7918"高速公路网青岛至兰

州高速公路及山西省"三纵十二横十二环"高速公路规划的重要组成部分，也是我国中西部地区的出海干线公路。长临高速是山西路桥集团"投资－建设－运营"全产业链、一体化经营的重要项目。长临高速公路全长 166.234km，全线按双向四车道高速公路标准设计，设计速度为 100km/h。长临高速公路起点位于屯留县崔邵村，与太长高速公路、长邯高速公路相接，途经长治市屯留县、长子县和临汾市安泽县、古县、洪洞县、尧都区，终点位于襄汾县，与大运高速公路、临吉高速公路相接，是连接东部沿海发达地区和西部经济欠发达地区的重要通道，对完善山西省高速公路网，发挥高速网络效应具有非常重要的意义。

2017 年 9 月至 10 月，在长临高速公路 LM3 标段路面底基层铺筑中，采用了水泥稳定煤矸石底基层、下基层，在 LM7 工区 K140＋500～K161＋500 段铺设了试验路，其中底基层 18.06km，下基层 8.6km，试验路详细桩号见表 3-22。

水泥稳定煤矸石－碎石基层试验路桩号一览表　　　　　表 3-22

序号	桩号	路幅	层位	长度（m）
1	K148＋820～K148＋980	全幅	底基层	160
2	K149＋400～K149＋570	左幅	下基层	170
3	K149＋120～K149＋380	全幅	下基层	260
4	K149＋930～K150＋610	右幅	底基层	680
5	K150＋250～K150＋610	右幅	底基层	360
6	K149＋100～K150＋250	右幅	底基层	1150
7	K150＋360～K150＋610	右幅	下基层	250
8	K158＋360～K159＋20	全幅	底基层、下基层	660
9	K160＋630～K161＋500	全幅	底基层	870
10	K140＋500～K141＋260	全幅	底基层、下基层	760

3.6.2 材料

1. 煤矸石

（1）密度

根据《公路土工试验规程》JTG 3430—2020 中的试验方法，测定煤矸石堆积密度为 1.63g/cm³，相对密度为 2.44。

（2）耐崩解性

耐崩解性是衡量粗颗粒集料用于公路工程性能的一个重要指标，是粗颗粒骨料在满足一定的条件下的崩解量、崩解状况以及崩解指数等多种性能的综合描述。采用随机取样的方法，根据《公路土工试验规程》JTG 3430—2020 中测试耐崩解性的试验方法进行试验测定，试验结果见表 3-23。

煤矸石耐崩解性试验结果 表 3-23

取样编号	原质量（g）	一次循环后质量（g）	二次循环后质量（g）	耐崩解指数（%）
1	487.6	483.2	481.8	98.81
2	432.5	430.8	429.6	99.33
3	476.3	474.5	473.1	99.33
4	421.8	418.5	416.2	98.67
5	444.6	440.7	438.4	98.61
6	434.9	429.8	427.7	98.34

从表 3-23 中试验结果可知，试验所选的煤矸石耐崩解性能良好，满足公路工程所用集料的耐崩解性能要求。

（3）压碎值

粗集料在荷载慢慢增加的情况下抵抗自身被压碎的能力称为粗集料的压碎值。它可以很好地反映粗集料的力学性能，是判断煤矸石是否适用于公路工程的一个重要的指标。煤矸石集料的压碎值试验结果见表 3-24。

煤矸石压碎值试验结果 表 3-24

试样编号	原质量（g）	筛后质量（g）	压碎值（%）
1	3008	896	29.8
2	2987	851	28.5
3	3011	805	26.7
4	2998	733	24.4
5	3015	781	25.9
6	2975	827	27.8

试验结果表明，所选煤矸石的压碎值为 24.4%~29.8%，满足公路工程所用集料的压碎值小于 30% 的要求。

（4）颗粒筛分

自然状态的煤矸石粒度分布范围较大，从几十厘米的块石至 0.1mm 以下的细小颗粒。通过筛分试验选取颗粒直径不大于 37.5mm 的煤矸石，然后选用标准方孔筛进行筛分试验，筛分结果见表 3-25。

煤矸石筛分结果 表 3-25

筛孔孔径（mm）	37.5	31.5	26.5	19	16	13.2	9.5	4.75	2.36	1.18	0.6	0.3	0.15	0.075
通过率（%）	97.3	91.8	87.6	77.7	73.2	67.2	57.3	35.9	20.4	13.9	10.2	5.4	2.8	1.2
	100	93.4	83.8	67.7	57.8	45.9	29.7	10.4	5.3	3.6	2.5	2.0	1.9	1.7

（5）自由膨胀率

煤矸石试样经过人工烘干并碾细后，在水中膨胀后所增加的体积和原试样的体积之比为自由膨胀率，它是试样在无结构力作用下膨胀的特性。本试验首先将粒径大于等于5mm、小于5mm的二类试样以及未筛分的原试样烘干碾细后制作成试验试样，然后进行自由膨胀率试验，结果见表3-26。

煤矸石自由膨胀率试验结果 表3-26

编号	试样粒径	自由膨胀率（%）
1	5mm 以上（含 5mm）	20.5
2	5mm 以下	12.8
3	原样	18.5

由表3-26中试验结果可知，煤矸石试样的自由膨胀率都在40%以下，该试样属于非膨胀类土，如果将其应用到路面结构的基层中不会发生浸水后膨胀、失水后收缩的现象，可以应用于路面结构的基层材料中。

（6）试验用煤矸石

选取山西省长治市某煤矿的煤矸石，堆积密度 1.56g/cm³，相对密度 2.56，压碎值为29.5%，耐崩解指数高，耐崩解性能较好。煤矸石筛分结果见表3-27。

煤矸石筛分结果 表3-27

筛孔孔径（mm）	37.5	31.5	26.5	19	16	13.2	9.5	4.75	2.36	1.18	0.6	0.3	0.15	0.075
通过率（%）	100	93.4	83.8	67.7	57.8	45.9	29.7	10.4	5.3	3.6	2.5	2.0	1.9	1.7

2. 水泥

水泥采用矿渣硅酸盐水泥，水泥的主要性能指标见表3-28。

水泥主要性能指标 表3-28

细度（0.075mm 筛余）	标准稠度用水量（%）	凝结时间（min）		抗压强度（MPa）		抗折强度（MPa）	
		初凝	终凝	3d	28d	3d	28d
3	27.8	180	418	21.9	40.2	4.6	9.8

3. 碎石

碎石采用长治市屯留县石灰岩碎石，主要技术指标见表3-29。

碎石主要性能试验结果 表3-29

压碎值（%）	含泥量（%）	表观密度（g/cm³）	针片状含量（%）
21.9	3.3	2.74	15.6

3.6.3 材料组成设计

1. 矿料合成级配

煤矸石压碎值较大，且遇水后容易出现崩解现象，影响水泥稳定煤矸石混合料强度，本次考虑采用煤矸石与石灰岩碎石掺配使用，减少煤矸石崩解风化等对水稳基层路用性能的影响。

根据煤矸石与施工现场集料筛分结果，确定煤矸石的掺配比例为30%，掺配后矿料合成级配见表3-30。即掺煤矸石水稳碎石基层矿料级配为：煤矸石：20～30mm 碎石：10～20mm 碎石：0～5mm 碎石＝30：13：14：43。

掺煤矸石水稳碎石底基层掺配比例 表 3-30

筛孔孔径（mm）	标准上限（%）	标准下限（%）	矿质集料通过率（%）					合成级配（%）
			煤矸石	20～30mm 碎石	10～20mm 碎石	5～10mm 碎石	0～5mm 碎石	
31.5	100	90	93.4	100.0	100.0	100.0	100.0	98.0
26.5			83.8	81.7	100.0	100.0	100.0	92.7
19	90	67	67.7	6.9	100.0	100.0	100.0	78.2
16			57.8	1.8	87.3	100.0	100.0	72.8
13.2			45.9	0.7	46.8	100.0	100.0	63.4
9.5	68	45	29.7	0.4	6.6	99.4	100.0	52.9
4.75	50	29	10.4	0.4	0.6	9.6	91.9	42.8
2.36	38	18	5.3	0.4	0.6	2.3	63.1	28.9
1.18			3.6	0.4	0.6	2.2	46.8	21.3
0.6	22	8	2.5	0.4	0.6	2.2	32.7	14.9
0.3			2.0	0.4	0.6	2.2	22.3	10.3
0.15			1.9	0.4	0.6	2.2	17.5	8.2
0.075	7	0	1.7	0.3	0.5	2.1	13.9	6.6
级配（%）			30	13	14	0	43	100

2. 重型击实试验

通过室内重型击实试验，确定水泥稳定煤矸石－碎石混合料含水量与干密度关系曲线，如图3-16所示，最终确定混合料最大干密度2.451g/cm³，最佳含水率5.4%，水泥剂量4%。

3. 无侧限抗压强度

采用配合比设计确定的矿料配合比及水泥剂量成型圆柱体试件，依据"无机结合料稳定材料无侧限抗压强度试验方法"检测无侧限抗压强度，试验结果见表3-31。

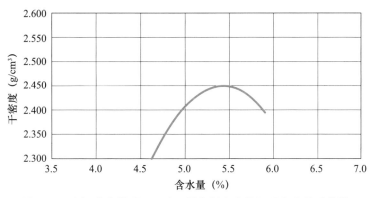

图 3-16 水泥稳定煤矸石 – 碎石混合料含水量与干密度关系曲线

强度试验结果   表 3-31

试件编号	1	2	3	4	5	6	7	8
试件试验时的最大压力（kN）	62.9	57.5	56.2	56.4	60.4	57.3	56.0	58.7
试件无侧限抗压强度（MPa）	3.6	3.3	3.2	3.2	3.4	3.2	3.2	3.3
试件无侧限抗压强度平均值（MPa）	3.3							
试件无侧限抗压强度代表值（MPa）	3.07							
试件无侧限抗压强度标准差	0.14							
试件无侧限抗压强度偏差系数（%）	4.16							

分析试验结果可知，水泥稳定煤矸石－碎石基层混合料 7d 无侧限抗压强度为 3.07MPa，满足底基层 2.5MPa 的技术要求。

3.6.4 试验路方案

1. 混合料级配

水泥稳定碎石（掺煤矸石）采用 WDB800 型水稳拌合机进行拌合。依据筛分结果确定各档碎石及煤矸石生产配合比为：20～30mm 碎石：10～20mm 碎石：5～10mm 碎石：0～5mm 碎石：煤矸石＝ 15：14：7：34：30。水泥：矿料＝ 3.5：100，最佳含水率 6.5%，最大干密度 2.332g/cm³。

2. 水泥剂量控制

WDB800 型拌合机可连续供料，且其搅拌方式为振动搅拌，每盘混合料的拌合时间为 15 秒（集料自进入拌缸至拌合完毕后出拌缸的时间）。考虑实际生产情况，水泥用量应比设计高 0.5%，实际生产水泥用量设定为 4.0%。生产过程中，随时检测水泥用量。水泥剂量检测结果见表 3-32。

水泥稳定碎石（掺煤矸石）混合料水泥剂量检测结果（EDTA 滴定法）（%） 表 3-32

取样点 1	取样点 2	取样点 3	取样点 4	取样点 5	施工控制标准
4.1	4.3	4.0	4.2	3.9	4.0

3. 含水量控制

在生产过程中依据原材料含水量、最佳含水量等要求，通过控制流水的单位流量确定每锅混合料的供水量，以确保混合料含水量达到最佳含水量6.5%。水泥稳定碎石（掺煤矸石）混合料含水量检测结果见表3-33。

水泥稳定碎石（掺煤矸石）成品料含水量检测结果　　　　　　　　表3-33

取样地点（或控制标准）	取样点1	取样点2	取样点3	取样点4	取样点5	取样点6	施工控制标准
含水量（%）	6.7	6.7	6.6	6.8	6.8	6.7	6.5

考虑试验段施工气温、含水量损失、运距等因素对混合料含水量的影响，且根据路面工程"无缺陷"实施方案要求，拟定生产时混合料含水量略大于设计含水量的1%～2%。

通过对水泥稳定碎石（掺煤矸石）混合料级配筛分、水泥剂量以及含水量的检测，证明拌合设备计量准确，运转正常，能够满足施工要求。

4. 施工机械组合及数量

试验段铺筑共用机械30台，包括水稳拌合机1套，摊铺机2台，振动压路机3台，胶轮压路机2台等机械。经过试验段铺筑确定施工机械组合能满足施工要求，施工机械投入情况见表3-34。

水稳碎石－煤矸石底基层施工所需机械　　　　　　　　表3-34

机械名称	型号	数量	单位
水稳拌合机	WDB800	1	套
摊铺机	RP953E	2	台
振动压路机	XS223E	3	台
装载机	ZL50	2	台
胶轮压路机	XP303	2	台
自卸汽车	25t	18	辆
洒水车	10t	2	辆

3.6.5 试验路铺筑

1. 混合料运输

车辆在拌合机出料口装料时，为避免混合料离析，前后移动分三次装料。运输车辆数量以能保证拌合混合料及时运出和摊铺机连续作业为准。由于试验段铺筑位置距拌合机较远，采用18辆运输车可以保证摊铺机连续作业（其中在每台摊铺机前确保有3～4辆料车等候摊铺，有1～2辆料车在运输途中，有1～2辆料车在拌合站处等待出料）。运料车辆在运输过程中均应覆盖苫布，以减少混合料水分在运输过程中散失。

2. 混合料摊铺

采用RP953E型摊铺机进行混合料摊铺，采用钢丝绳引导进行高程控制，采用槽钢进行边部支挡，经摊铺机初步夯实的摊铺层符合施工规范要求。

摊铺工艺为：下承层清扫、洒水湿润→摊铺机就位→运料车卸料→螺旋送料器布料→高强压夯实（偏心振捣器捣实）。

在摊铺过程中，根据试验路段的铺筑确定摊铺速度为 1～1.5m/min，两台摊铺机的前后间距在 5～10m。

3. 碾压

初压采用胶轮压路机碾压一遍，然后采用振动压路机强振三遍，最后胶轮压路机终压至无轮迹的碾压方案；部分路段采用初压振动压路机前进静压、后退强振一遍，复压振动压路机强振三遍，最后胶轮压路机终压至无轮迹的碾压方案。碾压施工过程中应注意槽钢边部碾压，以保证其压实度满足要求。

4. 压实度检测

水泥稳定碎石（掺煤矸石）底基层压实度检测结果见表 3-35。

水泥稳定碎石（掺煤矸石）底基层压实度检测结果 表 3-35

桩号	距中线距离	压实度（%）
K150＋440	3.5m	99.7
K150＋480	6m	100.2
K150＋520	4m	99.4
K150＋570	7.5m	99.1
K150＋620	5m	99.7

5. 养生

水泥稳定碎石（掺煤矸石）底基层采用厚塑料布覆盖且配合渗水土工布覆盖洒水的方法进行养生，养生期为 7d。在养生期间底基层表面始终保持一定的湿度，未发生表皮干燥现象。养生期间，严禁任何非施工车辆通行。

3.6.6 试验路检测

1. 松铺系数检测

13 个断面不同松铺系数下的压实层厚度的实测结果见表 3-36，最终确定水泥稳定碎石（掺煤矸石）底基层松铺系数为 1.31。

不同松铺系数下压实厚度测结果 表 3-36

桩号	位置	摊铺前高程（m）	摊铺结束后高程（m）	碾压结束后高程（m）	松铺厚度（mm）	压实厚度（mm）	松铺系数
	中	473.62	473.882	473.826	262	206	1.27
K150＋400	4m	473.57	473.821	473.769	251	199	1.26
	8m	473.506	473.757	473.693	251	187	1.34

续表

桩号	位置	摊铺前高程 （m）	摊铺结束后高程 （m）	碾压结束后高程 （m）	松铺厚度 （mm）	压实厚度 （mm）	松铺系数
K150＋400	边	473.406	473.653	473.592	247	186	1.33
K150＋410	中	473.595	473.862	473.796	267	201	1.33
	4m	473.549	473.792	473.732	243	183	1.33
	8m	473.468	473.714	473.65	246	182	1.35
	边	473.402	473.647	473.586	245	184	1.33
K150＋420	中	473.568	473.811	473.756	243	188	1.29
	4m	473.523	473.776	473.716	253	193	1.31
	8m	473.44	473.677	473.621	237	181	1.31
	边	473.347	473.604	473.542	257	195	1.32
K150＋430	中	473.543	473.782	473.73	239	187	1.28
	4m	473.475	473.723	473.666	248	191	1.30
	8m	473.404	473.637	473.586	233	182	1.28
	边	473.319	473.566	473.512	247	193	1.28
K150＋440	中	473.517	473.753	473.701	236	184	1.28
	4m	473.457	473.693	473.641	236	184	1.28
	8m	473.395	473.638	473.576	243	181	1.34
	边	473.284	473.546	473.478	262	194	1.35
K150＋450	中	473.488	473.726	473.671	238	183	1.30
	4m	473.424	473.666	473.609	242	185	1.31
	8m	473.343	473.581	473.526	238	183	1.30
	边	473.246	473.509	473.447	263	201	1.31
K150＋460	中	473.455	473.697	473.641	242	186	1.30
	4m	473.4	473.632	473.581	232	181	1.28
	8m	473.355	473.588	473.536	233	181	1.29
	边	473.209	473.459	473.401	250	192	1.30
K150＋470	中	473.443	473.686	473.626	243	183	1.33
	4m	473.37	473.611	473.551	241	181	1.33
	8m	473.29	473.521	473.472	231	182	1.27
	边	473.191	473.432	473.372	241	181	1.33
K150＋480	中	473.391	473.634	473.574	243	183	1.33
	4m	473.332	473.568	473.518	236	186	1.27

续表

桩号	位置	摊铺前高程（m）	摊铺结束后高程（m）	碾压结束后高程（m）	松铺厚度（mm）	压实厚度（mm）	松铺系数
K150＋480	8m	473.26	473.495	473.441	235	181	1.30
	边	473.159	473.391	473.342	232	183	1.27
K150＋490	中	472.864	473.137	473.066	273	202	1.35
	4m	472.887	473.148	473.086	261	199	1.31
	8m	472.736	472.997	472.931	261	195	1.34
K150＋500	中	472.865	473.110	473.049	245	184	1.33
	4m	472.766	473.036	472.974	270	208	1.30
	8m	472.704	472.976	472.915	272	211	1.29
K150＋510	中	472.823	473.062	473.004	239	181	1.32
	4m	472.759	473.015	472.959	256	200	1.28
	8m	472.663	472.925	472.866	262	203	1.29
K150＋520	中	472.799	473.045	472.981	246	182	1.35
	4m	472.741	472.982	472.922	241	181	1.33
	8m	472.657	472.894	472.838	237	181	1.31
共测定48个点，松铺系数平均值为：1.31							

2. 底基层强度检测

在试验段施工过程中，K150＋400～K150＋625采用4.0%的水泥剂量成型水泥稳定碎石（掺煤矸石）底基层混合料试件，经7d标准养护后，进行无侧限抗压强度检测，结果见表3-37。

无侧限抗压强度检测结果（MPa） 表3-37

编号	1	2	3	4	5	6	7	8	9	10	11	12	13	平均值	标准差	代表值
强度	4.0	3.9	4.3	3.9	4.1	3.9	4.5	3.9	3.6	4.0	4.2	3.6	3.8	4.0	0.26	3.6

3. 底基层弯沉检测

底基层弯沉检测结果见表3-38，施工过程见图3-17，压实度检测与取芯见图3-18～图3-20。

底基层弯沉检测结果 表3-38

桩号	位置	左侧（0.01mm）			左侧（0.01mm）		
		初读数	终读数	回弹弯沉	初读数	终读数	回弹弯沉
K150＋420	超车道	407	403	8	269	266	6
K150＋440	超车道	362	357	10	283	278	10
K150＋460	超车道	436	431	10	268	265	6
K150＋480	超车道	546	543	6	403	398	10

续表

桩号	位置	左侧（0.01mm）			左侧（0.01mm）		
		初读数	终读数	回弹弯沉	初读数	终读数	回弹弯沉
K150 + 500	超车道	586	585	2	213	206	14
K150 + 520	超车道	337	335	4	583	578	10
K150 + 540	超车道	117	109	16	663	656	14
K150 + 560	超车道	351	347	8	309	303	12
K150 + 580	超车道	298	293	10	326	319	14
K150 + 600	超车道	316	313	6	276	269	14

（a）摊铺　　　　　　　　　　　（b）碾压

图 3-17　水泥稳定煤矸石－碎石基层摊铺、碾压施工

图 3-18　压实度检测　　　　　　　图 3-19　钻芯取样

图 3-20　芯样状况

4. 小结

（1）煤矸石用于半刚性基层中，其材料影响基层强度和稳定性，应根据煤矸石的特点进行针对性设计，确定煤矸石的合理用量。

（2）水泥稳定煤矸石的施工工艺与常规施工工艺基本相同。试验工程中采用胶轮压路机初压一遍，振动压路机强振三遍，胶轮压路机终压至无轮迹，取得良好的压实效果。

3.6.7 抗压强度增长规律与回弹模量

1. 强度增长规律

在试验路实施过程中，对水泥稳定煤矸石的强度演变特性进行研究。按照规范中相关试验方法，对于不同水泥剂量的水泥稳定煤矸石混合料进行无侧限抗压强度试件的成型与养生。根据水泥稳定煤矸石的7d、28d、90d的无侧限抗压强度，研究强度增长规律，见图3-21。

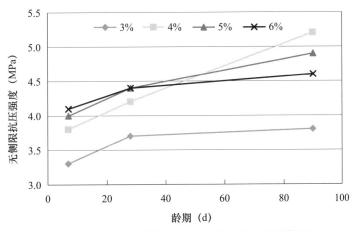

图 3-21 水泥稳定煤矸石－碎石混合料强度增长图

从图3-21可以看出，各水泥剂量的水泥稳定煤矸石都具有较高的早期强度，均能满足要求。随着龄期的增长，抗压强度都有增长的趋势，但增长幅度不同，水泥剂量为3%的是呈指数增长，4%、5%、6%三种水泥剂量是呈线性增长。4%水泥是增长最快的。随着水泥剂量的增加，7d强度和28d强度差别不是很大，但90d强度有明显差异，4%水泥剂量的强度达到了5.2MPa，高于其他水泥剂量的强度。

2. 抗压回弹模量

抗压回弹模量是半刚性沥青路面结构设计中的一个基本参数，它能够表征基层材料的变形特性和抗疲劳性能。它的大小直接影响路面材料的强度特征和应力－应变特征，进而影响路面结构层厚度的取值。如果抗压回弹模量高，则说明基层材料的抗疲劳性能差。半刚性基层材料的刚度取决于原材料本身的模量、反应生成物模量以及组成的结构形式。因此，对于抗压回弹模量进行研究，与路面设计的设计参数进行对比、验证，见表3-39。

水泥稳定煤矸石－碎石混合料抗压回弹模量　　　　　　表 3-39

水泥剂量	龄期（d）	抗压回弹模量（MPa）
3%	90	1120
4%	90	1172
5%	90	1234
6%	90	1310

　　水稳煤矸石达到规范所规定的龄期后，各剂量的水稳煤矸石的抗压回弹模量差别不是很大，随着水泥剂量的增加，抗压回弹模量呈增长趋势。

第4章 铁尾矿在道路沥青面层中的应用

4.1 概述

铁尾矿是铁矿开采和生产过程中形成的尾产品，一般地，在铁矿石开采和加工提纯过程中会产生尾矿废石和铁尾矿两种固体废弃物。其中尾矿废石是矿山采矿过程排弃的、不具继续加工提纯价值的岩石，是以大块的岩石状态存在的。铁尾矿是将矿石粉碎和磁选后剩余的岩石粉末，粉碎后的岩石颗粒最大粒径不超过5mm，由于铁尾矿颗粒较小，流动性大，易形成扬尘，所以铁尾矿一般存放在尾矿库中。

我国有较丰富的铁矿资源，每年排出的铁尾矿达6亿～7亿t，如此之多的铁尾矿给社会带来一系列问题，突出表现在：生态破坏、侵占土地、破坏植被、土地退化、资源浪费以及粉尘、水体污染，严重的甚至造成尾矿库溃坝等重大地质灾害。

铁尾矿废石在道路工程中以集料形式被广泛应用。然而，铁尾矿砂的应用却不理想。国内外铁尾矿的应用途径主要有生产空心砌块、彩色陶粒、琉璃瓦等，未见用于道路工程的相关报道。但由于这些项目生产过程需要烧结，能耗较高，很难得到大规模发展和应用。面对十分紧迫的产业转型，这种粗放的生产方式最终将面临淘汰的处境。而生产建筑中砂是铁矿企业在缺乏技术支持的情况下为减少尾矿入库量而采取的简单加工措施，其利用并不充分，产量也很低，不能成为解决铁尾矿资源化利用的有效途径。

因此，开展铁尾矿用于沥青混合料的研究就显得尤为迫切，也具有挑战性。根据不同矿区铁尾矿物理化学特性，对其资源特性、矿物组成、加工工艺、粒径特点、表面特性等进行研究，分析其用于沥青混合料细集料的可行性。在此基础上，针对铁尾矿的特点，开展铁尾矿沥青混合料设计研究，通过矿料级配的优化和最佳沥青用量的确定，实现铁尾矿混合料性能的优化。开展铁尾矿沥青混合料性能研究，研究其高温稳定性、低温抗裂性、水稳定性以及抗疲劳性等，通过对比分析，得到铁尾矿沥青混合料的基本性能特点。铺筑试验工程，研究铁尾矿沥青混合料的施工工艺与质量控制指标，并对其进行长期性能研究。

4.1.1 铁尾矿评价

北京铁矿以产于古老变质岩中的沉积变质铁矿为主，铁矿伴生岩石为角闪斜长片麻岩、辉石斜长片麻岩、角闪辉石变粒岩、黑云变粒岩、黑云辉石斜长片麻岩和磁铁（辉石）石英岩，主要矿物成分为石英、长石、辉石、角闪石及少量黑云母和后期蚀变矿物。

矿石为磁铁石英岩型、辉石磁铁石英岩型和假象赤铁石英岩型（氧化矿石，量少）。主要矿物为磁铁矿（含量 25%～35%）、褐铁矿（1%～4%）、赤铁矿（0～1%）、石英（40%～50%）、辉石（7%～15%）、角闪石（1%～5%）。铁矿石化学成分多为：SiO_2（47.8%～51.77%）、Al_2O_3（4.06%～3.64%）、CaO（2.3%～3.64%）、MgO（2.07%～2.36%）、Fe（26.73%）、S（0.031%）。

为从铁矿石中选出更多的铁精粉，在选矿前需要对矿石进行破碎、磨细处理，所以铁尾矿都是细小的岩石颗粒，经取样分析，铁尾矿颗粒均小于 5mm。由于矿石开采、尾矿储存会混入泥土，矿石磨细过程中也会产生大量细粉，泥土和过多的细粉对沥青混合料性能会产生负面影响，所以铁尾矿生产加工就是要将铁尾矿中的泥土和部分细粉除去，以保证铁尾矿中小于 0.075mm 颗粒含量满足相关规范的要求。

对铁尾矿进行洗选加工首先是让尾矿形成能够泵送的尾矿浆，如果是选矿生产线直接洗选下来的尾矿，可以直接进入过滤脱水机进行过滤脱水。如果是存放一段时间的尾矿，则可采用高压水直接冲击尾矿堆形成尾矿浆，然后用砂浆泵将尾矿浆泵送到过滤脱水机进行过滤脱水。过滤脱水后的粗颗粒就是铁尾矿，其含水率小于 20%，可以直接送到沥青混合料拌合厂或水泥混凝土搅拌站。铁尾矿中的泥土和部分矿石细粉颗粒与水形成泥浆进入浓缩池，沉淀浓缩后进行压滤形成滤饼，可用于制砖或矿山生态恢复，水则可进入循环水池继续循环使用。铁尾矿生产工艺流程见图 4-1。

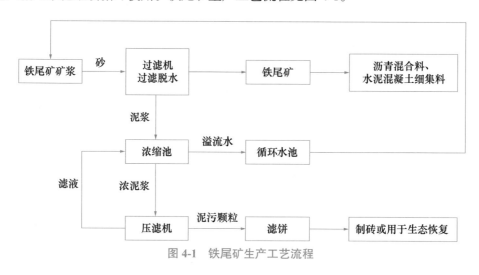

图 4-1　铁尾矿生产工艺流程

4.1.2　铁尾矿用于沥青混合料的分析

按照《公路沥青路面施工技术规范》JTG F40—2004 对细集料的技术要求，对铁尾矿进行检测，并与北京常用的石灰岩机制砂进行对比，评价其应用的可行性，试验结果见表 4-1。与石灰岩机制砂相比，铁尾矿表观相对密度稍微偏小，其技术指标符合施工及技术规范的要求，可以用作沥青混合料细集料。

铁尾矿细集料技术指标　　　　　　　　　　表 4-1

指标	单位	铁尾矿	石灰岩机制砂	技术要求	试验方法
表观相对密度	—	2.698	2.800	≥ 2.50	T0316
砂当量	%	86	74	≥ 60	T0317
亚甲蓝值	g/kg	0.9	—	≤ 25	T0304

　　铁尾矿细集料矿料级配见表 4-2，用于确定其在混合料矿料中的比例，后续在配合比设计中进一步分析。与常用的机制砂相比，铁尾矿级配偏细，这会限制其在混合料中的应用。

铁尾矿细集料矿料级配　　　　　　　　　　表 4-2

筛孔尺寸（mm）	4.75	2.36	1.18	0.60	0.30	0.15	0.075
铁尾矿（%）	100	95.4	87.0	72.2	40.0	17.4	6.2
石灰岩机制砂（%）	100	75.5	46.2	29.8	16.4	9.2	4.8

4.2　铁尾矿沥青混合料设计

4.2.1　原材料性能

　　采用 70 号道路石油沥青，粗、细集料采用北京常见的石灰岩，其主要技术指标检测结果见表 4-3。

70 号道路石油沥青性能指标检测结果　　　　　　　　　　表 4-3

项目	单位	技术要求（I-3）	试验结果	试验方法
针入度 25℃	0.1mm	80～100	73	T0604
针入度指数	—	−1.5～＋1.0	−1.17	T0604
15℃延度	cm	≥ 100	＞ 100	T0605
10℃延度	cm	≥ 20	＞ 100	T0605
软化点（R&B）	℃	≥ 46	46.1	T0606
闪点	℃	≥ 260	268	T0611
沥青薄膜烘箱试验 TFOT				
质量变化	%	≤ ±0.8	0.05	T0610
残留针入度比	%	≥ 61	80.1	T0604
残留延度（10℃）	cm	≥ 6	10.7	T0605

沥青混合料用粗、细集料和矿粉等原材料测试是进行混合料配合比设计的第一步，石灰岩粗、细集料技术指标分别见表4-4、表4-5，矿粉技术指标测试结果见表4-6。

石灰岩粗集料技术指标 表 4-4

指标		单位	10～15mm	5～10mm	3～5mm	技术要求	试验方法
石料压碎值		%		13.4		≤28	T0316
洛杉矶磨耗损失		%		15.0		≤30	T0317
表观相对密度		—	2.840	2.810	2.800	≥2.50	T0304
吸水率		%	0.3	0.6	1.0	≤2.0	T0304
针片状颗粒含量	≥9.5mm	%	7.8	—	—	≤12或15	T0312
	<9.5mm	%	—	7.3	—	≤18或20	
<0.075mm 颗粒含量		%	0.6	0.3	1.0	≤1	T0310
对沥青的黏附性		—		4级		≥4级	T0616

石灰岩细集料技术指标 表 4-5

指标	单位	机制砂	技术要求	试验方法
表观相对密度	—	2.800	≥2.500	T0328
砂当量	%	73	≥60	T0334

矿粉技术指标测试结果 表 4-6

项目		单位	检测结果	技术要求	试验方法
表观密度		g/cm³	2.746	≥2.500	T0352
含水量		%	0.4	≤1.0	T0332
粒度范围	<0.6mm	%	100	100	T0351
	<0.15mm	%	92.8	90～100	
	<0.075mm	%	81.6	75～100	
外观		—	无团粒结块	无团粒结块	—
亲水系数		—	0.9	<1.0	T0353
塑性指数		—	2.8	<4.0	T0354
加热安定性		—	无颜色变化	实测	T0355

4.2.2 集料筛分及矿料组成设计

以 AC-13C 型沥青混合料为目标进行配合比设计。混合料中的细集料选择两种配合比,第一种铁尾矿用量为 10%,编号 A。第二种铁尾矿用量为 5%,编号 B。两种混合料的原材料筛分的通过率见表 4-7,原材料配合比见表 4-8,混合料级配曲线见图 4-2。

由图 4-2 可以看出,A 级配铁尾矿掺量为 10%,合成级配的 0.6mm 筛孔通过率明显偏高,接近了工程级配的上限,出现"驼峰",这是由于铁尾矿的级配偏细造成的,从级配的角度看,铁尾矿在混合料中的用量上限为 10%。B 级配中铁尾矿掺量为 5%,这是由于机制砂用量的加大对级配起到调整作用,0.6mm 筛孔处曲线圆滑,级配更理想。

AC-13C 型沥青混合料原材料筛分通过率 表 4-7

筛孔尺寸（mm）	材料筛分通过率（%）					
	10~15mm	5~10mm	3~5mm	机制砂	铁尾矿	矿粉
16.0	100	100	100	100	100	100
13.2	84.7	100	100	100	100	100
9.5	32.6	92.5	100	100	100	100
4.75	1.5	12.5	100	100	100	100
2.36	0.9	1.7	10.7	75.5	95.4	100
1.18	0.6	0.5	1.2	46.2	87	100
0.6	0.6	0.3	1.1	29.8	72.2	100
0.3	0.6	0.3	1	16.4	40	97.2
0.15	0.6	0.3	1	9.2	17.4	92.8
0.075	0.6	0.3	1	4.8	6.2	81.6

AC-13C 型沥青混合料原材料配合比 表 4-8

编号	材料品种规格用量（%）					
	10~15mm	5~10mm	3~5mm	机制砂	铁尾矿	矿粉
A	40	20	10	17	10	3
B	40	20	10	22	5	3

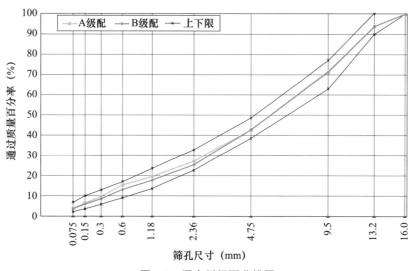

图 4-2　混合料级配曲线图

4.2.3　确定最佳油石比

根据各种矿料配合比及其毛体积相对密度，结合以往工程，预估最佳油石比，参考规范要求，按照 0.5% 间隔变化，取 5 个不同的油石比进行马歇尔试验。试件毛体积相对密度采用表干法测定，理论最大相对密度采用真空法实测。

A 级配混合料的马歇尔试验数据见表 4-9，试验数据曲线见图 4-3。B 级配混合料的马歇尔试验数据见表 4-10，试验数据曲线见图 4-4。

AC-13C（A 级配）马歇尔试验结果　　　　　表 4-9

油石比 （%）	理论最大 相对密度	毛体积 相对密度	空隙率 （%）	矿料间隙率 （%）	沥青饱和度 （%）	稳定度 （kN）	流值 （0.1mm）
3.8	2.632	2.444	7.1	14.9	52.1	9.42	24
4.3	2.611	2.463	5.7	14.6	61.3	10.17	25
4.8	2.592	2.483	4.2	14.4	70.7	10.54	28
5.3	2.574	2.487	3.4	14.6	76.9	9.93	31
5.8	2.554	2.484	2.7	15.1	81.9	9.32	34

AC-13C（B 级配）马歇尔试验结果　　　　　表 4-10

油石比 （%）	理论最大 相对密度	毛体积 相对密度	空隙率 （%）	矿料间隙率 （%）	沥青饱和度 （%）	稳定度 （kN）	流值 （0.1mm）
3.8	2.628	2.444	7.0	14.9	53.0	9.92	22
4.3	2.609	2.461	5.7	14.7	61.5	11.03	26
4.8	2.589	2.481	4.2	14.4	71.1	11.86	28
5.3	2.569	2.485	3.3	14.7	77.8	10.69	29
5.8	2.551	2.483	2.7	15.2	82.4	9.44	34

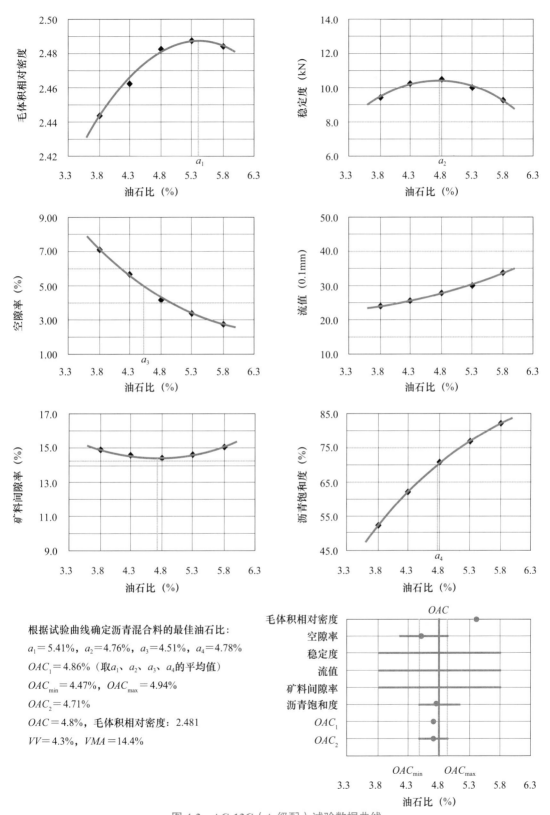

根据试验曲线确定沥青混合料的最佳油石比：

$a_1 = 5.41\%$，$a_2 = 4.76\%$，$a_3 = 4.51\%$，$a_4 = 4.78\%$

$OAC_1 = 4.86\%$（取 a_1、a_2、a_3、a_4 的平均值）

$OAC_{min} = 4.47\%$，$OAC_{max} = 4.94\%$

$OAC_2 = 4.71\%$

$OAC = 4.8\%$，毛体积相对密度：2.481

$VV = 4.3\%$，$VMA = 14.4\%$

图 4-3　AC-13C（A 级配）试验数据曲线

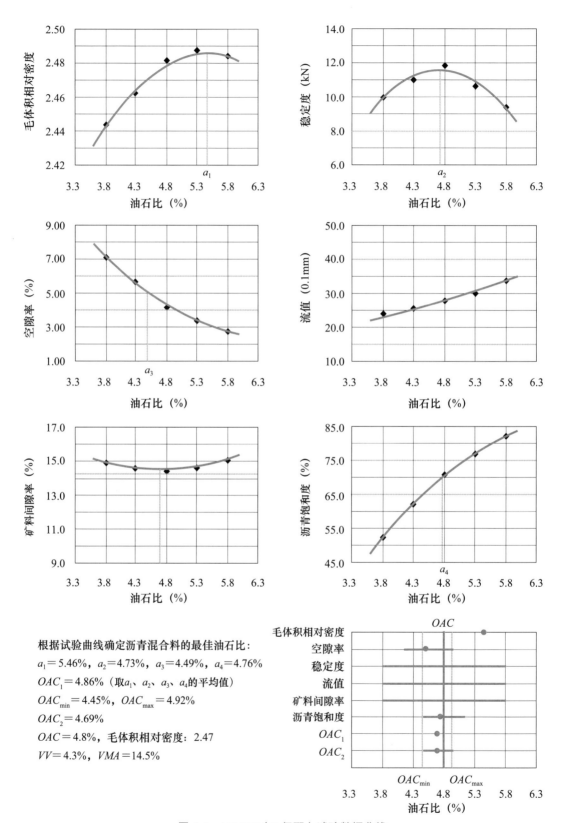

根据试验曲线确定沥青混合料的最佳油石比：

a_1=5.46%，a_2=4.73%，a_3=4.49%，a_4=4.76%

OAC_1=4.86%（取a_1、a_2、a_3、a_4的平均值）

OAC_{min}=4.45%，OAC_{max}=4.92%

OAC_2=4.69%

OAC=4.8%，毛体积相对密度：2.47

VV=4.3%，VMA=14.5%

图4-4 AC-13C（B级配）试验数据曲线

确定混合料的最佳油石比后进行马歇尔试验，试验结果见表 4-11。

铁尾矿混合料最佳油石比马歇尔试验结果 表 4-11

类型	油石比（%）	理论最大相对密度	毛体积相对密度	空隙率（%）	矿料间隙率（%）	沥青饱和度（%）	稳定度（kN）	流值（0.1mm）
A 级配	4.8	2.592	2.481	4.3	14.4	70.3	10.40	28
B 级配	4.8	2.589	2.479	4.3	14.5	70.7	11.55	28

4.2.4 目标配合比设计检验

对最佳油石比下的两种铁尾矿混合料进行路用性能检验，结果见表 4-12。

AC-13C 铁尾矿沥青混合料目标配合比检验结果 表 4-12

检验项目	单位	A 级配	B 级配	技术要求	试验方法
车辙试验（60℃）动稳定度	次 /mm	1017	1261	＞ 1000	T0719
马歇尔残留稳定度	%	90.5	94.1	＞ 80	T0709
冻融劈裂残留强度比	%	80.1	83.6	＞ 75	T0729
渗水系数	mL/min	基本不透水	基本不透水	≤ 120	T0730

从表 4-12 中可见，添加铁尾矿的沥青混合料各项路用性能指标均符合规范的要求，说明铁尾矿混合料的目标配合比设计是合理的。两种混合料对比，A 级配铁尾矿用量为 10%，其混合料的车辙试验（60℃）动稳定度、马歇尔残留稳定度和冻融劈裂强度比均不及 B 级配混合料，这也说明细集料中铁尾矿用量的增大对混合料性能起到不利的影响，铁尾矿的用量不宜大于 10%。这一结论与合成级配的要求一致。

4.3 铁尾矿沥青混合料路用性能与界面作用

本书重点评价铁尾矿用于沥青混合料的高温稳定性、水稳定性、低温抗裂性等路用性能。

4.3.1 高温稳定性

铁尾矿混合料高温稳定性试验结果见表 4-13。

由表 4-13 中可见，混合料的马歇尔稳定度、流值及车辙试验的动稳定度，均满足《公路沥青路面施工技术规范》JTG F40—2004 的要求。铁尾矿 AC-13 混合料与普通石灰岩 AC-13 混合料相比，随铁尾矿掺量的增加其性能略有降低。

铁尾矿混合料高温稳定性试验结果 表 4-13

类型	马歇尔稳定度（kN）	流值（0.1mm）	车辙试验，60℃，动稳定度（次/mm）
铁尾矿 AC-13 混合料（A 级配）	10.54	28	1017
铁尾矿 AC-13 混合料（B 级配）	11.86	27	1261
普通石灰岩 AC-13 混合料	11.88	29	1304
规范要求	不小于 8.0	—	不小于 1000

4.3.2 水稳定性

1. 浸水马歇尔残留稳定度试验

浸水马歇尔残留稳定度试验结果见表 4-14。

浸水马歇尔残留稳定度试验结果 表 4-14

指标	残留稳定度（%）
铁尾矿 AC-13 混合料（A 级配）	90.5
铁尾矿 AC-13 混合料（B 级配）	94.1
普通石灰岩 AC-13 混合料	92.4
规范要求（1-3-2 区）	≥80

2. 冻融试验

冻融试验结果见表 4-15。

冻融试验结果 表 4-15

指标	劈裂强度比（%）
铁尾矿 AC-13 混合料（A 级配）	80.1
铁尾矿 AC-13 混合料（B 级配）	83.6
普通石灰岩 AC-13 混合料	83.8
规范要求（1-3-2 区）	≥75

由试验结果可见，铁尾矿沥青混合料的浸水马歇尔残留稳定度和劈裂强度比，与普通石灰岩 AC-13 混合料基本相当，均能满足现行规范《公路沥青路面施工技术规范》JTG F40—2004 的要求，说明其混合料的水稳定性良好。

4.3.3 低温抗裂性

低温弯曲试验结果见表 4-16。

低温弯曲试验结果　　　　　　　　表 4-16

类型	低温弯曲试验（-10℃）破坏应变
铁尾矿 AC-13 混合料（A 级配）（με）	1975
铁尾矿 AC-13 混合料（B 级配）（με）	2207
普通石灰岩 AC-13 混合料（με）	2298
规范要求（1-3-2 区）（με）	≥ 2000

由表 4-16 可见，混合料的低温弯曲试验的破坏应变结果与普通石灰岩 AC-13 混合料相比，铁尾矿掺量为 10% 的 A 级配试验结果不满足现行规范《公路沥青路面施工技术规范》JTG F40—2004 的要求，铁尾矿掺量为 5% 的 B 级配试验结果满足规范要求，说明铁尾矿掺量不能过高，应限制在 10% 以下，建议控制在 5% 左右。

4.3.4　沥青 – 尾矿界面交互作用

本章基于流变学理论，借助动态剪切流变仪（DSR）获取沥青及沥青胶浆的黏弹参数，评价沥青 – 尾矿界面交互作用。

1. 材料

（1）沥青

本书采用的沥青共 3 种，分别为山东 SBS 改性沥青、山东 90 号沥青 1 和辽宁 90 号沥青 2，其基本技术指标按《公路工程沥青及沥青混合料试验规程》JTG E20—2011 进行检测，检测结果如表 4-17 所示。

沥青性质指标　　　　　　　　表 4-17

沥青类型	针入度 25℃，100g，5s（0.1mm）	软化点（℃）	15℃延度（cm）
SBS 改性沥青	67.2	63.6	45.1
90 号沥青 1	81.5	45.7	> 100
90 号沥青 2	82.6	46.2	> 100

（2）矿粉

本书中采用的石料共 3 种，分别为石灰岩 1 种、铁尾矿 2 种，其表观密度按照现行《公路工程集料试验规程》JTG E42 进行检测，结果如表 4-18 所示。

矿粉表观相对密度　　　　　　　　表 4-18

矿料粒径（mm）	石灰岩	尾矿 1	尾矿 2
0.075～1.5	2.705	2.697	2.749

2. 试验方法

试验中采用动态剪切流变仪（DSR）检测沥青与石粉混合后制备的沥青胶浆的黏弹

参数，研究材料的流变性质。

在160℃下将SBS改性沥青分别与4种石粉混合，在140℃下将2种沥青分别与4种石粉混合，搅拌均匀后制备沥青胶浆，然后进行DSR试验。试验相关参数如下：

试验模式：OSCILATION模式；

试验温度：60℃；

试验频率：10rad/s；

试验时间：120s，每10s记录一个数值；

应变控制：2%。

3. 评价指标

本书采用的评价指标为基于复数模量的交互作用系数B，该值由Palierne理论模型（流变学概念，研究聚合物共混体系线黏弹性质）推导而来，计算公式见式（4-1）。

$$G^*(\omega) = G_m^*(\omega)\left(\frac{1+1.5\varphi B}{1-\varphi B}\right) \tag{4-1}$$

式中 $G^*(\omega)$——胶浆复数模量，Pa；

$\quad\quad G_m^*(\omega)$——沥青复数模量，Pa；

$\quad\quad \varphi$——填料体积分数；

$\quad\quad B$——沥青-填料交互作用系数。

通过DSR试验获取沥青及其沥青胶浆的复数模量，代入相应的体积分数即可得到B值，数值越大表明交互作用越强。

4. 沥青-尾矿填料界面交互作用分析

采用90号沥青与石灰岩、2种尾矿制备ϕ25mm沥青胶浆，通过改变胶浆中填料体积分数（0.1、0.2、0.3、0.4和0.5），确定沥青-填料界面交互作用系数。3种沥青胶浆沥青-填料界面交互作用系数B与填料体积分数的关系如图4-5所示。

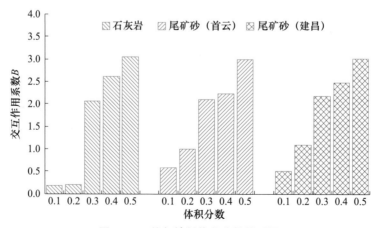

图4-5 B值与填料体积分数关系图

从图4-5可以看出，沥青与石粉间的交互作用系数对于体积分数的改变十分敏感，并且各种石粉交互作用系数的变化规律仍然一致。当体积分数由 0.1 增至 0.5 时，B 值均增大，在 0.3 前后增幅相差较大。当体积分数从 0.1 增加为 0.3 时，三种沥青胶浆的 B 值分别增加 9.7 倍、2.6 倍和 3.2 倍，显著增加；当体积分数从 0.3 增加到 0.5 时，B 值分别增加了 0.5 倍、0.4 倍和 0.4 倍，增加幅度不大。由此显示，在测试采用的体积分数范围内，当石粉含量较少时，体积分数增加对于沥青－填料的交互作用改善效果明显；若石粉含量继续增加，交互作用提高程度不大，此时仅依靠提高石粉含量并非改善交互作用的适当途径。

此外，对比两种尾矿砂与石灰岩，可以看到当石粉体积分数较低时（0.1 和 0.2），沥青－尾矿的界面交互作用优于沥青－石灰岩界面交互作用，体积分数继续增大时，沥青与三种石粉的界面交互作用水平相当。表明铁尾矿填料与沥青的交互作用水平不亚于目前工程中广为使用的石灰岩集料。

4.4　试验路铺筑与观测

4.4.1　北京硫辛路

1. 工程概况

北京的硫辛路全长 6161.246m，设计标准为三级公路。路基宽度 7.5m，路面宽度 6m。在 2010 年硫辛路大修工程中，沥青路面加铺 4cm AC-16 沥青混合料，在该加铺层沥青混合料中添加铁尾矿砂替代部分机制砂。通过工程实施和检测，验证铁尾矿沥青混合料的性能。

2. 沥青混合料目标配合比设计

配合比设计时采用北京市密云产石灰岩和铁尾矿石，分别为 10～20mm 石灰岩和 5～10mm 铁尾矿石，细集料采用天然砂、机制砂和铁尾矿砂，填料为密云石粉厂产的石灰岩矿粉。

（1）矿料的筛分及材料组成设计

根据原材料的筛分结果，按照《公路沥青路面施工技术规范》JTG F40—2004 的要求，采用人机对话的方式进行试配，从而确定各材料的级配。集料筛分与合成级配情况见表 4-19，矿料合成级配曲线见图 4-6。

矿料筛分与合成级配一览表　　　　　　　　　　表 4-19

| 筛孔尺寸（mm） | 矿料（%） | | | | | | 级配（%） | 中值（%） | 范围（%） |
	10～20mm 石灰岩	5～10mm 铁尾矿石	天然砂	机制砂	铁尾矿砂	矿粉			
19	100	100	100	100	100	100	100.0	100	100～100
16	87.8	100	100	100	100	100	95.9	95	90～100
13.2	54.4	100	100	100	100	100	84.5	84	78～90

续表

筛孔尺寸（mm）	矿料（%）						级配（%）	中值（%）	范围（%）
	10～20mm 石灰岩	5～10mm 铁尾矿石	天然砂	机制砂	铁尾矿砂	矿粉			
9.5	18.1	92.5	100	100	100	100	70.2	67	61～73
4.75	0.8	12.5	89.6	100	100	100	42.6	42	37～47
2.36	0.4	1.7	70	59.6	95.4	100	29.8	28	23～33
1.18	0	0.5	53.6	27.9	87	100	21.2	19.5	15～24
0.6	0	0	38.4	10	72.2	100	15.1	14	8～16
0.3	0	0	19.2	9.2	40	97.2	10.6	9.5	5～12
0.15	0	0	7.2	7.9	17.4	92.8	7.3	6.5	4～9
0.075	0	0	2.2	5.8	6.2	81.6	5.1	5	3～7
级配	34	26	9	19	8	4	100	—	—

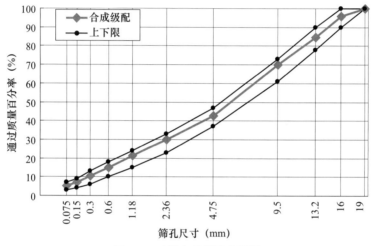

图 4-6 矿料合成级配曲线图

（2）油石比的确定

确定矿料合成级配后，参考规范要求的沥青用量范围，以 ±0.5% 间隔变化，取 5 个不同的沥青用量，进行马歇尔试验。对试件进行体积指标计算和分析并进行稳定度、流值试验，试验数据见表 4-20，沥青混合料马歇尔试验数据点组成的曲线见图 4-7。

试验数据汇总表   表 4-20

油石比（%）	理论相对密度	毛体积相对密度	空隙率（%）	矿料间隙率（%）	沥青饱和度（%）	稳定度（kN）	流值（0.1mm）
3.7	2.643	2.458	7.0	14.4	51.3	9.25	28
4.2	2.623	2.476	5.6	14.2	60.5	9.88	30
4.7	2.603	2.487	4.5	14.2	68.6	10.56	34
5.2	2.583	2.481	3.9	14.8	73.3	9.93	37
5.7	2.564	2.467	3.8	15.7	75.8	9.36	39

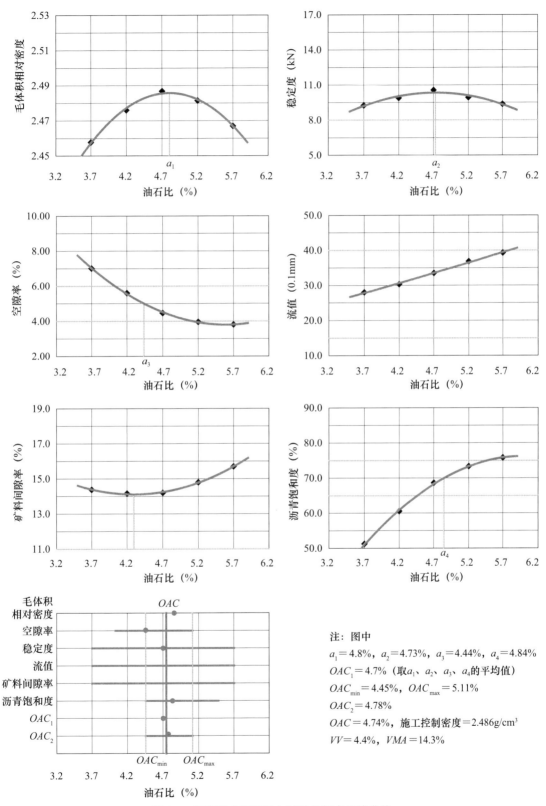

注：图中
a_1＝4.8%，a_2＝4.73%，a_3＝4.44%，a_4＝4.84%
OAC_1＝4.7%（取a_1、a_2、a_3、a_4的平均值）
OAC_{min}＝4.45%，OAC_{max}＝5.11%
OAC_2＝4.78%
OAC＝4.74%，施工控制密度＝2.486g/cm³
VV＝4.4%，VMA＝14.3%

图 4-7　沥青混合料马歇尔试验数据点组成曲线

根据沥青混合料的各项指标要求，确定沥青混合料的最佳油石比，见表 4-21。

铁尾矿沥青混合料目标配合比汇总　　　　　　　　　表 4-21

沥青类型	10～20mm 石灰岩（%）	5～10mm 铁尾矿石（%）	机制砂 （%）	天然砂 （%）	矿粉 （%）	油石比 （%）	施工控制密度 （g/cm³）
AC-16C	34	26	27	9	4	4.7	2.486

通过计算得到沥青混合料有效沥青含量为 4.0%，粉胶比为 1.3，沥青膜有效厚度为 8.42μm，符合技术规范的要求。

（3）目标配合比设计检验

为了检验沥青混合料的配合比设计，按照《公路沥青路面施工技术规范》JTG F40—2004 的要求，对 AC-16C 混合料进行了高温稳定性和水稳定性检验，试验结果见表 4-22。

配合比检验结果　　　　　　　　　表 4-22

项目	试验值	技术要求
动稳定度（次 /mm）	1502	＞ 1000
马歇尔残留稳定度（%）	87.4	＞ 80
冻融劈裂试验残留强度比（%）	82.4	＞ 75

3. 生产配合比

AC-16C 沥青混合料生产配合比见表 4-23。

AC-16C 沥青混合料生产配合比　　　　　　　　　表 4-23

沥青类型	五号仓 （%）	四号仓 （%）	三号仓 （%）	二号仓 （%）	一号仓 （%）	矿粉 （%）	油石比 （%）	施工控制密度 （g/cm³）
AC-16C	14	17	25	18	22	4	4.6	2.488

4. 施工

试验段位于该工程 K53 ＋ 340～K59 ＋ 502，施工期为 2010 年 5 月 25 日～28 日，使用 AC-16C 沥青混合料共 8291.4t，其中铁尾矿 665t。

5. 跟踪与观测

在本工程开放交通 1 年后，对该路段的状况进行跟踪观测，发现该路段平整、美观，未出现任何路面病害（图 4-8）。

图 4-8　北京琉辛路现况图

4.4.2　京沈路

京沈路是北京通往承德、沈阳的干线公路（编号 G101），是北京通往东北方向的国家级重要干线公路，起点位于东直门，途经顺义、怀柔、密云、滦平、承德、阜新，终点为辽宁沈阳。其中北京段称为京密路，长约 73.3km；密云至古北口段又名密古路，长约 49.7km。2010 年在密古路（K85＋300～K93＋000）大修工程中，在底面层沥青混合料 AC-25 中应用铁尾矿沥青混合料。

1. 工程概况

京沈路（K85＋000～K93＋000）为二级公路，设计速度 40km/h。道路横断面形式：K85＋000～K92＋678.04，路基宽度为 15m，路面宽度为 12m；K92＋678.04～K93＋000，路基宽度为 12m，路面宽度为 9m。

京沈路大修路面结构为：

上面层：5cm 中粒式沥青玛琋脂碎石混合料 SMA-16

改性乳化沥青黏层，0.5L/m²（沥青含量 60%）

下面层：7cm 粗粒式沥青混凝土 AC-25C（5‰ 抗车辙剂）

下封层：改性乳化沥青透层，1.0L/m²（沥青含量 60%）

基层：18cm 石灰粉煤灰稳定碎石（7d 无侧限抗压强度大于等于 0.8MPa）

结构厚 30cm

2. 目标配合比设计

目标配合比设计时采用的是山东滨州产 70 号道路石油沥青，粗集料选自密云采石厂，为 10～30mm、10～20mm 和 5～10mm 的铁尾矿石，细集料为北京天然砂、机制砂和铁尾矿砂，填料为密云石粉厂产的石灰岩矿粉。

（1）矿料的筛分及材料组成设计

根据原材料的筛分结果，按照《公路沥青路面施工技术规范》JTG F40—2004 的要求，采用人机对话的方式进行试配，从而确定各材料的配合比。集料的筛分与合成级配情况见表 4-24，矿料合成级配曲线见图 4-9。

矿料筛分与合成级配一览表　　　　　　　　　　　　　　　　　　表 4-24

筛孔尺寸（mm）	矿料（%）							级配（%）	中值（%）	范围（%）
	10～30mm 铁尾矿石	10～20mm 铁尾矿石	5～10mm 铁尾矿石	天然砂	机制砂	铁尾矿砂	矿粉			
31.5	100	100	100	100	100	100	100	100	100	100
26.5	90.6	100	100	100	100	100	100	97.5	95	90～100
19	24.2	100	100	100	100	100	100	79.5	82.5	75～90
16	5.2	87.8	100	100	100	100	100	71.5	72.5	65～80
13.2	1.8	54.4	100	100	100	100	100	62.5	63	56～70
9.5	0.2	18.1	92.5	100	100	100	100	52.3	51.5	45～58

续表

筛孔尺寸（mm）	矿料（%）							级配（%）	中值（%）	范围（%）
	10～30mm 铁尾矿石	10～20mm 铁尾矿石	5～10mm 铁尾矿石	天然砂	机制砂	铁尾矿砂	矿粉			
4.75	0	0.8	12.5	89.6	100	100	100	36.1	35	30～40
2.36	0	0.4	1.7	70	59.6	95.4	100	26.1	24	19～29
1.18	0	0	0.5	53.6	27.9	87	100	18.8	17	12～22
0.6	0	0	0	38.4	10	72.2	100	13.6	12	8～16
0.3	0	0	0	19.2	9.2	40	97.2	9.7	8.5	5～12
0.15	0	0	0	7.2	7.9	17.4	92.8	6.8	6.5	4～9
0.075	0	0	0	2.2	5.8	6.2	81.6	4.8	5	3～7
级配	27	24	14	8	16	7	4	100	—	—

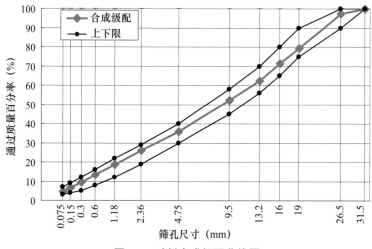

图4-9 矿料合成级配曲线图

（2）油石比的确定

确定矿料合成级配后，参考规范要求的沥青用量范围，以 ±0.5% 间隔变化，取 5 个不同的沥青用量，进行马歇尔试验。对试件进行体积指标计算和分析并进行稳定度、流值试验，从而确定最佳油石比。试验结果见表 4-25，沥青混合料马歇尔试验数据点组成曲线见图 4-10，根据沥青混合料的各项指标要求，确定沥青混合料的最佳油石比，见表 4-26。

试验数据汇总表 表 4-25

油石比（%）	理论相对密度	毛体积相对密度	空隙率（%）	矿料间隙率（%）	沥青饱和度（%）	稳定度（kN）	流值（0.1mm）
3.2	2.677	2.479	7.4	13.8	46.5	9.39	26
3.7	2.656	2.497	6.0	13.6	56.1	9.99	28
4.2	2.635	2.506	4.9	13.7	64.4	10.67	31
4.7	2.615	2.504	4.2	14.2	70.3	9.94	33
5.2	2.595	2.500	3.7	14.7	75.2	9.35	36

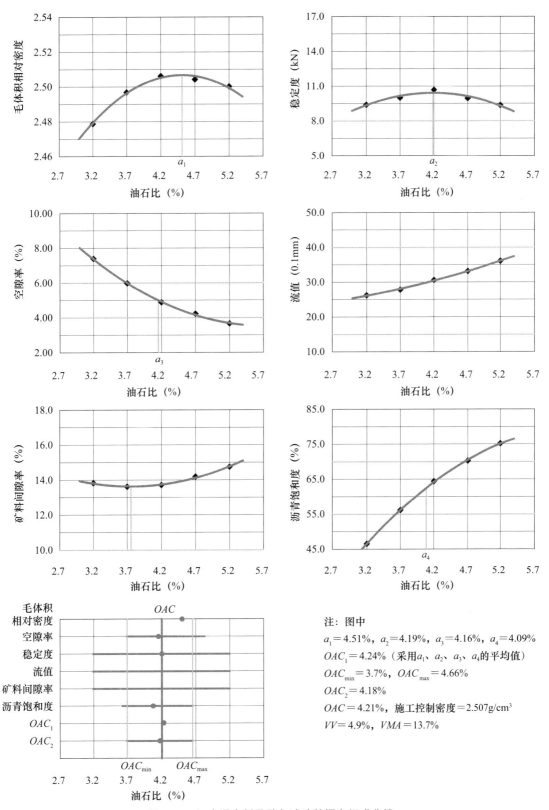

注：图中
a_1=4.51%，a_2=4.19%，a_3=4.16%，a_4=4.09%
OAC_1=4.24%（采用a_1、a_2、a_3、a_4的平均值）
OAC_{min}=3.7%，OAC_{max}=4.66%
OAC_2=4.18%
OAC=4.21%，施工控制密度＝2.507g/cm³
VV=4.9%，VMA=13.7%

图 4-10 沥青混合料马歇尔试验数据点组成曲线

AC-25C 型沥青混合料最佳油石比计算 表 4-26

项目	a_1	a_2	a_3	a_4	OAC_1	OAC_{min}	OAC_{max}	OAC_2	OAC
数值（%）	4.51	4.19	4.16	4.09	4.24	3.70	4.66	4.18	4.21

通过计算得到沥青混合料有效沥青含量为 3.6%，粉胶比为 1.3，沥青膜有效厚度为
8.16μm，符合技术规范的要求。

（3）目标配合比设计检验

为了检验沥青混合料的配合比设计，按照《公路沥青路面施工技术规范》JTG F40—
2004 的要求，对 AC-25C 铁尾矿混合料进行了高温稳定性及水稳定性检验，试验结果见
表 4-27。

配合比检验结果 表 4-27

项目	试验值	技术要求
动稳定度（次 /mm）	1691	> 1000
马歇尔残留稳定度（%）	87.2	> 80
冻融劈裂试验残留强度比（%）	83	> 75

3. 生产配合比

（1）矿料级配与合成级配

根据原材料的筛分结果，按照目标配合比确定的矿料比例上料，从各热料仓取料进
行筛分，按照《公路沥青路面施工技术规范》JTG F40—2004 的要求，采用人机对话的方
式进行试配，从而确定各热料仓和矿粉等材料的级配。集料的筛分与合成级配见表 4-28，
矿料合成级配曲线见图 4-11。

矿料筛分与合成级配 表 4-28

筛孔尺寸（mm）	矿料（%）							级配（%）	中值（%）	范围（%）
	6 号仓	5 号仓	4 号仓	3 号仓	2 号仓	1 号仓	矿粉			
31.5	100	100	100	100	100	100	100	100.0	100	100
26.5	90.8	100	100	100	100	100	100	98.0	95	90～100
19	16.2	90.2	100	100	100	100	100	80.2	82.5	75～90
16	4.3	50.1	100.0	100	100	100	100	72.0	74	65～83
13.2	3.1	12.1	72.1	100	100	100	100	67	665	57～76
9.5	0.2	3.4	10.2	84.2	100	100	100	50.3	55	45～65
4.75	0.0	0.3	2.6	5.2	86.1	100	100	34.3	38	24～52
2.36	0.0	0.0	0.4	2.1	36.2	90.1	100	24.8	29	16～42
1.18	0.0	0.0	0.0	0.4	27.3	64.2	100	18.8	22.5	12～33

续表

| 筛孔尺寸（mm） | 矿料（%） | | | | | | | 级配（%） | 中值（%） | 范围（%） |
	6号仓	5号仓	4号仓	3号仓	2号仓	1号仓	矿粉			
0.6	0.0	0.0	0.0	0.0	20.1	44.2	100	14.3	16	8～24
0.3	0.0	0.0	0.0	0.0	14.2	28.6	97.2	10.7	11	5～17
0.15	0.0	0.0	0.0	0.0	6.8	14.6	92.8	7.1	8.5	4～13
0.075	0.0	0.0	0.0	0.0	0.5	5.8	81.6	4.3	5	3～7
级配	22	14	13	16	14	17	4	100		
表观相对密度	2.872	2.856	2.846	2.832	2.822	2.782	2.802	2.835		
毛体积相对密度	2.850	2.840	2.822	2.812	2.798	2.698	2.802	2.803		

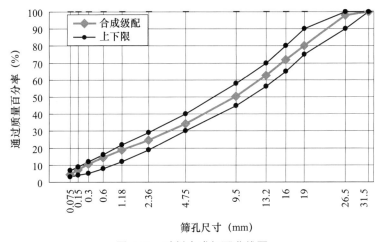

图 4-11　矿料合成级配曲线图

（2）油石比的确定

确定矿料合成级配后，参考目标配合比确定最佳油石比，按最佳油石比、最佳油石比±0.3% 共3个油石比，成型马歇尔试件。对试件进行体积指标计算和分析并进行稳定度、流值试验，从而确定最佳油石比。试验数据见表4-29，沥青混合料马歇尔试验数据点组成曲线见图4-12。

试验数据汇总表　　　　　　　　　　　　　　　　表 4-29

油石比（%）	理论相对密度	毛体积相对密度	空隙率（%）	矿料间隙率（%）	沥青饱和度（%）	稳定度（kN）	流值（0.1mm）
3.9	2.649	2.504	5.5	13.6	59.8	12.19	27
4.2	2.637	2.509	4.9	13.7	64.6	12.88	29
4.5	2.625	2.505	4.6	14.1	67.5	12.38	32

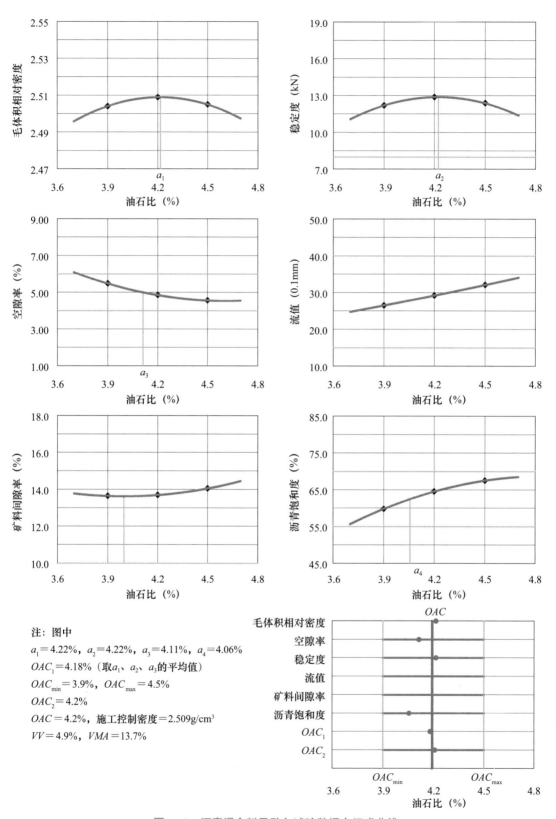

注：图中
$a_1 = 4.22\%$，$a_2 = 4.22\%$，$a_3 = 4.11\%$，$a_4 = 4.06\%$
$OAC_1 = 4.18\%$（取a_1、a_2、a_3的平均值）
$OAC_{\min} = 3.9\%$，$OAC_{\max} = 4.5\%$
$OAC_2 = 4.2\%$
$OAC = 4.2\%$，施工控制密度$= 2.509\text{g/cm}^3$
$VV = 4.9\%$，$VMA = 13.7\%$

图 4-12 沥青混合料马歇尔试验数据点组成曲线

根据沥青混合料的各项指标要求，确定沥青混合料的最佳油石比，见表 4-30。

AC-25C 沥青混合料最佳油石比计算汇总表　　　表 4-30

项目	a_1	a_2	a_3	a_4	OAC_1	OAC_{min}	OAC_{max}	OAC_2	OAC
数值（%）	4.22	4.22	4.11	4.06	4.18	3.9	4.5	4.2	4.2

通过计算得到沥青混合料有效沥青含量为 3.7%，粉胶比为 1.2，有效沥青膜厚度为 8.62μm，符合技术规范的要求。

（3）生产配合比设计检验

根据《公路沥青路面施工技术规范》JTG F40—2004 的要求，对设计的沥青混合料性能应进行检验，针对 AC-25C 沥青混合料，进行高温稳定性和水稳定性检验。结果见表 4-31。

生产配合比检验结果　　　表 4-31

项目	试验值	技术要求
动稳定度（次 /mm）	1754	＞ 1000
马歇尔残留稳定度（%）	84.1	＞ 80
冻融劈裂试验残留强度比（%）	81.7	＞ 75

从表 4-31 中可以看出，AC-25C 沥青混合料高温稳定性和水稳定性均满足规范要求，可以在工程中应用。

（4）生产配合比

AC-25C 沥青混合料生产配合比见表 4-32。

AC-25C 沥青混合料生产配合比　　　表 4-32

类型	6 号仓（%）	5 号仓（%）	4 号仓（%）	3 号仓（%）	2 号仓（%）	1 号仓（%）	矿粉（%）	油石比（%）	施工控制密度（g/cm³）
AC-25C	22	14	13	16	14	17	4	4.2	2.509

4. 施工

试验路于 2009 年完成施工，共使用铁尾矿沥青混合料 8485t，其中铁尾矿 594t。

4.4.3　久黄路和大张路

本试验路工程是北京市久黄路和大张路道路及桥梁的修复工程。

1. 沥青混合料目标配合比设计

（1）原材料

沥青混合料采用 70 号道路石油沥青，粗集料为石灰岩集料，有 10～20mm、10～15mm 和 5～10mm 三种规格，细集料采用机制砂和铁尾矿砂，矿粉为石灰岩磨细。

（2）集料筛分及矿料组成设计

采用人机对话的方式，确定了矿料配合比。AC-16C 沥青混合料的集料筛分与合成级配情况见表 4-33，矿料合成级配曲线见图 4-13。

AC-16C 沥青混合料矿料筛分与合成级配表 表 4-33

筛孔尺寸（mm）	矿料（%）							级配（%）	中值（%）	范围（%）
	10～20mm 石灰岩	10～15mm 石灰岩	5～10mm 石灰岩	石灰岩机制砂	铁尾矿机制砂	铁尾矿砂	矿粉			
19	100	100	100	100	100	100	100	100.0	100	100
16	83.1	100	100	100	100	100	100	95.9	95	90～100
13.2	32.1	94.8	99.2	100	100	100	100	83.1	84	76～92
9.5	4.1	30.3	88.6	100	100	100	100	69.1	70	60～80
4.75	0.6	2.3	6.9	100	90.9	100	100	48.1	48	34～62
2.36	0.6	0.4	2.4	76.5	62	95.4	100	36.4	34	20～48
1.18	0.6	0.4	0.3	42.3	43.9	87	100	24.8	24.5	13～36
0.6	0.6	0.4	0.3	22.4	33.8	72.2	100	17.9	17.5	9～26
0.3	0.6	0.4	0.3	12.5	21	40	99.4	11.7	12.5	7～18
0.15	0.6	0.4	0.3	8.1	11.9	17.4	93.5	7.8	9.5	5～14
0.075	0.6	0.4	0.3	5.6	3.6	6.2	83.9	4.9	6	4～8
级配	24	8	20	22	18	5	3	100	—	—

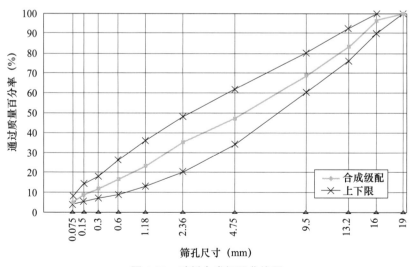

图 4-13　矿料合成级配曲线图

（3）最佳油石比的确定

根据各种矿料配合比及其毛体积相对密度，结合以往工程，预估 AC-16C 沥青混合料最佳油石比为 4.6%。参考规范要求，按照 ±0.5% 间隔变化，取 5 个不同的油石比进行马歇尔试验，试件毛体积相对密度采用表干法测定，理论最大相对密度采用真空法实测。

AC-16C 沥青混合料马歇尔试验数据见表 4-34，沥青混合料马歇尔试验数据点组成曲线见图 4-14。

根据规范要求，在图 4-14 中求取相应于毛体积相对密度最大值、稳定度最大值、目标空隙率、沥青饱和度范围中值的油石比 a_1、a_2、a_3、a_4，取其平均值作为 OAC_1。以各项指标均符合技术标准（不含 VMA）的油石比范围 $OAC_{min} \sim OAC_{max}$ 的中值作为 OAC_2。计算的最佳油石比 OAC 取 OAC_1 和 OAC_2 的平均值。本设计中 AC-16C 沥青混合料的计算最佳油石比 OAC 为 4.6%，相应于此最佳油石比的空隙率 VV 和矿料间隙率 VMA 值分别为 4.5%、14.5%。VV 和 VMA 均符合规范要求。

沥青混合料马歇尔试验数据 表 4-34

油石比（%）	理论相对密度	毛体积相对密度	空隙率（%）	矿料间隙率（%）	沥青饱和度（%）	稳定度（kN）	流值（0.1mm）
3.6	2.615	2.449	6.4	13.9	54.4	9.21	24
4.1	2.592	2.455	5.3	14.1	62.6	9.75	29
4.6	2.573	2.458	4.5	14.4	69.1	10.76	33
5.1	2.560	2.456	4.1	14.9	72.8	9.65	38
5.6	2.537	2.454	3.3	15.4	78.7	9.06	41

AC-16C 沥青混合料最佳油石比对应的毛体积相对密度为 2.458，马歇尔试验数据见表 4-35。

最佳油石比下马歇尔试验数据表 表 4-35

油石比（%）	最大理论相对密度	毛体积相对密度	空隙率（%）	矿料间隙率（%）	沥青饱和度（%）	稳定度（kN）	流值（0.1mm）
4.6	2.573	2.457	4.5	14.5	68.9	10.31	34

根据以上试验结果，按照规范的要求计算 AC-16C 沥青混合料的有效沥青含量为 4.17%，对应的粉胶比为 1.3，对应的沥青膜有效厚度为 8.0μm。

（4）沥青混合料的性能检验

为了检验沥青混合料的目标配合比设计，按照规范要求，对所配沥青混合料进行高温稳定性及水稳定性检验，试验结果见表 4-36。

沥青混合料目标配合比检验试验数据表 表 4-36

检验项目	单位	AC-16C 沥青混合料	技术要求	试验方法
车辙试验（60℃）动稳定度	次/mm	1451	≥1000	T0719
马歇尔残留稳定度	%	91.2	≥80	T0709
冻融劈裂残留强度比	%	80.6	≥75	T0729
渗水系数	mL/min	基本不透水	≤120	T0730

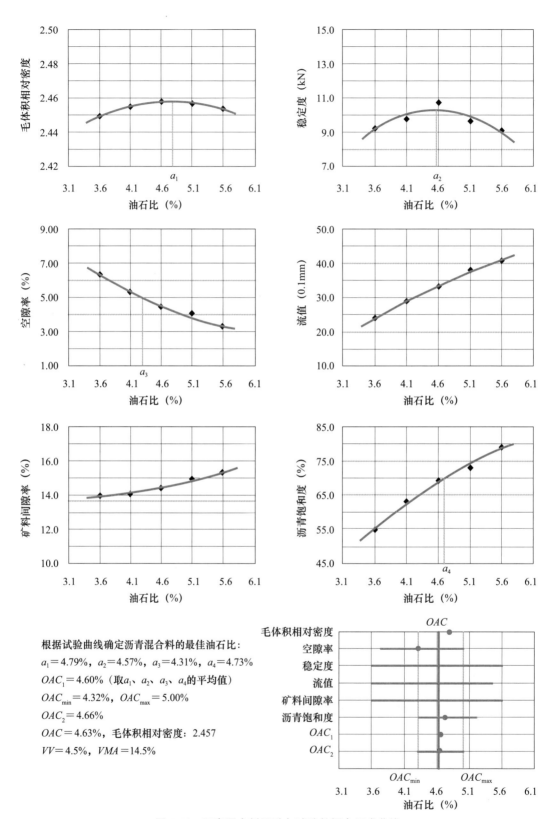

根据试验曲线确定沥青混合料的最佳油石比：

$a_1 = 4.79\%$, $a_2 = 4.57\%$, $a_3 = 4.31\%$, $a_4 = 4.73\%$

$OAC_1 = 4.60\%$（取a_1、a_2、a_3、a_4的平均值）

$OAC_{min} = 4.32\%$, $OAC_{max} = 5.00\%$

$OAC_2 = 4.66\%$

$OAC = 4.63\%$，毛体积相对密度：2.457

$VV = 4.5\%$, $VMA = 14.5\%$

图 4-14 沥青混合料马歇尔试验数据点组成曲线

2. 生产配合比

AC-16C 沥青混合料生产配合比见表 4-37。

AC-16C 沥青混合料生产配合比　　　　　　　　　表 4-37

类型	5 号仓 (%)	4 号仓 (%)	3 号仓 (%)	2 号仓 (%)	1 号仓 (%)	矿粉 (%)	油石比 (%)	施工控制密度 (g/cm³)
AC-16C	15	18	23	17	23	4	4.5	2.458

3. 试验路施工

2017 年，铁尾矿沥青混合料应用于密云区 8.12 水毁公路及桥梁修复工程 1 号合同段久黄路和大张路工程中，累计应用 9961.9t、铺筑 25.8km 示范工程。试验路的铁尾矿沥青混合料由密云沥青厂负责生产。试验路碾压见图 4-15。完工试验路见图 4-16。

图 4-15　试验路碾压　　　　　　　　　图 4-16　完工试验路

4. 试验路检测

试验路完工后，在冰冻期对试验路进行跟踪检测，检测内容主要包括：外观、构造深度、车辙、平整度，从检测结果看，试验路外观美观，无裂缝、车辙病害，平整度良好（图 4-17、图 4-18）。

（1）平整度

2018 年 1 月 5 日对试验路进行平整度检测。本次测量平整度采用车载式激光平整度仪法，利用激光测距仪来测量检测车行驶轨迹方向上待测路表面的相对高程值，并通过该测量值计算待测路面的国际平整度指数（International Roughness Index，IRI）。检测数据详见表 4-38。

图 4-17　试验路外观

图 4-18 试验路检测

路段汇总平整度   表 4-38

桩号	IRI	平均值（mm）	标准差（mm）	变异系数（%）
路段一 K0＋000～K1＋000	3.820			
路段一 K1＋000～K2＋200	3.814			
路段二 K0＋200～K1＋000	4.211			
路段二 K1＋200～K2＋000	3.765			
路段二 K2＋000～K3＋000	4.115			
路段三 K0＋000～K1＋000	4.790	4.33	0.41	9.5
路段三 K1＋000～K2＋000	4.748			
路段三 K2＋000～K3＋400	4.513			
路段四 K16＋600～K18＋000	4.823			
路段四 K18＋000～K19＋000	4.692			
路段四 K19＋000～K20＋000	4.316			

经检测，该试验路平整度平均值为 4.33mm，标准差为 0.41mm，变异系数为 9.5%。

（2）构造深度

路面表面的构造深度（TD）是路面粗糙度的重要指标，是指一定面积的路表面凹凸不平的开口空隙的平均深度。TD 主要用于评定路面表面的宏观粗糙度、排水性能及抗滑性能。车载式激光平整度仪是按照 100m 间隔的频率采集构造深度检测数据，检测数据如表 4-39 所示。

路段构造深度   表 4-39

桩号	构造深度（mm）	测点（个）	标准差（mm）	变异系数（%）
路段一 K0＋000～K2＋200	0.987	22	0.20	19.9
路段二 K0＋200～K3＋000	0.988	28	0.26	26.3
路段三 K0＋000～K3＋400	0.836	34	0.14	17.0
路段四 K16＋600～K20＋000	0.802	34	0.13	16.5
平均值	0.903	—	0.10	10.9

经检测，构造深度平均值为 0.903mm，标准差为 0.10mm，变异系数 10.9%。

（3）车辙深度

车辙病害是沥青路面常见的损坏方式。本次测量车辙深度采用激光车辙仪法。本方法是采用车载式激光车辙仪对路面的车辙深度进行连续多点测量，该方法可对道路状况进行实时快速检测。路面车辙深度数据详见表 4-40。

路面车辙深度　　　　　　　　　　　　　　　　表 4-40

桩号	车辙深度（mm）	深度指数 RDI
路段一 K0 + 000~K1 + 000	3.827	92.347
路段一 K1 + 000~K2 + 200	4.406	91.187
路段二 K0 + 200~K1 + 000	4.074	91.852
路段二 K1 + 200~K2 + 000	4.015	91.971
路段二 K2 + 000~K3 + 000	3.909	92.181
路段三 K0 + 000~K1 + 000	4.164	91.672
路段三 K1 + 000~K2 + 000	6.297	87.406
路段三 K2 + 000~K3 + 400	5.206	89.587
路段四 K16 + 600~K18 + 000	4.136	91.727
路段四 K18 + 000~K19 + 000	3.844	92.311
路段四 K19 + 000~K20 + 000	3.823	92.355
平均值	4.336	91.327

经检测，车辙深度平均值为 4.336mm，深度指数为 91.327。试验路整体状况良好。

第5章 铁尾矿在道路半刚性基层中的应用

5.1 概述

基层作为路面的主要承重层，承担由路面传递下来的车辆荷载。目前，高等级道路多采用半刚性基层，即无机结合料稳定材料铺筑而成的板体材料，其具有整体好、承载力高、刚度大、水稳定性好、工程造价低等优点，常见的有水泥稳定土、石灰粉煤灰稳定土等。半刚性基层由于具有很高的承载能力和板体性、良好的抗冻性以及能够很好地利用当地材料等优点而被广泛地应用于道路工程中。从20世纪80年代我国设计建造高速公路开始，半刚性基层逐渐成为我国高速公路建设的主要基层类型。我国《公路沥青路面设计规范》JTG D50—2017中明确提出了半刚性基层材料的级配要求、设计方法等，为半刚性基层在我国公路建设中的应用奠定了基础。但是，在荷载、冻融、地下水等的作用下，基层材料会出现性能的劣化。目前一般认为裂缝和反射裂缝是影响道路耐久性的主要问题，为了提高半刚性基层材料的抗裂性，多采用无机结合料稳定粗粒材料，如水泥稳定碎石、石灰粉煤灰稳定碎石等。

铁尾矿作为半刚性基层材料在国内研究较多。20世纪90年代，马鞍山矿山研究院和东北大学研究了利用铁尾矿作为路面基层材料。研究表明从铁尾矿的物理力学性质、颗粒组成、化学成分分析和已做过的有关成功试验和理论推理来看，它在公路工程中应用的前景广泛，是今后利用废物修筑公路的较好材料。苏更对首钢矿业公司迁安市铁尾矿的试验分析和在等级公路路面基层的应用实践，研究了铁矿尾矿料在路面基层中的应用特性，提出了用铁尾矿作基层集料配合比设计。结果表明在保证集料级配的前提下，其完全可以达到路用的要求。2006年，河北工业大学的郑栩锋研究了水泥稳定铁尾矿、石灰稳定铁尾矿以及石灰、粉煤灰综合稳定铁尾矿的路用性能，成功将铁尾矿应用于河北省兴野农村公路建设，取得了良好的经济效益和社会效益。从2007年开始，大连理工大学道路工程研究所为了探讨铁尾矿作为路面基层材料的路用性能，确定施工参数，优化施工工艺，跟踪观测铁尾矿基层的实际使用效果，同时分析铁尾矿作为路面基层材料规模化应用的可行性及经济效益、社会效益；与辽宁省朝阳市建平县合作，对建平县铁尾矿用于路面基层进行研究，分别进行了室内试验和朝阳市建平县的三金线和老宽线试验路研究。对石灰、水泥稳定的铁尾矿进行了配合比设计、性能试验、铺筑试验路等研究，并与石灰稳定黏土进行了对比。研究结果表明：铁尾矿应用于路面基层中路用性能良好，适合推广应用。杨青对水泥稳定铁尾矿、石灰稳定铁尾矿以及石灰水泥综合稳定铁尾矿材料的材料组成、力学性能、水稳定性、干缩性能等进行了研究。结果表明：采用31%石灰稳定铁尾矿，11%水泥稳定铁尾矿，12%石灰和2%水泥稳定铁尾矿均能满足规范要求的低等级公路基层强度。在抗压强度、劈裂强度和回弹模量三方面，水泥稳定铁尾矿性能最好，石灰稳定铁尾矿最差，石灰水泥稳定铁尾矿介于两者之间，但均大于石灰稳定黏土。干湿循环试验结果表明，水泥稳定铁尾矿的水稳定性较差，石灰水泥稳定铁尾矿水稳定性较好。干缩试验结果表明，水泥稳定铁尾矿的质量损失最小，但是收缩率最大，水泥掺量过大会造成收缩裂缝问题。

2009年，辽宁科技大学的赵志铁采用碎石（5~15cm）∶石屑∶尾矿砂＝20∶20∶60（质量比）的比例进行配合比设计，水泥用量达到5%时，水泥稳定铁尾矿碎石强度完全符合道路基层材料性能要求，并根据不同等级道路基层材料要求提出了相应的配合比设计。207国道的王岸至十八盘段大修工程，采用下口铁厂选矿后的废料铁矿石尾矿代替级配碎石做基层，基层二灰稳定铁尾矿配合比试验取得成功，利用铁尾矿42000m³，每立方米石料节约资金25元以上，节省投资105万元，节约了大量资源，保护了当地环境，创造了较好的经济效益和社会效益，值得借鉴。

目前，虽然开展了水泥稳定铁尾矿性能的研究，但铁尾矿铺筑的道路实体工程较少，受经济因素的制约也仅限于尾矿库附近经济运距内施工的低等级或等外道路工程。因此，加强铁尾矿在路面半刚性基层应用研究，推广铁尾矿在道路工程中的规模化应用，对于降低筑路成本、节省投资、减少尾矿砂环境污染具有重要意义。

5.2　铁尾矿用于半刚性基层的材料组成设计

半刚性基层沥青路面具有良好的力学性能，适合于各种车辆通行，同时具有良好的抗渗、耐疲劳的性能，因而得到广泛的应用。当前公路路面基层多为水泥稳定砂砾或水泥稳定碎石半刚性基层，为了就地废物利用、降低尾矿对当地环境的压力，在水泥稳定碎石基层中采用铁尾矿（或称尾矿）替代部分石屑配制铁尾矿水泥稳定碎石混合料。水泥稳定基层混合料的配合比设计是依据规范规定及道路使用中对半刚性基层的技术要求，选择适合的铁尾矿掺量，通过试验确定最佳含水量、最大干密度，制作试件进行铁尾矿水泥稳定基层混合料的路用性能试验。

5.2.1　材料

1. 水泥

试验采用P·S·A32.5矿渣硅酸盐水泥，水泥的主要性能试验结果见表5-1。

水泥主要性能试验结果 表5-1

细度（0.075mm筛余）（%）	标准稠度用水量（%）	凝结时间（min）		抗压强度（MPa）		抗折强度（MPa）	
		初凝	终凝	3d	28d	3d	28d
3	27.8	180	418	21.9	40.2	4.6	9.8

2. 碎石

试验碎石采用山西省忻州市繁峙县石灰岩碎石，根据现行《公路工程集料试验规程》JTG E42 的要求对碎石主要性能进行了试验检测，试验结果见表 5-2。

碎石主要性能试验结果 表 5-2

压碎值（%）	含泥量（%）	表观密度（g/cm³）	针片状含量（%）
22.8	3.5	2.72	17.3

3. 铁尾矿

试验铁尾矿采用繁峙县黑介沟铁尾矿（WS1）和东留属铁尾矿（WS2）。

5.2.2 矿料级配

由于铁尾矿颗粒较细，粒径多集中于 0.3～0.075mm，属于特细砂。铁尾矿比表面积较大，包裹这些铁尾矿颗粒需要更多的水泥胶浆，造成相同设计强度下铁尾矿水泥稳定碎石水泥剂量偏高，经济性、混合料抗裂性均较差。因此，采用铁尾矿与石屑配制水泥稳定碎石，根据级配曲线综合考虑铁尾矿与碎石在混合料中的掺量。碎石、石屑及铁尾矿筛分试验结果见表 5-3。

铁尾矿水泥稳定碎石材料筛分结果 表 5-3

孔径（mm）	矿质集料通过率（%）					
	10～30mm 碎石	10～20mm 碎石	5～10mm 碎石	石屑	WS1	WS2
31.5	100	100	100	100	100	100
26.5	91.3	100	100	100	100	100
19	29.1	100	100	100	100	100
16	4.3	91.4	100	100	100	100
13.2	0.7	47.5	99.6	100	100	100
9.5	0.1	5.1	97.7	100	100	100
4.75	0.1	0.3	7.0	99.9	100	100
2.36	0.1	0.3	0.7	86.7	100	99.8
1.18	0.1	0.1	0.2	71.3	99.6	99.1
0.6	0.1	0.1	0.2	55.6	98.2	95.4
0.3	0.1	0.1	0.2	35.9	71.1	74.2
0.15	0.1	0.1	0.2	23.5	38.1	46.6
0.075	0.1	0.1	0.2	14.8	14.9	23.7

根据确定的级配范围，进行铁尾矿水泥稳定碎石的级配设计。为研究铁尾矿掺量对水泥稳定碎石混合料性能的影响，细集料用量基本不变，即保持铁尾矿与石屑的总量基本不变，依次将铁尾矿的掺量变为 0、10%、20%、30%，集料的组成比例见表 5-4。

铁尾矿水泥稳定碎石集料组成　　　表 5-4

铁尾矿掺量（%）	集料级配组成（%）				
	10～30mm 碎石	10～20mm 碎石	5～10mm 碎石	石屑	铁尾矿
0	32	18	22	28	0
10	32	18	24	16	10
20	30	20	25	5	20
30	30	22	18	0	30

5.2.3　重型击实试验

在加入水泥搅拌和击实试验装料过程中，发现塑料袋中掺有尾矿砂的混合料表面失水严重，很快出现一层灰白色颗粒。这说明尾矿水稳碎石的保水性较差，在自然条件下容易失去水分成为干燥颗粒。为解决这一问题，除了装料过程中注意及时密封焖料袋，另外将所需水分为两部分，一部分在焖料前加入，拌匀混合料密封保存一晚，另一部分水分在加入水泥时加入，充分拌匀后进行击实试验。采用这种方法有效避免了因为尾矿失水过快造成的含水量偏低、数据不够准确的问题。铁尾矿水泥稳定碎石重型击实试验结果见表 5-5、图 5-1。

铁尾矿水泥稳定碎石重型击实试验结果　　　表 5-5

铁尾矿掺量（%）	最佳含水率（%）			最大干密度（g/cm³）		
	4% 水泥	5% 水泥	6% 水泥	4% 水泥	5% 水泥	6% 水泥
0	4.4	4.8	5.3	2.358	2.375	2.387
10（WS1）	4.7	5.0	5.4	2.365	2.382	2.391
20（WS1）	4.9	5.2	5.5	2.379	2.388	2.368
30（WS1）	5.3	5.6	6.0	2.353	2.361	2.351
10（WS2）	4.7	5.1	5.4	2.369	2.379	2.388
20（WS2）	4.8	5.3	5.6	2.381	2.389	2.371
30（WS2）	5.3	5.5	5.8	2.357	2.364	2.352

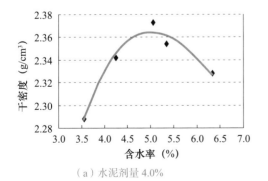
（a）水泥剂量 4.0%

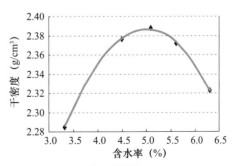
（b）水泥剂量 5%

图 5-1　掺量为 10% 的黑介沟铁尾矿水泥稳定碎石重型击实曲线（一）

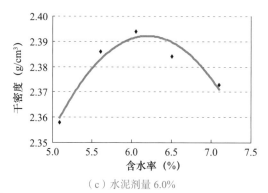

（c）水泥剂量 6.0%

图 5-1　掺量为 10% 的黑介沟铁尾矿水泥稳定碎石重型击实曲线（二）

随着铁尾矿掺量增加，水泥稳定碎石混合料的最佳含水率逐渐增大，30% 铁尾矿掺量的水泥稳定碎石混合料的最佳含水率比不掺铁尾矿的水泥稳定碎石混合料增加了 0.9%。这是因为铁尾矿细度模数小、颗粒较细、比表面积较大、颗粒表面粗糙，需要加入更多的水分才能在颗粒之间起到润滑作用。

相比最佳含水率的变化规律，最大干密度则随着铁尾矿掺量的增加呈先增大后降低的趋势。掺量为 10%～12% 时混合料的最大干密度最大，因为掺加适量铁尾矿后，铁尾矿很好填充了碎石和石屑留下的空隙，使混合料达到最紧密堆积状态，混合料干密度达到最大。掺量为 30% 时混合料的最大干密度降低的原因主要是混合料中细集料用量过多，粗集料大部分处于悬浮状态，混合料中的细集料主要是铁尾矿，铁尾矿颗粒单一，无法相互嵌挤形成密实结构，导致混合料干密度降低。

5.2.4　无侧限抗压强度

根据重型击实试验确定的最佳含水率与最大干密度成型不同铁尾矿掺量的水泥稳定碎石混合料无侧限抗压强度试件，每组成型 13 个试件。试件采用静压法成型，按 97% 压实度制件，静压时间 2min。试件的尺寸为：直径×高＝150mm×150mm，见图 5-2。试件脱模后装入塑料袋内，将袋内的空气排除干净，并将袋口扎紧，将包好的试件放入养护室。标准养护温度为（25±2）℃，标准养生湿度大于等于 90%，试件养生见图 5-3。养生 6d 后，饱水养生 24h。

图 5-2　静压法成型试件

图 5-3　试件养生

将饱水后的试件放到路面材料强度试验仪的升降台上，使试件以 1mm/min 的速率发生变形，进行抗压强度试验，结果见表5-6。

铁尾矿水泥稳定碎石基层无侧限抗压强度试验结果　　　　表 5-6

铁尾矿掺量（%）	试验编号	水泥剂量（%）	抗压强度平均值（MPa）	偏差系数（%）	抗压强度代表值（MPa）
0	1-1	4	3.7	12.05	3.4
	1-2	5	4.3	8.11	4.2
	1-3	6	5.1	11.15	4.3
10（WS1）	2-1	4	3.7	10.34	3.5
	2-2	5	4.6	12.61	4.4
	2-3	6	4.9	8.22	4.6
20（WS1）	3-1	4	4.3	9.89	4.1
	3-2	5	4.8	15.37	4.7
	3-3	6	5.4	10.65	5.1
30（WS1）	4-1	4	2.9	17.21	2.6
	4-2	5	3.1	6.32	3.3
	4-3	6	3.4	5.78	3.6
10（WS2）	5-1	4	3.5	8.87	4.4
	5-2	5	4.4	11.31	4.5
	5-3	6	5.0	12.98	5.2
20（WS2）	6-1	4	4.1	8.55	4.1
	6-2	5	4.6	13.22	4.6
	6-3	6	5.3	11.54	5.2
30（WS2）	7-1	4	3.1	17.21	2.9
	7-2	5	3.4	12.26	3.4
	7-3	6	3.6	5.78	3.5

从表5-6中试验结果可知，铁尾矿掺量为 10%～20% 的水泥稳定碎石混合料 7d 无侧限抗压强度略大于没有掺加铁尾矿的水泥稳定碎石混合料。这是因为掺加适量铁尾矿后，铁尾矿很好填充了碎石和石屑留下的空隙，使混合料达到最紧密堆积状态，水泥水化物填充了集料空隙，形成较高的强度。

当铁尾矿掺量达到 30% 时，水泥稳定碎石混合料的强度急剧降低，其原因主要是混合料中细集料用量过多，粗集料大部分处于悬浮状态，混合料比表面积增大，水泥水化后的胶结料无法完全包裹，导致混合料内部产生了软弱夹层，在受到外力作用时容易在软弱面处发生破坏。

5.2.5 确定水泥剂量

对于水泥稳定类混合料，水泥的用量越高，混合料的强度越高。但张登良和郑南翔研究表明，对于水泥稳定类基层，当水泥含量为5%～6%时，抗温缩、干缩的性能都最好；当水泥含量为7%时，抗裂性能反而降低；当水泥含量为3%时，其抗温缩性能则急剧下降。《公路路面基层施工技术细则》JTG/T F20—2015也指出，水泥粒料和水泥粒料土的水泥剂量在5%～6%时，其收缩系数最小，超过6%后混合料的收缩系数增大。为减少混合料的收缩性，应控制水泥剂量不超过6%。《公路沥青路面设计规范》JTG D50—2017指出，水泥稳定类材料的压实度、7d无侧限抗压强度代表值应符合表5-7的规定。

水泥稳定类（底）基层压实度与强度要求　　　　　　表 5-7

层位	稳定类型	特重交通		重、中交通		轻交通	
		压实度（%）	抗压强度（MPa）	压实度（%）	抗压强度（MPa）	压实度（%）	抗压强度（MPa）
基层	集料	≥98	3.5～4.5	≥98	3～4	≥97	2.5～3.5
	细粒土	—	—	—	—	≥96	
底基层	集料	≥97	≥2.5	≥97	≥2.0	≥96	≥1.5
	细粒土	≥96		≥96		≥95	

从表5-6中试验结果可知，铁尾矿不同掺量时水泥稳定碎石混合料的7d无侧限抗压强度代表值基本都达到3MPa以上，只有掺量为30%，水泥剂量为4%时，试件的7d无侧限抗压强度小于3MPa。为控制水泥剂量，当抗压强度满足要求时，尽量降低水泥用量，同时结合高速公路水泥稳定碎石基层混合料常用水泥剂量，确定室内试验的水泥剂量为5%。

5.3 力学性能与变形特性

5.3.1 无侧限抗压强度试验

为研究铁尾矿掺量对水泥稳定碎石混合料强度的影响，本节对黑介沟铁尾矿（WS1）和东昌铁尾矿（WS2）水泥稳定碎石进行研究。铁尾矿掺量为0、10%、20%、30%，水泥剂量为5%，按照矿料级配进行配料，采用静压法成型试件。分别测试7d、28d、60d和90d的无侧限抗压强度，试件结果见表5-8。

铁尾矿水泥稳定碎石混合料强度试验结果　　　　表 5-8

试验编号	铁尾矿掺量（%）	无侧限抗压强度（MPa）			
		7d	28d	60d	90d
1	0	4.2	5.4	5.7	6.1
2	10（WS1）	4.4	5.5	6	6.7
3	20（WS1）	4.7	5.8	6.5	7.2
4	30（WS1）	3.3	4.9	5	5.1
5	10（WS2）	4.5	5.6	6.1	6.9
6	20（WS2）	4.6	6	6.4	7.2
7	30（WS2）	3.4	4.8	5.1	5.2

　　从试验结果可以看出，随着铁尾矿掺量增加，水泥稳定碎石混合料各个龄期的抗压强度均呈现出先增加后降低的趋势。当铁尾矿掺量达到 30% 时，抗压强度急剧下降，主要是因为混合料中细集料用量过多，粗集料大部分处于悬浮状态，混合料比表面积增大，水泥水化后的胶结料无法完全包裹，导致混合料内部产生了软弱夹层，在受到外力作用时容易在软弱面处发生破坏。对比图 5-4 可发现，两种铁尾矿水泥稳定碎石混合料的强度变化趋势相同。由此可知，铁尾矿掺量是影响水泥稳定碎石混合料抗压强度的主要因素，铁尾矿的合理掺量为 10%～20%。

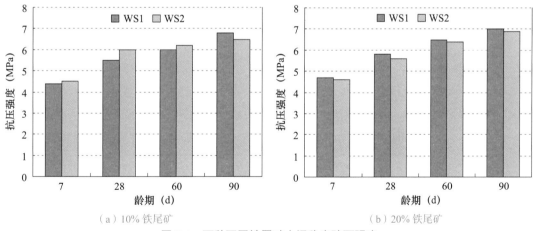

（a）10% 铁尾矿　　　　　　　　　　　　　　　（b）20% 铁尾矿

图 5-4　两种不同铁尾矿水泥稳定碎石强度

　　图 5-4 为铁尾矿掺量为 10%、20% 时，两种铁尾矿水泥稳定碎石混合料抗压强度随龄期的变化情况。在相同龄期时，WS1 与 WS2 水泥稳定碎石的抗压强度有所不同，但相差很小，最大不超过 0.2MPa。说明只要进行适当的配合比设计，铁尾矿种类对水泥稳定碎石混合料的抗压强度影响很小，不是影响抗压强度的主要因素。

　　各种铁尾矿掺量的水泥稳定碎石混合料的抗压强度均随龄期的增长而增加，这是因为随着龄期增长，水泥浆发生水化反应，生成的水化产物逐渐增多。它们粘结其他固体颗粒，填充颗粒间的空隙，并且相互搭接，形成具有一定强度的空间网状结构，并且随着水化产物的增多，这种网状结构越牢固，表现在宏观上就是强度增加。铁尾矿水泥稳定碎石混合料 7～28d 的强度增长很快，60～90d 的后期强度发展明显缓于前期。以 20% 的铁尾矿掺量为例，28d 的抗压强度达到 90d 的 80%～85%，60d 的抗压强度为 90d 的 88%～90%，30% 铁尾矿掺量的水泥稳定碎石混合料 28d 的抗压强度甚至达到 90d 的 93%～96%，可见混合料的强度主要形成于前期，后期强度发展不大。这说明铁尾矿水泥稳定碎石混合料的强度形成主要是水泥的贡献，铁尾矿在混合料中只起到物理填充作用，没有火山灰活性。

5.3.2 抗压回弹模量试验

采用现行《公路工程无机结合料稳定材料试验规程》JTG 3441 推荐的抗压回弹模量测试方法（顶面法）进行回弹模量试验。试验试件的制备和养生方法与 7d 无侧限抗压强度相同，本书主要进行黑介沟铁尾矿水泥稳定碎石混合料回弹模量研究。采用的加载板上的计算单位压力的选定值为 0.6MPa，实际加载的最大单位压力为 1.0MPa。将 1.0MPa 的最大加载单位压力分为 5 级，按每级 0.2MPa 递增进行逐级加载卸载，试验结果见图 5-5。

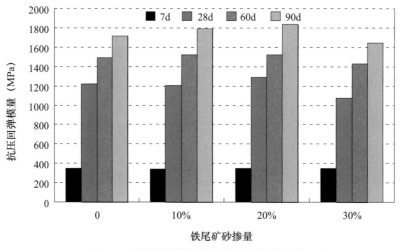

图 5-5 抗压回弹模量随铁尾矿掺量的变化

从图 5-5 中试验结果可以看出，7d 龄期的不同铁尾矿掺量的混合料抗压回弹模量相差不大。随着龄期增加，铁尾矿掺量对混合料抗压回弹模量的影响逐渐显现，掺量为 10%～20% 的混合料抗压回弹模量略高于不掺铁尾矿的混合料的回弹模量，掺量为 30% 的混合料的抗压回弹模量明显小于其他三组混合料的回弹模量。这主要是因为铁尾矿掺加量较多时，粗集料多处于悬浮状态，混合料更容易发生变形，宏观表现为回弹模量较低。

90d 铁尾矿水泥稳定碎石抗压回弹模量按铁尾矿含量排序为：20% 铁尾矿＞10% 铁尾矿＞无铁尾矿＞30% 铁尾矿，掺入适量铁尾矿后水泥稳定碎石混合料的模量优于普通水泥稳定碎石混合料。由于几种铁尾矿掺量的混合料级配基本相同，在级配好的水泥稳定碎石中，集料间有较多的接触点，内摩阻力明显增强，水泥稳定碎石模量和强度都有大幅度增加，由于掺量为 0、10% 和 20% 的混合料级配完全相同，所以回弹模量值也很接近，远高于掺量为 30% 的混合料。

不同铁尾矿掺量的水泥稳定碎石混合料的抗压回弹模量随龄期的增长而增长，见图 5-6。反应初期，胶结料的形成不足以使混合料成为一个整体，即混合料处于松散状态，即早期的回弹模量主要由材料组成结构及原材料本身模量决定，所以表现为早期几种混合料的回弹模量比较接近，且均较小。随着龄期的增长，水泥浆发生水化反应，生成的水化产物逐渐增多，填充颗粒间的空隙，并且相互搭接，形成具有一定强度的空间网状结构，并且随着水化产物的增多，这种网状结构越牢固，表现为模量逐步增大。同样可以得出水泥稳定碎石混合料的回弹模量值随混合料强度增加而增大。

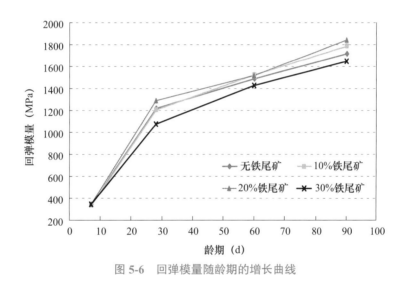

图 5-6　回弹模量随龄期的增长曲线

5.3.3　收缩试验

干燥收缩是由于水分蒸发和矿物水化造成其内部含水量变化而引起的体积收缩现象。由于水泥稳定碎石混合料为多孔结构的材料，水以各种形式存在于其内部：有结构水（层间水、结晶水等）、表面吸附水（结合水）、毛细管水（材料内部颗粒之间孔隙、胶结物和各种矿物团粒内部的孔隙间的毛细管水），这些水的蒸发会使得混合料依次经受了毛细管张力作用、吸附水和分子间力作用及层间水作用，进而引起材料宏观上的干燥收缩，若基层材料的抗拉强度不足以抵抗收缩引起的约束所产生的应力时，基层就会开裂，产生横向裂缝，基层的这种横向裂缝将反射到面层，引起面层开裂。基层材料的干燥收缩主要与以下因素有关：结合料的类型和剂量、被稳定粒料的类别与含量、拌合用水量、龄期与环境因素等。

对于含水率较大的水泥稳定碎石混合料，干燥收缩形式总是从毛细管张力作用开始，然后是吸附水和分子间力作用到层间水作用。要控制水泥稳定碎石混合料的干燥收缩，就必须控制这 3 个过程的收缩量。

1. 试验方法

现行《公路工程无机结合料稳定材料试验规程》JTG 3441 中提出了一种无机结合料稳定材料干燥收缩的试验方法，该试验方法的试验装置见图 5-7。

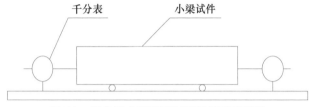

图 5-7　无机结合料稳定材料干缩试验装置

试验过程中将试件制作成长 × 宽 × 高 = 100mm×100mm×400mm 的中梁，每种级配制备 5 根试件，其中 3 根用于测试干燥收缩变形，2 根用于平行测试试件的含水率变化。试件经过 7d 标准养护后取出，将试件编号，在试件两端用万能胶粘上盖玻片，待牢固后将 3 个干燥收缩试件一端固定在测试架上，另外一端装千分表，然后将安装好的试验装置放在干缩室内［控制温度（20±2）℃、相对湿度 60%±5%］，记录每个千分表的初始读数，如图 5-8 所示。

图 5-8　干燥收缩试验

2. 试验结果分析

试件成型后在标准温度与湿度下养生 7d 后，将保水后的试件表面水擦干，并采用游标卡尺测定初始长度，至试件表面无明显水迹后称取试件初始质量 m_0。开始干缩试验后，在开始的一个星期内每天读一次数，在 7d 以后每 2d 读一次数，到 1 个月后于 60d、90d、120d、150d 和 180d 进行读数。

采用干缩试验观测数据绘制失水率、干缩应变、干缩系数随测试时间的变化曲线，见图 5-9～图 5-11。随着测试时间增加，铁尾矿水泥稳定碎石的失水率、干缩应变和干缩系数逐渐增大。在试验前 30d，失水率、干缩应变和干缩系数迅速增大，30d 以后的变化趋势逐渐减缓，说明铁尾矿水泥稳定碎石混合料的干缩应变主要发生在前 30d。

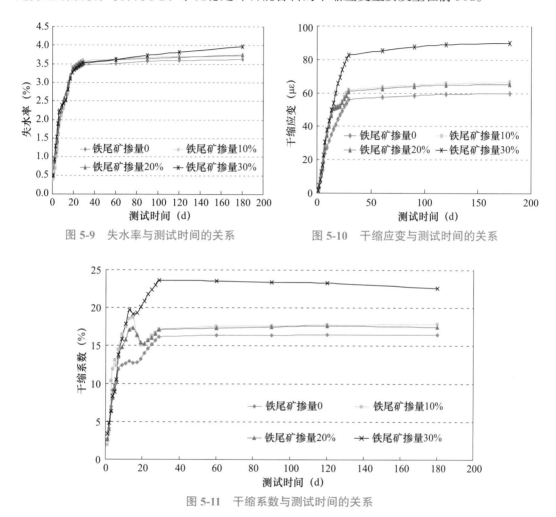

图 5-9 失水率与测试时间的关系

图 5-10 干缩应变与测试时间的关系

图 5-11 干缩系数与测试时间的关系

铁尾矿水泥稳定碎石混合料的干燥收缩主要由混合料中水分损失引起，为此，绘制了失水率与干缩应变、失水率与干缩系数的关系曲线，见图 5-12、图 5-13。干缩应变随失水率的增加而不断增大，但当失水率在 1.0% 以内时，混合料的干缩应变很小。失水率为 2.5% 以内时，铁尾矿掺量为 10% 的水泥稳定碎石基层混合料的干缩应变和干缩系数大于其他三种混合料。随着失水率进一步增大，铁尾矿掺量为 30% 的基层混合料的干缩应变和干缩系数迅速增大，试验测试后期铁尾矿掺量为 0、10% 和 20% 的基层混合料的干缩应变和干缩系数趋于相同，而掺量为 30% 的基层混合料的干缩应变和干缩系数明显大于其他三种混合料。说明铁尾矿掺量为 30% 的基层混合料的抗干缩性能较差。

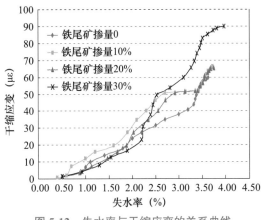

图 5-12 失水率与干缩应变的关系曲线

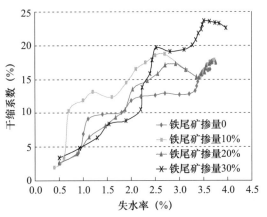

图 5-13 失水率与干缩系数的关系曲线

5.4 试验路铺筑与观测

在室内试验研究的基础上，为了验证铁尾矿用于半刚性基层的路用性能和效果，在繁大高速公路和辉白高速公路进行了试验路铺筑。繁大高速公路中采用水泥稳定铁尾矿基层和底基层。

5.4.1 繁大高速公路水泥稳定铁尾矿基层和底基层

1. 工程概况

繁大（繁峙至大营）高速公路位于山西省忻州市，是《山西省高速公路网调整规划》中"3 纵 12 横 12 环"高速公路网主骨架第 3 横（灵丘至河曲）的重要组成部分。项目东起繁峙县，途经代县，终点位于原平市大营镇，北靠北岳恒山，南依佛教名山五台山，沿狭长的滹沱河谷地布线，

4cm AC-16
6cm AC-20
12cm ATB-25
20cm水泥稳定碎石基层
20cm水泥稳定碎石底基层

图 5-14 繁大高速公路路面结构

与国道 108 线并行，是山西省忻州市经过河北涞源，通往北京的交通要道。项目按双向四车道高速公路标准建设，设计速度 100km/h，路基宽度 26m，路线全长 59.847km，工程路面结构见图 5-14。

项目所在区属北温带干旱、半干旱气候区，温差大、日照长、降水少、四季分明。年平均气温 6.3℃，1 月平均气温 0～10℃，7 月平均气温 23～24℃，极端最低气温 −24.3℃，极端最高气温 37.6℃，年降水量 400mm，降水量多集中在 7～9 月，全年无霜期 130d 左右。

结合铁尾矿水泥稳定碎石混合料的室内试验，在繁大高速公路路面第一合同段铺设了铁尾矿水泥稳定碎石基层混合料。繁大高速公路原设计基层为 20cm 水泥稳定碎石基层和 20cm 水泥稳定碎石底基层，为施工方便，试验段基层与底基层均采用铁尾矿水泥稳定碎石混合料铺筑。

本试验路段采用黑介沟铁尾矿及繁峙县当地产的石灰岩碎石。

2. 铁尾矿水泥稳定碎石基层配合比

室内试验表明，铁尾矿掺量为 10%～20% 时，水泥稳定材料的干缩应变较小，有利于减少干缩裂缝，因此试验路段水泥稳定碎石混合料中铁尾矿掺量为 10% 和 20%，水泥剂量为 5%。由室内设计的铁尾矿掺量为 10% 和 20% 的两个级配，再根据现场集料筛分结果，确定铁尾矿水泥稳定碎石混合料的现场配合比，现场 10～30mm 的碎石粒径偏细，在现场施工配合比设计时，适当加大了 10～30mm 碎石的用量。铁尾矿水泥稳定碎石混合料现场配合比见表 5-9。

铁尾矿水泥稳定碎石混合料现场配合比　　　　　表 5-9

铁尾矿掺量（%）	集料级配组成（%）				
	10～30mm	10～20mm	5～10mm	石屑	铁尾矿
10	32	18	24	16	10
20	30	20	25	5	20

3. 施工工艺及机械组合

铁尾矿水泥稳定碎石基层的施工工艺与普通水泥稳定碎石基层相同，见图 5-15。

图 5-15　铁尾矿水泥稳定碎石基层施工流程图

铁尾矿水泥稳定碎石基层混合料采用 2 台 ABG423 摊铺机并行摊铺，采用挂线控制标高。试验路压实机械主要有：CA30 振动压路机 2 台，YL30 胶轮压路机 1 台。压实组合为：CA30 振动压路机不开振动碾压 1 遍，碾压速度为 1.5～1.7km/h；CA30 振动压路机振动碾压 2 遍，碾压速度为 1.8～2.2km/h；YL30 胶轮压路机碾压 2 遍，碾压速度为 1.8～2.2km/h，如图 5-16、图 5-17 所示。

图 5-16　摊铺、碾压

图 5-17　压实度检测

5.4.2 水泥稳定铁尾矿辉白高速公路试验路

1. 工程概况

辉白高速公路起于辉南县西山屯村南的抚长高速公路，途经辉南县杉松岗镇、样子哨镇、凉水镇、回头沟、白山板石镇，设白山互通与 G201 相连之后抵达终点，路线全长为 79.449km。项目设计批复总概算 81.25 亿元，平均每千米造价 10201 万元。开工时间 2015 年 1 月，2018 年 10 月建成通车。试验路段位于吉林省白山市辉白高速公路第 3 标段 G 匝道 KG0＋000～KG0＋200 段，以及 K75＋650～K76＋460 主线段。

辉白高速公路路面结构见图 5-18。为论证铁尾矿用于道路工程建设的可行性，确定施工工艺，开展了铁尾矿用于高速公路基层的试验段工程建设。本次试验路中，水泥稳定铁尾矿用于高速公路基层和底基层。在试验路中，采用铁尾矿替代 18% 矿石用于基层中，累计铺筑车道 6.06km。采用铁尾矿替代 30% 碎石用于底基层中，累计铺筑车道 6.06km。

4cm AC-16
6cm AC-20
12cm ATB-25
36cm 水泥稳定碎石基层
20cm 水泥稳定碎石底基层

图 5-18 辉白高速路面结构图

2. 底基层

（1）铁尾矿分析

铁尾矿来自吉林省白山市板石沟，其他石料、水泥、石灰均产自当地。根据当地提供的石料、材料进行底基层的级配设计，对底基层拟使用的集料和铁尾矿材料进行筛分，各材料级配曲线见图 5-19。

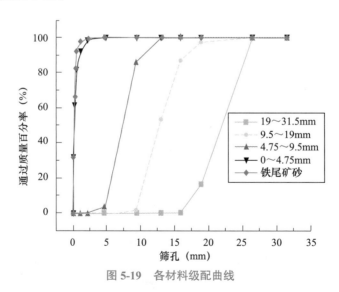

图 5-19 各材料级配曲线

（2）结合料的选择

针对当地常用的水泥和石灰两种结合料，通过试验分析、比较确定材料配合比。使用水泥（5%）和石灰水泥（2%：5%）稳定尾矿，以高速公路重交通量底基层的 7d 无侧限抗压强度标准值（2.5～4.5MPa）为目标，进行无机结合料稳定铁尾矿组成设计。

对水泥稳定铁尾矿和石灰水泥稳定铁尾矿进行矿料组成调配后，测定各配合比条件下的混合料的最佳含水率与最大干密度，试验结果见表 5-10。

水泥和石灰稳定铁尾矿配合比及击实试验结果　表 5-10

类型	材料组成（%）						最大干密度（g/cm³）	最佳含水率（%）
	结合料	19～31.5mm	9.5～19mm	4.75～9.5mm	0～4.75mm	尾矿		
水泥稳定铁尾矿	5（水泥）	20	20	38	17	0	2.46	5.2
		22	18	37	—	18	2.50	5.6
		20	20	25	—	30	2.44	5.9
		15	15	25	—	40	2.37	5.9
		15	15	15	—	50	2.29	6.0
石灰水泥稳定铁尾矿	2（石灰）5（水泥）	20	20	38	15	0	2.49	4.8
		20	20	38	—	15	2.50	4.9
		20	20	23	—	30	2.41	5.7
		11	11	31	—	40	2.28	6.0
		10	10	20	—	53	2.24	7.4

将上述级配下的材料按照《公路土工试验规程》JTG 3430—2020 的要求，制备出无侧限强度试件，在标准养护室［温度（20±2）℃，湿度大于 95%］，养生 6d 后，放于水槽中浸水 1d，后置于电动式液压机上测试其抗压强度，结果见表 5-11，铁尾矿掺量与抗压强度的关系见图 5-20。

7d 无侧限抗压强度值（MPa）　表 5-11

铁尾矿掺量（%）	0	15	30	40	53
石灰水泥稳定铁尾矿抗压强度	3.4	3.49	2.65	2.39	1.26
铁尾矿掺量（%）	0	18	30	40	50
水泥稳定铁尾矿抗压强度	5.74	5.90	3.78	2.60	1.37

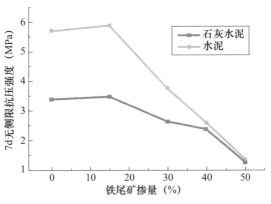

图 5-20　7d 无侧限抗压强度随铁尾矿掺量变化图

从图 5-20 中可以看出，对于石灰水泥稳定铁尾矿，根据强度需大于 2.5MPa 的要求，铁尾矿的掺量适宜范围为 30% 以下，而对于水泥稳定铁尾矿适宜的铁尾矿掺量范围宜在 40% 以下；从短期强度来看，石灰水泥稳定铁尾矿的强度不如单独使用水泥稳定的铁尾矿强度高，如同 30% 掺量的铁尾矿条件下，水泥稳定的铁尾矿强度为 3.78MPa，石灰水泥稳定的铁尾矿强度为 2.65MPa。

因此，在试验路工程中，采用水泥稳定铁尾矿作为底基层的设计材料。

（3）强度特性

为分析水泥稳定铁尾矿的耐久性，对无侧限强度试件进行恒温恒湿养生，90d 养生后，测定试件 5 次冻融循环后的抗压强度、劈裂强度等。具体试验结果见表 5-12。

30% 水泥稳定铁尾矿强度　　　　　　　　　　　　表 5-12

尾矿砂掺量	水泥剂量	90d 抗压强度（MPa）	5 次冻融循环后的抗压强度（MPa）	劈裂强度（MPa）
30%	5%	5.5	4.88	0.73

从强度结果看：

水泥稳定铁尾矿的强度随着龄期的增长，强度不断增长，90d 后抗压强度提高约 1.5 倍。

5 次冻融循环后，水泥稳定铁尾矿的冻融系数为 88.7%，季冻区的底基层冻融系数不小于 70%，故该条件下设计的材料满足抗冻要求。

3. 基层

基层材料与底基层材料设计方法和设计流程相同，设计文件中要求基层材料强度须大于 4.0MPa，且压实度须大于 98%。因此，根据底基层水泥稳定铁尾矿的试验结果，调整尾矿的掺量为 15%、20%，矿料合成级配曲线见图 5-21，水泥稳定铁尾矿的最佳含水率与最大干密度见表 5-13。

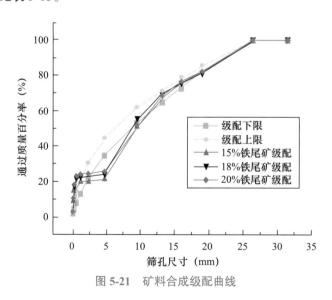

图 5-21　矿料合成级配曲线

水泥稳定铁尾矿配合比及击实试验结果　　　　　　　　表 5-13

类型	材料组成（%）					最大干密度（g/cm³）	最佳含水率（%）
	结合料	19～31.5mm	9.5～19mm	4.75～9.5mm	铁尾矿		
水泥稳定铁尾矿	5（水泥）	20	24	36	15	2.51	5.0
		22	18	37	18	2.50	5.6
		20	24	31	20	2.49	5.6

将上述级配下的材料按照《公路土工试验规程》JTG 3430—2020 的要求，制备出无侧限强度试件，在标准养护室［温度（20±2）℃，湿度大于 95%］，养生 6d 后，放于水槽中浸水 1d，后置于电动式液压机上测试其抗压强度，将强度代表值列于表 5-14 中。

水泥稳定铁尾矿 7d 无侧限抗压强度　　　　　　　　表 5-14

尾矿掺量（%）	15	18	20
7d 抗压强度（MPa）	5.0	4.85	4.6

从表 5-14 中看出，其强度都能够满足要求，为尽量提高尾矿砂的掺量，且强度要有足够的保障，本次试验路段使用的水泥稳定材料的铁尾矿用量为 18%。

与底基层一致，也进行关于基层材料的长久性性能试验，结论与底基层材料基本一致，90d 后抗压强度为 6.79MPa，比 7d 无侧限抗压强度提高 1.4 倍。

4. 现场施工

（1）概况

底基层施工时间：2017 年 7 月 19 日至 24 日；

基层施工时间：2017 年 7 月 30 日至 8 月 1 日；

使用材料：铁尾矿石料，铁尾矿砂，普通硅酸盐水泥（P.O425）；

机械设备：2 台摊铺机，2 台 22t 钢轮压路机，1 台胶轮压路机，1 台双钢轮压路机。

（2）施工准备

经协商，在原有的基础上对底基层的设计配合比上增加了两组方案，用于主线段 800m 左、右幅、G 匝道（表 5-15），基层材料配合比方案为原设计方案（表 5-16）。

底基层材料配合比方案　　　　　　　　表 5-15

材料	用量（%）					
	19～31.5mm	9.5～19mm	4.75～9.5mm	0～4.75mm	铁尾矿砂	水泥
方案 1（左幅）	15	15	20	15	30	5
方案 2（右幅）	15	15	20	15	30	5
方案 3（G 匝道）	20	20	25	—	30	5

基层材料配合比方案 表 5-16

材料	用量（%）					
	19～31.5mm	9.5～19mm	4.75～9.5mm	0～4.75mm	铁尾矿砂	水泥
方案	22	18	37	0	18	5

经室内试验，得到底基层材料的最佳含水率为 5.9%，最大干密度为 2.44g/cm³，且 7d 无侧限抗压强度代表值都大于 3.0MPa；基层材料的最佳含水率为 5.6%，最大干密度为 2.50g/cm³。在工程实施前，首先确定了水泥稳定材料的标定曲线，用于水泥剂量的测定，水泥剂量标定曲线如图 5-22～图 5-24 所示。

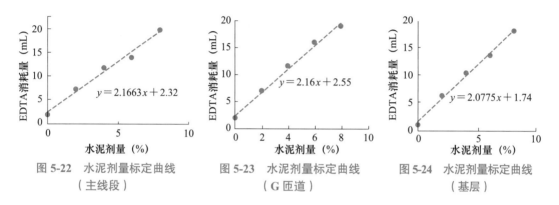

图 5-22 水泥剂量标定曲线（主线段）　图 5-23 水泥剂量标定曲线（G 匝道）　图 5-24 水泥剂量标定曲线（基层）

（3）施工质量控制

1）底基层

底基层设计厚度为 20cm，故而一次摊铺成型，首先由摊铺机初始摊铺，再以先钢轮压路机后胶轮压路机再钢轮压路机的组合压实，最后以双钢轮压路机整平，除去轮迹。通过现场灌砂法检验压实度，以此调整压实遍数，底基层现场压实度见表 5-17。

底基层现场压实度 表 5-17

碾压组合	含水率（%）	压实度（%）	要求值（%）
3 钢＋2 胶＋3 钢	8.5	94.2	
3 钢＋4 胶＋3 钢	7.4	98.7	97
5 钢＋5 钢	5.2/4.1	106/103	

由表 5-17 可以看出，含水率越接近最佳含水率，则压实度越大，故而可以控制初始碾压含水率不超过 8%。此外，从碾压组合中也可以看出增加钢轮或胶轮的遍数可以更好压实。

对现场拌合后的混合料取样进行室内 7d 无侧限抗压强度和室内水泥剂量的确定试验，其结果见表 5-18、表 5-19。

从表 5-18、表 5-19 中可以看出方案 1 的无侧限抗压强度满足要求，但强度值浮动较大，为保证施工质量，建议水泥剂量比设计剂量提高 0.2%～0.4%。

现场取样 7d 无侧限强度结果（方案 1）　表 5-18

强度平均值（MPa）	变异系数（%）	强度代表值（MPa）	标准值（MPa）
2.82	0.9	2.77	2.5～4.5
5.39	4.9	4.95	

现场取样水泥剂量测试（方案 1）　表 5-19

编号	取样 1	取样 2	取样 3	取样 4	取样 5
EDTA 消耗量（mL）	14.1	13.9	13.85	13.7	13.7
水泥剂量（%）	5.43	5.34	5.32	5.25	5.25

2）基层

该基层设计厚度为 36cm，分两层铺设，考虑到从头至尾一层一层来铺，费时费力，故其实际铺设工序为：翻斗车将石料直接倾倒于底基层上，用推平机械整平后，采用钢轮压路机碾压，其后约 10～20m 紧跟摊铺机铺设第二层，摊铺机后接钢轮压路机、胶轮压路机和双钢轮压路机碾压，通过现场灌砂法实测压实度，以此调整碾压遍数，基层现场压实度见表 5-20。

基层现场压实度　表 5-20

碾压组合	含水率（%）	压实度（%）	要求值（%）
5 遍钢轮＋2 遍胶轮	4.45	99.8	98
	6.23	102	
	5.01	103	

从表 5-20 中看出该组合方式满足要求，且出现压实度超百现象，原因可能为集料配合比有波动，使最大干密度发生变化。

对现场拌合后的基层混合料取样进行 7d 无侧限抗压强度和水泥剂量的确定试验，其结果见表 5-21、表 5-22。

现场取样 7d 无侧限抗压强度结果　表 5-21

强度平均值（MPa）	变异系数（%）	强度代表值（MPa）	标准值（MPa）
5.29	1.0	5.20	4.0～6.0
5.29	0.9	5.21	

现场取样水泥剂量测试结果　表 5-22

编号	取样 1	取样 2	取样 3	取样 4	取样 5
EDTA 消耗量（mL）	12.35	12.6	12.55	13.0	12.85
水泥剂量（%）	5.11	5.23	5.20	5.42	5.35

从表 5-21 看出基层的无侧限抗压强度满足要求，强度值较为稳定。

5. 施工效果

待养生 7d 后对底基层取芯，可以完整取出芯样，如图 5-25 所示。

图 5-25 现场取出的芯样

第6章 铁尾矿在路基中的研究与应用

6.1 概述

路基是一种线性结构物，路基的强度和稳定性是保证道路强度和稳定性的基本条件。为了保证路基稳定性，防止路基变形和失稳破坏，应选用适当的填料并采取正确填筑方法。考虑填料来源和运输成本等因素，多采用当地材料。铁尾矿作为一种矿山废料，对于其在路基工程中的应用国内外均有相关研究。

国外对砂的研究较早，用细砂作为筑路材料也有成功的范例。美国AASHTO规范中的土壤分类，颗粒粒径小于0.074mm的含量小于35%的一组为细砂、海滩砂、沙漠砂以及河流冲击的不良级配的细砂等，相当于我国的风积砂、尾矿砂，属于路用性能优良的筑路材料。意大利和法国在高速公路的修筑中有成功应用细砂的实例，只是选用的砂为级配良好的砂，对于级配不良的尾矿砂研究较少。

在国内，对风积砂路用性能的研究较多，根据长安大学、西安公路研究所及陕西榆林公路总段对毛乌素沙漠风积砂路用性能的研究，在榆（林）靖（边）高速公路中应用风积砂填筑路基；新疆交通科学研究所、塔里木石油勘探开发指挥部、长安大学等单位也曾对塔克拉玛干沙漠腹地风积砂的工程特性开展了研究，并在纵贯塔克拉玛干沙漠的准二级沙漠公路446km（沙漠地段长度）中应用风积砂填筑路基，实践结果表明风积砂不仅可以修筑高速公路的路基，而且是一种很好的筑路材料。采用与风积砂类似的尾矿砂填筑路基在国内也有研究。例如：连（云港）～霍（尔果斯）国道主干线连云港至徐州高速公路全长238.42km，其中连云港段长116km，根据外业调查资料初步估算连云港段短缺路基填料2500多万m³，且连云港地区地势平坦开阔，河网水系发达，地下水位较高，属于软弱地基路段，一般土质含水量较高（多在30%～40%），具有一定的膨胀性，不适宜作为路基填料。连云港市锦屏磷矿厂尾矿砂堆积量大，而且堆放地点位于新建连徐高速公路附近，专家通过研究建议采用尾矿砂作为该段路基填料，依据《公路路基施工技术规范》JTG/T 3610—2019和《公路土工试验规程》JTG 3430—2020，对尾矿砂路基各项指标进行了检验，完全符合规范的要求，证明只要通过控制施工工艺等措施，使用尾矿砂填筑路基是可行的。

6.2 铁尾矿路基特性分析

道路路基工程对材料的要求主要包括：压实特性、强度特性和稳定性。压实特性表征材料的施工性能，强度特性反应压实路基的载荷能力，稳定性则表征路基在荷载、水、温度等作用下的耐久性。为了评价铁尾矿用于路基的可行性，对铁尾矿的压实性能、强度特性和稳定性开展试验分析和力学模拟分析。

（1）铁尾矿的压实特性

由于铁尾矿与粉土、黏性土有很大差异，研究随着含水率增加其最大干密度变化规律。

（2）铁尾矿用于路基的强度特性

以 CBR 为主要指标，分析铁尾矿路基的强度特性，通过压实功与强度的相关性分析，为确定其施工压实工艺提供依据。

（3）铁尾矿用于路基的稳定性

在对铁尾矿的材料特点和压实特性、强度特性进行分析的基础上，研究铁尾矿路基的稳定性和耐久性，以抗冲刷试验为主要手段，分析路基的抗冲刷性能。基于温度－水两种不利因素的耦合，开展路基抗冻性能试验，研究其在冻融循环作用下路基材料的强度和稳定性的劣化规律。

6.2.1 铁尾矿压实特性

1. 重型击实试验

为了使铁尾矿路基具有足够的强度和稳定性，必须对其进行压实。击实试验是研究土的压实性能的室内基本试验方法，它能较好模拟现场压路机的压实，确定材料的最大干密度及最佳含水量，以此来指导现场压实作业和检验现场压实作业的质量。击实是对土瞬时的重复施加一定的机械功能使土体变密的过程，击实功瞬时作用于土上，土中部分气体排除，而土中含水量基本不变，铁尾矿击实试验见图 6-1。

图 6-1　铁尾矿击实试验

根据《公路土工试验规程》JTG 3430—2020 中规定的重型击实试验方法进行试验，选取了山西同兴铁尾矿、进鑫铁尾矿、东昌铁尾矿、黑介沟铁尾矿、天宝铁尾矿和东留属铁尾矿六种铁尾矿，试验结果见图 6-2。

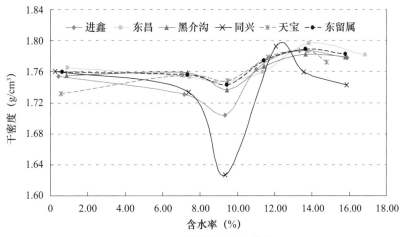

图 6-2　六种铁尾砂击实曲线

从重型击实试验结果可知：

（1）六种铁尾矿的击实特性与粉土、黏性土相比有很大差异，出现了双峰值，当含水率接近零时，干密度较大。随着含水率逐渐增大，干密度反而减少。当含水率达到9%～10% 时，干密度出现了最小值。但随着含水率进一步增大，干密度又逐渐增大，直至达到最佳含水率时的最大干密度，此后干密度又随含水率的增大而减小。说明了铁尾矿砂具有干压实（风干状态）和湿压实（最佳含水量状态）两大特性。

（2）通过击实试验发现，六种铁尾矿干密度达到最大值时的含水率不尽相同，但是当含水率为 12%～14% 时，六种铁尾矿的干密度均达到最大值，说明铁尾矿的最佳含水率为 12%～14%。

（3）以图 6-2 中同兴铁尾矿的击实曲线为例，铁尾矿的最小干密度（1.627g/cm^3）可达到最大干密度（1.793/cm^3）的 90% 以上，但是在风干及最佳含水量附近干密度的变化幅度较大，说明在风干和最佳含水率状态下铁尾矿较易压实。

（4）重型击实试验获得的铁尾矿最大干密度为 1.790g/cm^3，而最小干密度为1.627g/cm^3。

2. 影响压实特性的因素分析

（1）击实功对铁尾矿干密度的影响

击实功是影响击实效果的重要因素。击锤的质量、落高和击实次数三项中任意一项增加都将使击实功增大，从而使密实度提高。这与施工现场用压路机碾压时，增加压路机重量或增加碾压遍数的规律是一样的。

为了研究击实功与干密度的关系，采用变化击实次数来实现击实功的变化，分别采用 30 次、50 次和 98 次三个击实次数进行击实试验。试验采用进鑫铁尾矿、同兴铁尾矿和黑介沟铁尾矿，击实功对铁尾矿干密度的影响见表6-1。

击实功对铁尾矿干密度的影响

表 6-1

击实次数（次）	进鑫铁尾矿		同兴铁尾矿		黑介沟铁尾矿	
	含水率（%）	干密度（g/cm³）	含水率（%）	干密度（g/cm³）	含水率（%）	干密度（g/cm³）
30	13.3	1.703	13.5	1.690	13.6	1.707
50	13.2	1.748	13.5	1.771	13.6	1.740
98	13.3	1.787	13.5	1.793	13.6	1.783

从表6-1试验结果表可知，随着击实次数的增加，三种铁尾矿的最大干密度均逐渐增大。分析其原因主要是当其他条件相同时，由于击实功增大，土体中的更多空气被排除，得到的最大干密度将增大。对三种击实次数的干密度对比分析可知，击实次数为30次时，三种铁尾矿的干密度均达到了标准干密度的95%左右，击实次数为50次时干密度达到了标准干密度的97%左右。击实次数为50次时铁尾矿的最大干密度已经与标准击实的干密度十分接近。说明铁尾矿在击实功较小时就容易被压实。

（2）粉土掺量对铁尾矿击实曲线的影响

在铁尾矿的压实过程中，颗粒的均匀程度对所能达到的最大干密度有一定的影响。铁尾矿颗粒较细、级配不均匀、颗粒比较单一，在压实过程中，只能使颗粒重新排列和互相靠近，而不能相互嵌挤，要提高其干密度比较困难。鉴于以上因素，尝试在铁尾矿中掺加部分粉土增加其黏粒成分，同时改善铁尾矿的颗粒级配，在压实过程中使细颗粒可以嵌入粗颗粒间的空隙中，从而使铁尾矿的干密度增加。

在分析铁尾矿的击实性能时，本着就地取材的原则，选择附近取土场的低液限粉土，在铁尾矿中掺加部分粉土进行室内击实试验，研究掺土后铁尾矿压实特性的变化。

粉土取自繁大高速公路路基二标孟家庄土场，土质为低液限粉土，粉土的击实试验及液塑限试验结果见图6-3及表6-2。

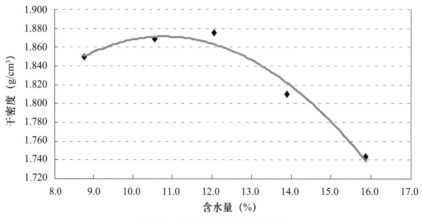

图 6-3 孟家庄粉土击实曲线

孟家庄粉土液塑限试验结果　　　　　　　　　表 6-2

液限	塑限	塑性指数
27.30	21.05	6.25

　　粉土最佳含水率为12.1%，最大干密度为1.876g/cm³，液限为27.30，塑性指数为6.25。

　　在铁尾矿中掺加粉土分别进行击实试验，粉土掺量为10%、20%、30%，试验采用东昌铁尾矿，试验结果见图6-4～图6-6。

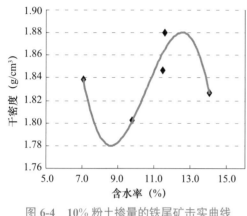

图 6-4　10% 粉土掺量的铁尾矿击实曲线

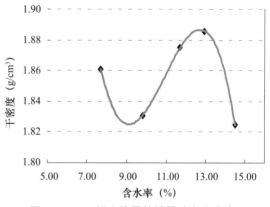

图 6-5　20% 粉土掺量的铁尾矿击实曲线

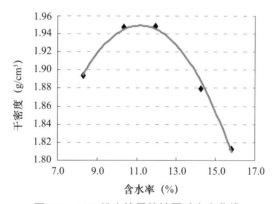

图 6-6　30% 粉土掺量的铁尾矿击实曲线

　　从不同粉土掺量铁尾矿的击实曲线可以看出：铁尾矿的击实特性与粉土、黏性土相比有很大差异，击实曲线呈倒 S 形，当含水率接近 7% 时，干密度较大，稍增大含水率，干密度反而减少，直至曲线上出现干密度值最小值；但在此之后，干密度又随含水量的增大而增大，直至达到最佳含水率时的最大干密度，此后干密度又随含水率的增大而减小。这种击实特性类似于风积砂的击实特性，具有干压实（风干状态）和湿压实（最佳含水率状态）两大特性。随着粉土掺量增加，尾矿砂中黏粒成分逐渐增大，击实曲线仍旧呈 S 形，只是曲线上干密度值最小值对应的含水量有所增大。当粉土掺量增大到 30%时，铁尾矿击实曲线呈现出规则的抛物线形状，击实特性与粉土、黏性土比较接近。

6.2.2　铁尾矿的强度特性

1. 加州承载比（CBR）试验

加州承载比试验是由美国加利福尼亚州公路局首先提出来的一种评定路基土及其他路面材料承载能力的指标，简称 CBR（California Bearing Ratio）。所谓 CBR 值，是指试样贯入量达 2.5mm 时，单位压力与标准碎石压入相同贯入量时标准荷载强度的比值。

加州承载比（CBR）是评价公路路基承载能力的最典型的试验方法之一，本书采用加州承载比（CBR）来评价铁尾矿路基的承载能力，见图 6-7。

图 6-7　铁尾矿 CBR 试验

试验选取了进鑫、同兴、黑介沟选矿厂铁尾矿分别进行了标准条件下的 CBR 试验，试验结果见图 6-8。

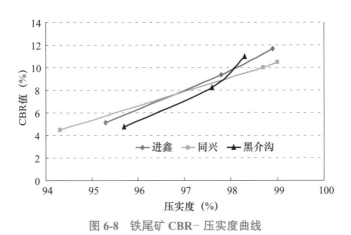

图 6-8　铁尾矿 CBR-压实度曲线

从图 6-8 中的 CBR 试验结果可知，铁尾矿的 CBR 值较小，压实度为 98% 时的 CBR 值为 9% 左右。

根据土力学的原理，由土壤形成的"土体"在贯入试验中所反映的强度实质上是它的局部抗剪切强度，并以此来间接评价地基的抗局部剪切强度。CBR 值是在贯入试验之后，试件中部分土体与整体之间产生相对位移（即剪切）时，在滑动面上所产生的抗剪切力特性的表征，是试件的局部抗剪切强度。土的抗剪切力是由两部分组成：黏聚力和内摩擦力。研究发现，颗粒性质（粒径大小）以及含量与黏聚力、内摩擦力的关系密切：土颗粒粒径越大以及粗颗粒含量越大，内摩擦力越大，而黏聚力越小，相反，黏聚力越大，内摩擦力越小。通过对颗粒分析试验得到的级配曲线的分析比较，能够得到各种土的颗粒相对含量，含粒径较大的颗粒越多，其 CBR 值越大，反之，含细粒越多，其 CBR 值越小。由铁尾矿颗粒筛分试验可知，铁尾矿细粒含量较多，因此其 CBR 值相应也较小。

我国《公路路基设计规范》JTG D30—2015 中规定了公路路堤填料、路床土的最小强度要求，见表 6-3 和表 6-4。可见铁尾矿的 CBR 值满足填料最小强度的要求，可以用于填筑各种等级公路的路基。

路堤填料最小强度要求　　　　　　　　　　　　　　　表 6-3

项目分类	路面底面以下深度（m）	填料最小强度（CBR）（%）		
		高速公路、一级公路	二级公路	三、四级公路
上路堤	0.8～1.5	4	3	3
下路堤	1.5 以下	3	2	2

路床土最小强度要求　　　　　　　　　　　　　　　　表 6-4

项目分类	路面底面以下深度（m）	填料最小强度（CBR）（%）		
		高速公路、一级公路	二级公路	三、四级公路
填方路基	0～0.3	8	6	5
	0.3～0.8	5	4	3
零填及挖方路基	0～0.3	8	6	5
	0.3～0.8	5	4	3

2. 固结快剪试验

土体的破坏形式通常都是剪切破坏，因为与土颗粒自身压碎破坏相比，土体更容易产生相对滑移的剪切破坏。土的抗剪强度是土的重要力学指标之一，建筑物地基、各种结构物地基的承载能力，挡土墙、地下结构的土压力，以及各类结构的边坡和自然边坡的稳定性等均由土的抗剪强度控制。就土木工程中各种地基承载力和边坡稳定性分析而言，土的抗剪强度是最重要的计算参数。

在室内对所取的铁尾矿砂样进行了固结快剪试验，所用仪器为应变控制式直剪仪，剪切盒内壁平面尺寸为 $\phi 6.2cm$，垂直加荷利用杠杆系统，水平加荷利用螺杆加手轮。对不同含水率的铁尾矿在四种不同垂直荷载下（50kPa、100kPa、200kPa、300kPa）进行直剪试验。试验结果如图 6-9 所示。

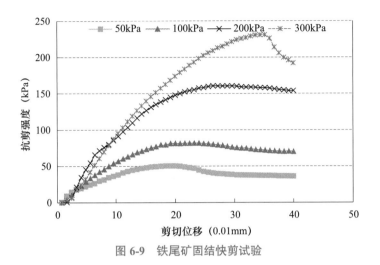

图 6-9 铁尾矿固结快剪试验

由库仑剪切强度公式得:

$$\tau_{\mathrm{f}} = c + \sigma \tan\varphi \tag{6-1}$$

式中 τ_{f}——土的抗剪强度;

c——土的黏聚力;

σ——土的法向应力;

φ——土的内摩擦角。

采用式(6-1)计算的不同含水量铁尾矿的黏聚力(c)和内摩擦角(φ),见图 6-10、表 6-5。

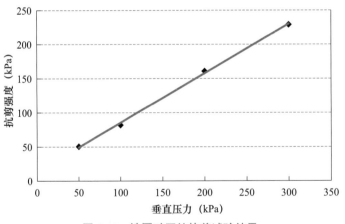

图 6-10 铁尾矿固结快剪试验结果

不同含水量铁尾矿直剪试验结果				表 6-5
含水量	7%	9%	11%	13%
黏聚力(kPa)	18.06	12.85	15.891	15.43
内摩擦角(°)	35.34	35.93	36.32	38.53

由表 6-5 可以看出，铁尾矿黏聚力与内摩擦角受含水量变化影响较小，黏聚力较小主要是因为铁尾矿中黏粒含量非常少，其抗剪强度主要由内摩擦角提供。

3. 三轴剪切试验

铁尾矿的强度特性包括土的内摩擦角和黏聚力，土的抗剪强度是土力学的基石，也是边坡稳定性分析的理论基础。铁尾矿的三轴试验采用固结排水试验（CD 试验），试验时使试样先在某一围压作用下固结，然后在排水的条件下增加轴向压力直至破坏。在固结排水试验中同时测得排水量、轴向力。

试验步骤和方法为：

（1）尾矿样品采用湿样制备，这样相对容易成样。

（2）尾矿采用水头饱和的方法：将试样装入压力室内，试样周围施加 20kPa 的压力。提高试样管底部量管的水位（三轴仪排水阀）、降低试样顶部量管的水位，使两管水位差在 1m 左右。打开所有阀门，使水从底部进入试样，从顶部溢出，直至流入水量和溢出水量相等为止。

（3）试验采用应变式三轴仪，固定应变为 0.08mm/min，直到试样轴向应变为 15%～20% 为止，试验过程见图 6-11。

图 6-11　三轴剪切试验过程

在试验中由于采用的是固结排水，即所获得有效应力强度和总应力强度是相同的。取峰值（$\sigma_1 - \sigma_3$）为所对应的最大剪切应力，同时以（$\sigma_1 - \sigma_3$）/2 为半径，以 $[(\sigma_1 + \sigma_3)/2, 0]$ 为圆心作莫尔圆，分别绘制出 $\sigma_3 = 100～400$kPa 的四个莫尔圆，求其切线，切线的斜率即为内摩擦角正切值，而切线与 y 轴的截距即为黏聚力。由图 6-12 获得铁尾矿材料的黏聚力为 12.7kPa，内摩擦角为 34.8°。

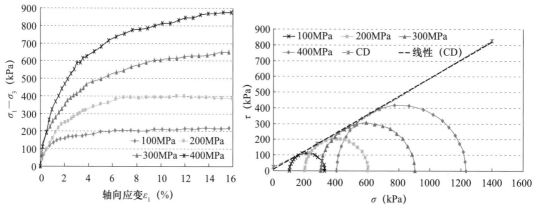

图 6-12 CD 试验应力－应变关系曲线及莫尔强度包络线

6.2.3 铁尾矿路基稳定性分析

砂土具有透水性强、沉降快且工后沉降小、饱水易压实、毛细水上升高度小等优点，是一种良好的路基填料，但同时砂也存在着失水后易松散、不易压实等缺陷。为了充分发挥砂土的优点，尽可能克服其缺陷，工程比较常见的做法是采用天然砂填芯，黏土包边的路基填筑方法。按照天然砂成因的不同大致可将填砂路基分为风积砂路基和河砂路基两大类。

天然河砂路基根据其填砂过程的独特性，还有吹填砂路基。吹填砂路基多见于河网密集地区及滨海地区，其方法是直接将河砂或海砂抽取至河滩一侧或工程现场，由河（海）砂堆积大致形成路堤。这种路基填筑方式具有施工不受雨期影响、成本低、填筑快、受外界干扰小等优点。山东理工大学贾致荣副教授针对各种影响包边填砂路基边坡稳定性的因素进行了有限元分析，同济大学蒋鑫博士基于强度折减法，就影响填砂路基边坡稳定性的各设计参数进行敏感性分析，提出适合填砂路基边坡的稳定性措施，为类似公路建设提供依据。

风积砂路基多见于沙漠戈壁地区，在我国主要分布于内蒙古、青海及新疆等地。进入 21 世纪，随着我国西部大开发战略的深入展开、实施，越来越多的不同等级公路要穿越沙漠，目前已有多条高等级公路建成通车。与此同时，众多学者也对风积砂的工程特性及其在道路工程中的应用进行了深入研究，而这其中成果较为突出的是：长安大学对内陆地区的风积砂工程特性进行了一系列的科研工作。采用三种工况模拟路基边坡静力荷载破坏，研究表明，在不同工况、不同坡比条件下，路基边坡顶部首先发生局部凹陷和侧向变形，当荷载超过临界荷载时，坡顶土体发生滑塌，破裂面基本不通过坡脚。针对风积砂路基边坡稳定性，采用理论公式 $K_{min} = \tan\varphi / \tan\theta$ 计算风积砂路基边坡稳定性是可行的，其中 φ 值应按照压实度的试验回归公式（$\varphi = 1.20K - 71.24$）计算得出。高利平对均质路堤填料及分层路堤填料的风积砂路基边坡进行稳定性分析，风积砂路基边坡的稳定性主要与边坡的坡度和填料的内摩擦角有关；路基上部及面层性质对安全系数的影响很小，比按均质填料计算的安全系数略有增大，并且随着填方高度的增大，其影响越来越小，按均质填料情况计算风积砂路基边坡稳定性的安全系数较为稳妥，且计算简便快捷。

铁尾矿粒度细，细度模数小，是一种特细人工砂。铁尾矿物理、力学性质与天然砂比较类似，可借鉴天然砂路基填筑工艺和数值模拟方法。但铁尾矿也有其独特之处，以往路基数值模拟多集中于研究天然砂路基（填砂路基、风积砂路基等），未对铁尾矿路基进行数值模拟，没有对铁尾矿路基填筑过程和工后沉降进行较系统的数值计算，没有分析包边土和土工格栅对路基沉降和稳定性的影响。

1. 基本理论

采用比奥固结理论和强度折减法对铁尾矿路基进行沉降和稳定性数值分析。

（1）比奥固结理论

比奥（Biot）1840年从连续介质的基本方程出发，推出能准确反映空隙压力消散与土体骨架变形相互关系的三维固结方程，建立了比奥固结理论，一般称为真三维固结理论。

比奥固结理论的最大亮点是固结从二维向三维推广。建立三维固结理论要考虑土体三个方向的排水和变形。太沙基固结理论只在一维情况下是准确的，对二三维都不够准确。

太沙基固结理论的重大局限在于假定固结过程中土体的总应力分布不变。荷载不可能瞬时施加，实际情况是往往具有一定的加荷历史，固结过程中土体的应力分布在不断变化。因而太沙基固结理论常被称为准三维（拟三维）固结理论。

比奥固结理论，直接从弹性理论出发，满足土体的平衡条件、弹性应力－应变关系和变形协调条件，此外还考虑了水流连续条件。其在理论上较准三维理论严格，但求解复杂。只有几种情况能获得精确解，故它多用于有限元的计算中。

1）平衡方程

假设一均质、各向同性的饱和土单元体 $dxdydz$，若体力只考虑重力，z 坐标向上为正，以土体为隔离体（土骨架＋孔隙水），则三维平衡微分方程为：

$$\begin{cases} \dfrac{\partial \sigma_x}{\partial x} + \dfrac{\partial \tau_{xy}}{\partial y} + \dfrac{\partial \tau_{xz}}{\partial z} = 0 \\[2mm] \dfrac{\partial \tau_{xy}}{\partial x} + \dfrac{\partial \sigma_y}{\partial y} + \dfrac{\partial \tau_{yz}}{\partial z} = 0 \\[2mm] \dfrac{\partial \tau_{xz}}{\partial x} + \dfrac{\partial \tau_{yz}}{\partial y} + \dfrac{\partial \tau_z}{\partial z} = -\gamma \end{cases} \tag{6-2}$$

结合有效应力原理，以土骨架为隔离体，以有效应力表示平衡方程。

根据有效应力原理，总应力等于有效应力 σ' 与空隙压力 p_w 之和，空隙压力等于静水压力与超静水压力 u 之和。将式（6-3）代入平衡微分方程式（6-2）得式（6-4）：

$$\begin{cases} \sigma = \sigma' + p_w \\ p_w = (z_0 - z)\gamma_w + u \end{cases} \tag{6-3}$$

$$\begin{cases} \dfrac{\partial \sigma'_x}{\partial x} + \dfrac{\partial \tau_{xy}}{\partial y} + \dfrac{\partial \tau_{xz}}{\partial z} + \dfrac{\partial u}{\partial x} = 0 \\[2mm] \dfrac{\partial \tau_{xy}}{\partial x} + \dfrac{\partial \sigma'_y}{\partial y} + \dfrac{\partial \tau_{yz}}{\partial z} + \dfrac{\partial u}{\partial y} = 0 \\[2mm] \dfrac{\partial \tau_{xz}}{\partial x} + \dfrac{\partial \tau_{yz}}{\partial y} + \dfrac{\partial \sigma'_z}{\partial z} + \dfrac{\partial u}{\partial z} = -\gamma \end{cases} \tag{6-4}$$

式中，$\dfrac{\partial u}{\partial x}$、$\dfrac{\partial u}{\partial y}$、$\dfrac{\partial u}{\partial z}$ 实际上是作用在骨架上的渗透力的三个方向的分量，与 γ 一样为体积力。

2）本构方程

比奥固结理论最初假定土骨架是线弹性体，服从广义胡克定律，根据弹性力学本构方程，应力用应变来表示，见式（6-5）：

$$\begin{cases} \sigma'_x = 2G\left(\dfrac{v}{1-2v}\varepsilon_v + \varepsilon_x\right) \\[2mm] \sigma'_y = 2G\left(\dfrac{v}{1-2v}\varepsilon_v + \varepsilon_y\right) \\[2mm] \sigma'_z = 2G\left(\dfrac{v}{1-2v}\varepsilon_v + \varepsilon_z\right) \\[2mm] \tau_{yz} = G\gamma_{yz}, \ \tau_{xz} = G\gamma_{xz}, \ \tau_{xy} = G\gamma_{xy} \end{cases} \tag{6-5}$$

式中，G、v 分别为剪切模量和泊松比；ε_v 为体应变，$\varepsilon_v = \varepsilon_x + \varepsilon_y + \varepsilon_z$。

3）几何方程

利用几何方程将应变表示成位移，设 x、y、z 方向的位移为 u^s、v^s、w^s，在小变形的假定下，6 个应变分量为：

$$\begin{cases} \varepsilon_x = -\dfrac{\partial u^s}{\partial x}, \ \varepsilon_y = -\dfrac{\partial v^s}{\partial y}, \ \varepsilon_z = -\dfrac{\partial w^s}{\partial z} \\[2mm] \gamma_{yz} = -\left(\dfrac{\partial v^s}{\partial y} + \dfrac{\partial w^s}{\partial z}\right) \\[2mm] \gamma_{xz} = -\left(\dfrac{\partial u^s}{\partial z} + \dfrac{\partial w^s}{\partial x}\right) \\[2mm] \gamma_{xy} = -\left(\dfrac{\partial v^s}{\partial x} + \dfrac{\partial u^s}{\partial y}\right) \end{cases} \tag{6-6}$$

式中，ε_x、ε_y、ε_z 为 x、y、z 方向的正应变。

4）固结微分方程

将本构方程、几何方程代入到平衡方程就得到以位移和空隙压力表示的平衡微分方程：

$$\begin{cases} -G\nabla^2 u^s - \dfrac{G}{1-2v}\dfrac{\partial}{\partial x}\left(\dfrac{\partial u^s}{\partial x}+\dfrac{\partial v^s}{\partial y}+\dfrac{\partial w^s}{\partial z}\right)+\dfrac{\partial u}{\partial x}=0 \\[2mm] -G\nabla^2 v^s - \dfrac{G}{1-2v}\dfrac{\partial}{\partial x}\left(\dfrac{\partial u^s}{\partial x}+\dfrac{\partial v^s}{\partial y}+\dfrac{\partial w^s}{\partial z}\right)+\dfrac{\partial u}{\partial y}=0 \\[2mm] -G\nabla^2 w^s - \dfrac{G}{1-2v}\dfrac{\partial}{\partial x}\left(\dfrac{\partial u^s}{\partial x}+\dfrac{\partial v^s}{\partial y}+\dfrac{\partial w^s}{\partial z}\right)+\dfrac{\partial u}{\partial z}=-\gamma \\[2mm] \nabla^2=\dfrac{\partial^2}{\partial x^2}+\dfrac{\partial^2}{\partial y^2}+\dfrac{\partial^2}{\partial z^2} \end{cases} \tag{6-7}$$

5）连续性方程

式（6-7）中的 3 个方程式中包含四个未知量 u^s、v^s、w^s、u，还要补充一个方程，由于水是不可压缩的，对于饱和土，土单元体内水量的变化率在数值上等于土体积的变化率，故由达西定律得：

$$\frac{\partial \varepsilon_v}{\partial t}=-\frac{K}{\gamma_w}\nabla^2 u \tag{6-8}$$

用位移表示得：

$$-\frac{\partial}{\partial t}\left(\frac{\partial u^s}{\partial x}+\frac{\partial v^s}{\partial y}+\frac{\partial w^s}{\partial z}\right)+\frac{K}{\gamma_w}\nabla^2 u=0 \tag{6-9}$$

式中，K 为渗流系数；γ_w 为水的重度。

$$\begin{cases} -G\nabla^2 u^s - \dfrac{G}{1-2v}\dfrac{\partial}{\partial x}\left(\dfrac{\partial u^s}{\partial x}+\dfrac{\partial v^s}{\partial y}+\dfrac{\partial w^s}{\partial z}\right)+\dfrac{\partial u}{\partial x}=0 \\[2mm] -G\nabla^2 v^s - \dfrac{G}{1-2v}\dfrac{\partial}{\partial x}\left(\dfrac{\partial u^s}{\partial x}+\dfrac{\partial v^s}{\partial y}+\dfrac{\partial w^s}{\partial z}\right)+\dfrac{\partial u}{\partial y}=0 \\[2mm] -G\nabla^2 w^s - \dfrac{G}{1-2v}\dfrac{\partial}{\partial x}\left(\dfrac{\partial u^s}{\partial x}+\dfrac{\partial v^s}{\partial y}+\dfrac{\partial w^s}{\partial z}\right)+\dfrac{\partial u}{\partial z}=-\gamma \\[2mm] -\dfrac{\partial}{\partial t}\left(\dfrac{\partial u^s}{\partial x}+\dfrac{\partial v^s}{\partial y}+\dfrac{\partial w^s}{\partial z}\right)+\dfrac{K}{\gamma_w}\nabla^2 u=0 \end{cases} \tag{6-10}$$

式（6-10）为比奥固结方程，它是包含 4 个偏微分方程的微分方程组，也包含 4 个未知量 u、u^s、v^s、w^s，它们都是坐标 x、y、z 和时间的函数。在一定的初始条件和边界条件下，可解出这 4 个变量。

要解上述偏微分方程组，在数学上是困难的，对于对称和平面应变中某些简单情况，已有人推到出了解析解答，并用以分析固结过程中的一些现象。但对于一般的土层情况，边界条件稍微复杂一些，便无法求得解析解。因此，从 1941 年建立比奥方程以来，一直没有在工程中广泛的应用。随着计算技术的发展，特别是有限元方法的发展，真三维固结理论才重现出生命力，并开始应用于工程实践。

（2）强度折减法

所谓强度折减法，是指在理想弹塑性计算中将岩土体的抗剪强度参数逐渐降低，直至其失稳破坏。1975 年，Zienkiewicz 等首次提出了抗剪强度折减系数的概念，其所确定的强度储备安全系数与 Bishop 在极限平衡法中所给出的稳定安全系数在概念上是一致的。

强度折减法的基本原理是将材料的强度参数 c、φ 值同时除以一个折减系数 F，得到一组新的 c'、φ'，以此作为新的材料参数进行试算，通过不断地增加折减系数反复分析研究对象，直到达到临界状态，此时得到的折减系数 F 即为安全系数 F_s。其分析方程为：

$$c' = c/F \tag{6-11}$$

$$\varphi' = \arctan\left[\tan\left(\varphi/F\right)\right] \tag{6-12}$$

抗剪强度折减系数（SSRF，shear strength reduction factor）的定义为：在外荷载保持不变的情况下，边坡内土体所发生的最大抗剪强度与外荷载在边坡内所产生的实际剪应力之比，当假定边坡内所有土体抗剪强度的发挥程度相同时，这种抗剪强度折减系数为边坡的稳定安全系数，由此所确定的安全系数可以认为是强度储备安全系数。而在地基极限承载力与传统边坡稳定性分析中所采用的传统安全系数一般是指荷载增大系数。

（3）Plaxis 有限元软件简介

Plaxis 有限元软件包括 Plaxis 动力模块、PlaxFlow 地下水渗流模块、Plaxis 三维隧道软件 V2、Plaxis 三维基础软件（可以计算现行的所有大型桩筏基础）。当前产品构成包括：PLAXIS 2D、2D 动力、2D 渗流和 PLAXIS 3D；最新版本是 PLAXIS 2D 2012 和 PLAXIS 3D 2012。

Plaxis 可分析岩土工程学中 2D 和 3D 的变形、稳定性，以及地下水渗流等。Plaxis 的岩土工程应用需要十分先进的构造模型来模拟土壤的非线性和时间依赖行为。因为土壤是多状态物质，需要专门的程序来处理土壤中流体静力学和非流体静力学气孔压力。这些问题现在都可以用 Plaxis 来分析和处理。

Plaxis 程序是岩土工程有限元软件。Plaxis 程序应用性非常强，能够模拟复杂的工程地质条件，尤其适合于变形和稳定性分析。Plaxis 程序能够计算两类工程问题：平面应变问题和轴对称问题，能够模拟下列元素：① 土体；② 墙、板、梁结构；③ 各种元素和土体的接触面；④ 锚杆；⑤ 土工织物；⑥ 隧道；⑦ 桩基础。

Plaxis 程序能够分析的计算类型有：① 变形；② 固结；③ 分级加载；④ 稳定分析；⑤ 渗流计算，并且还能考虑低频动荷载的影响。

Plaxis 程序有如下特点：① 功能强大，应用范围广；② 用户界面友好，易学易用，用户只须提供与研究对象有关的几何参数和力学参数就可以进行计算；③方便直观，所有操作都是针对图形，输入输出简单；④ 自动生成优化的有限元网格，重要部位网格可以细分，以提高计算精度；⑤ 计算功能强大，计算过程中动态显示提示信息。

2. 数值计算模型的选择

（1）计算工况

为了解铁尾矿填筑路基的可行性，本项目采用了 Plaxis 有限元软件对路基的沉降和边坡稳定性进行了数值模拟。为了对比包边土和土工格栅对铁尾矿路基的加固效果，分以下 4 种工况对其进行了数值模拟：

工况Ⅰ：铁尾矿填筑路堤，无包边土，无土工格栅；

工况Ⅱ：铁尾矿填筑路堤，有包边土，无土工格栅；

工况Ⅲ：铁尾矿填筑路堤，有包边土，包边土与铁尾矿交接处铺设三向土工格栅，交接处两侧各搭接 2m，每隔 0.9m 填高铺设一层；

工况Ⅳ：铁尾矿填筑路堤，有包边土，每隔 0.9m 填高满面铺设一层三向土工格栅，土工格栅伸入包边土长度为 3m。

（2）计算模型

依托山西繁（峙）大（营）高速公路路基第二合同段路基填筑工程开展相关研究，该段路路基宽 26m，边坡坡率为 1：1.5，填高 6m。为了简化计算，将边坡 20cm 厚的浆砌片石简化为包边土。有限元计算模型如图 6-13 所示。

图 6-13　计算模型图

数值计算中涉及了原地表粉土、铁尾矿、包边黏土、砂砾垫层、路面基层、面层等材料，部分材料的物理力学参数通过试验获得，部分参考了经验值，在计算中将基层和面层材料的参数进行了折中处理，其计算误差可忽略不计。土工格栅材料采用了三向土工格栅，其割线模量取为 245kN/m。在数值计算过程中，所有材料满足摩尔－库仑强度准则。

3. 铁尾矿路基沉降数值计算

计算采用 Plaxis 中的"固结分析"，其理论基础为比奥固结理论。附加计算步数取为 250 步，为充分模拟累计沉降值，不对网格进行更新。

根据繁大高速公路路基填筑的实际情况，在进行铁尾矿路基填筑过程数值模拟中，各计算步采用了如图 6-14 所示的计算过程。铁尾矿路基填筑高度 4.5m，按照现场填筑进度，耗费约 60d，为了尽可能准确模拟填筑过程，每 90cm 高度填筑时间按 2d 计，然后进行 10d 的固结沉降；在填筑 80cm 砂砾垫层时也以 2d 计，随后有约 10 个月的时间间隔，然后进行了 30d 的路面铺筑。为了充分模拟路基的工后沉降，按照经验，认为其经过 20 个月即可基本完成工后沉降。

对 4 种不同工况的路基填筑过程和工后沉降进行了数值模拟，其沉降计算结果见图 6-15。工况Ⅰ、工况Ⅱ、工况Ⅲ和工况Ⅳ的最大工后（20 个月）沉降计算结果分别为 19.547cm、19.711cm、19.540cm 和 18.298cm。由计算结果可知，对于 6m 填高的铁尾矿路基，铺设土工格栅有效减小了路基沉降，特别是满铺土工格栅工况，减小路基沉降效

果最为明显。由于包边黏土对路堤铁尾矿侧向约束导致基底的应力集中，包边黏土工况
Ⅱ的最大工后沉降略大于工况Ⅰ。

名称	工序号	起自	计算	加载类型	时间	水	起始步
初始工序	0	0	N/A	N/A	0.00 天	0	0
✓ <工序1>	1	0	固结分析	分步施工	2.00 天	1	1
✓ <工序2>	2	1	固结分析	分步施工	10.00 天	2	3
✓ <工序3>	3	2	固结分析	分步施工	2.00 天	3	8
✓ <工序4>	4	3	固结分析	分步施工	10.00 天	4	10
✓ <工序5>	5	4	固结分析	分步施工	2.00 天	5	15
✓ <工序6>	6	5	固结分析	分步施工	10.00 天	5	17
✓ <工序7>	7	6	固结分析	分步施工	2.00 天	7	21
✓ <工序8>	8	7	固结分析	分步施工	10.00 天	7	23
✓ <工序9>	9	8	固结分析	分步施工	2.00 天	9	27
✓ <工序10>	10	9	固结分析	分步施工	10.00 天	10	29
✓ <工序11>	11	10	固结分析	分步施工	2.00 天	11	34
✓ <工序12>	12	11	固结分析	分步施工	300.00 天	11	36
✓ <工序13>	13	12	固结分析	分步施工	30.00 天	13	58
✓ <工序14>	14	13	固结分析	分步施工	600.00 天	14	66

图 6-14　沉降计算过程

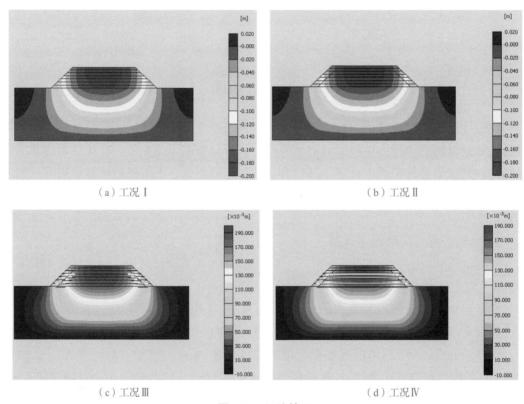

（a）工况Ⅰ　　　　　　　　　　　　　（b）工况Ⅱ

（c）工况Ⅲ　　　　　　　　　　　　　（d）工况Ⅳ

图 6-15　沉降情况

　　为了分析路基填筑过程沉降的变化情况，计算了 4 种不同工况路堤中心下原地表和
路面顶面的沉降，计算结果见图 6-16、图 6-17。由图 6-16 可看出，路堤中心下原地表沉
降明显发展期主要在路基填筑和随后的 300d 这两个时间段，路面铺筑中产生的荷载对
基底沉降产生了显著影响，在约 1000d 后，路基沉降趋于稳定。虽然 4 种工况路堤自重

荷载相同，但是由于土工格栅的加筋效应提高了路堤土体的整体性，路堤底部的基底应力趋于均匀分布，有效减小了路堤土体整体性较差造成的应力集中，最终减小了基底的沉降。

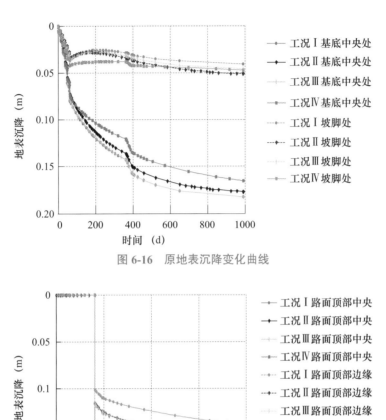

图 6-16　原地表沉降变化曲线

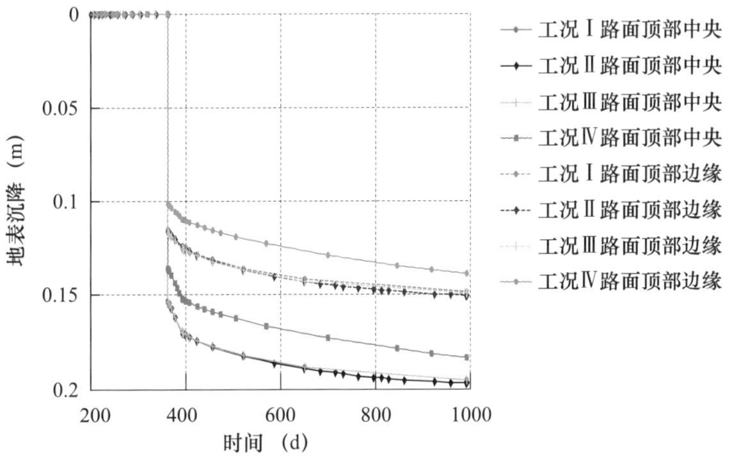

图 6-17　路面顶面沉降变化

由图 6-16 中坡脚处原地面的沉降变化过程可看出，在路基填筑后的 300d 固结期，坡脚处发生了明显的隆起现象。同样，由于包边土的约束作用和土工格栅的加筋效应，不同工况坡脚处的沉降有一定差别。

图 6-17 为不同工况路面顶部沉降变化情况。可以看出，固结阶段路面顶面中央处的沉降以工况Ⅳ为最小，工况Ⅱ最大，路面顶部边缘（土路肩）处的沉降表现出了与中央处同样的规律。顶部边缘沉降较中央处的沉降小 4cm 左右。

为了解不同工况沉降随深度的变化情况，对 4 种工况路基中央处和土路肩处不同深度的累计沉降进行了数值计算，计算结果如图 6-18 所示。可以看出，相同位置同一深度处的沉降，以工况Ⅱ最大；中央处同一深度的沉降以工况Ⅲ最小，土路肩处同一深度的沉降以工况Ⅳ最小。由此可知，只要满足稳定性要求，在包边土与尾矿砂交接处铺设土工格栅可有效减小路基中央处的沉降。

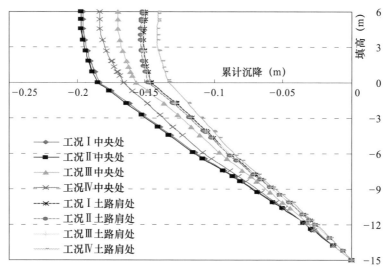

图 6-18 不同深度累计沉降

图 6-19 为沉降分析后 4 种工况路基水平位移计算结果。由结果可看出，最大水平位移发生在坡脚下 7~8m 处，其次发生在土路肩边缘处，坡脚下水平位移趋势向路基外侧发展，而土路肩处水平位移向路基内侧发展。4 种工况中以工况Ⅳ水平位移的最大值最大，而其他 3 种工况相差较小。由此可知，满面铺设土工格栅虽然能减小路基沉降，但并不能减小基底的水平位移（侧向位移），反而增加了侧向位移。

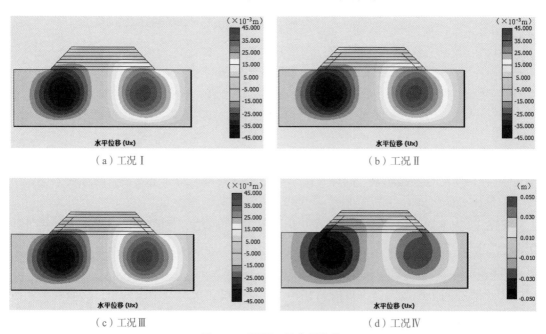

（a）工况Ⅰ   （b）工况Ⅱ

（c）工况Ⅲ   （d）工况Ⅳ

图 6-19 不同工况水平位移

在沉降数值模拟过程中，以土路肩下不同深度为例，计算不同工况下水平位移随深度变化情况，计算结果见图6-20。工况Ⅳ水平位移与其他3种工况相差约0.5cm，而其他3种工况水平位移基本相同。在路基填高范围内，工况Ⅳ水平位移在顶面0.5m范围内向路基中央处发展，最大约1cm，而其下深度则向路基两侧发展，最大约3cm，其他3种工况路面顶面的水平位移约1.5cm，路基底面水平位移约2.5cm。由此可见，满面铺设土工格栅减小了路面顶面的侧向位移，可有效减小路基路面边部纵向开裂的概率。

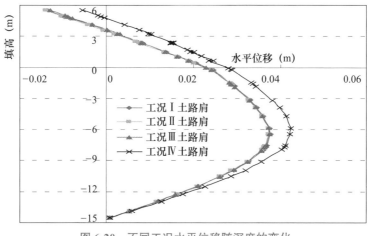

图6-20　不同工况水平位移随深度的变化

4. 铁尾矿路基稳定性分析

铁尾矿路基稳定性分析采用了强度折减法。实际抗剪强度和计算获得的保证土体平衡状态所需要的最小抗剪应力之比是土力学中传统上使用的安全系数。通过引入标准库仑条件，安全系数可表达为：

$$安全系数 = \frac{c - \sigma_n \tan\varphi}{c_r - \sigma_n \tan\varphi_r} \qquad (6\text{-}13)$$

式中，c 和 φ 是路基土的强度参数；σ_n 是实际的正应力分布；c_r 和 φ_r 是不断减小到恰好足够大而能保持土平衡的抗剪参数，即为 Plaxis 程序中为计算整体安全系数而使用的折减方法的基础。应用此方法，黏聚力和内摩擦角的正切将成正比减小。

$$安全系数 = \frac{\tan\varphi}{\tan\varphi_r} \sum M_{sf} \qquad (6\text{-}14)$$

强度参数的减小由总乘子 $\sum M_{sf}$ 来控制。这个参数将逐步增加，直到破坏。假定在失效后连续几步的计算大体给出一个常数 $\sum M_{sf}$，则认为其为安全系数，这就是 Plaxis 的安全分析原理。

安全分析在路基固结沉降基本完成后进行，其计算过程见图6-21。

折减计算过程产生附加位移。总位移并没有物理意义，但最后破坏的增量位移表明了破坏机理。为了显示不同工况铁尾矿路基填筑的破坏机理，计算了4种工况下总增量位移，如图6-22所示。

名称	工序号	起自	计算	加载类型	时间	水	起始步
初始工序	0	0	N/A	N/A	0.00 天	0	0
✓ <工序 1>	1	0	固结分析	分步施工	2.00 天	1	1
✓ <工序 2>	2	1	固结分析	分步施工	10.00 天	2	3
✓ <工序 3>	3	2	固结分析	分步施工	2.00 天	3	8
✓ <工序 4>	4	3	固结分析	分步施工	10.00 天	4	10
✓ <工序 5>	5	4	固结分析	分步施工	2.00 天	5	15
✓ <工序 6>	6	5	固结分析	分步施工	10.00 天	5	17
✓ <工序 7>	7	6	固结分析	分步施工	2.00 天	7	21
✓ <工序 8>	8	7	固结分析	分步施工	10.00 天	7	23
✓ <工序 9>	9	8	固结分析	分步施工	2.00 天	9	27
✓ <工序 10>	10	9	固结分析	分步施工	10.00 天	10	29
✓ <工序 11>	11	10	固结分析	分步施工	2.00 天	11	34
✓ <工序 12>	12	11	固结分析	分步施工	300.00 天	11	36
✓ <工序 13>	13	12	固结分析	分步施工	30.00 天	13	58
✓ <工序 14>	14	13	固结分析	分步施工	600.00 天	14	66
✓ <工序 15>	15	14	Phi/c 折减	增量乘子	0.00 天	14	81

图 6-21 安全分析计算过程

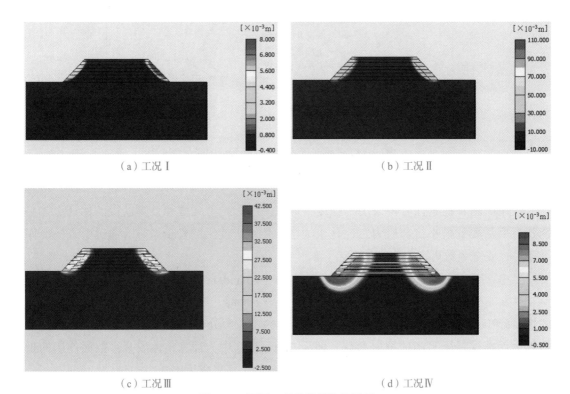

（a）工况 Ⅰ

（b）工况 Ⅱ

（c）工况 Ⅲ

（d）工况 Ⅳ

图 6-22 不同工况总增量位移云图

随着路基加固措施的加强，潜在滑动面逐渐向路基内部和基底深部发展，滑动面在增大，有效抵抗了下滑力，安全性逐渐增大。

为进一步清楚显示不同工况潜在滑动面的位置，计算了 4 种工况的总剪应变，如图 6-23 所示。从图 6-23 可看出，满面铺设土工格栅工况 Ⅳ 潜在滑移面贯穿了基底 5m 深度处，而不采取任何措施的工况 Ⅰ 滑移面位于路基边坡上，其抵抗滑移的能力最差。还可看出，由于路面材料刚度加大，在其底边缘部存在应力集中现象，潜在滑移面并未贯穿路面，而是位于路面下。

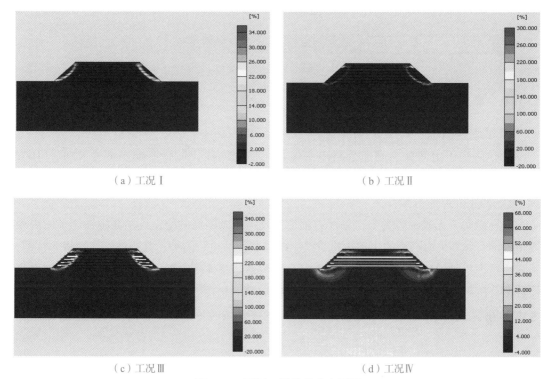

（a）工况 I

（b）工况 II

（c）工况 III

（d）工况 IV

图 6-23 不同工况总剪应变云图

采用强度折减法对 4 种工况在路基路面铺筑（392d）完后固结 600d 的边坡稳定性进行了分析，边坡稳定性分析计算过程安全系数变化见图 6-24。通过分析可知，工况 I 的安全系数为 1.787，工况 II 的安全系数为 2.404，工况 III 的安全系数为 2.494，工况 IV 的安全系数为 2.583，4 种工况的安全系数均大于 1.3，边坡具有较高稳定性。可以发现，铁尾矿路基不设包边土与设包边土的安全性差别较大，安全系数相差 0.7，而其他 3 种工况之间的安全系数相差较小，约为 0.1。可知包边土对提高尾矿路基稳定性具有较明显的作用，而同时满面铺设土工格栅和设置包边土可提高路基的稳定性，安全系数可提高 0.9。

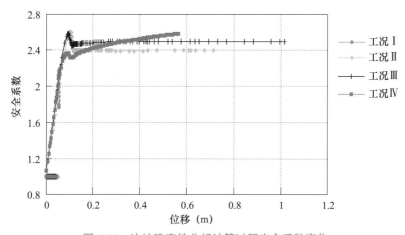

图 6-24 边坡稳定性分析计算过程安全系数变化

6.3 试验路铺筑与观测

6.3.1 繁大高速公路铁尾矿路基

1. 试验路概况

试验路位于山西繁大高速公路路基施工第二合同段，试验路起点桩号 K10＋100，终点桩号 K10＋450，试验路长度 350m。

2. 试验路实施方案

铁尾矿属于无黏性砂类土，黏聚力较小，铁尾矿砂路堤的稳定性主要由铁尾矿的内摩擦角提供，如不采取必要的防护措施对铁尾矿路基边坡进行防护，其边坡稳定性将非常差，很容易出现边坡滑塌、风蚀、水毁等病害，影响路基整体稳定性。由铁尾矿路基边坡稳定性数值分析可知，在铁尾矿路堤外侧设置 2～3m 厚的包边土能够显著提高边坡稳定性。为考虑现场施工方便，本铁尾矿路基采用包边土＋铁尾矿芯的断面形式填筑，见图 6-25。

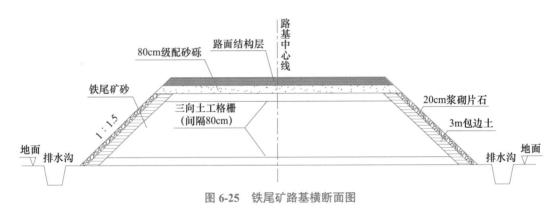

图 6-25 铁尾矿路基横断面图

为降低包边土与铁尾矿界面处的差异沉降，在路基填筑过程中使用了三向土工格栅，见图 6-26。

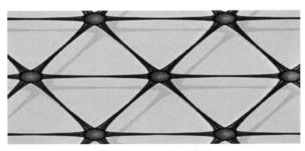

图 6-26 三向土工格栅

格栅分三种方案铺设，分别是：路面宽度范围内满幅铺设、包边土与铁尾矿路基界面处铺设和完全不铺设土工格栅，具体方案见表 6-6。

土工格栅铺设方案 表 6-6

方案	方案一	方案二	方案三
土工格栅铺设情况	满幅铺设	包边土与铁尾矿路基界面处铺设	完全不铺设

选择繁大高速公路典型填方路段作为试验路，试验段路基宽度为 26m，填筑高度为 6m，全部采用铁尾矿砂填筑，黏土包边，路床 80cm 采用黏土填筑。试验段根据土工格栅不同铺设方式分为三种方案填筑，每种方案填筑 100m，共计 300m，其中 K10＋100～K10＋150 满幅铺设土工格栅，格栅每隔 80cm 厚铺筑一层；K10＋150～K10＋200 为铁尾矿砂与包边土界面处，铺设 3m 的土工格栅（接缝两侧各 1.5m），格栅每隔 80cm 厚铺筑一层；K10＋200～K10＋450 为铁尾矿砂＋包边土填筑。

3. 材料技术参数

试验路采用东昌铁尾矿，包边土采用孟家庄粉土。由于现场取用的填筑材料与实验室所用的材料具有一定的差异，重新对材料取样并进行相关的试验，击实曲线见图 6-27 及图 6-28。铁尾矿最大干密度为 1.834g/cm³，最佳含水率为 14.21%。孟家庄粉土的最佳最大干密度为 1.876 g/cm³，最佳含水率为 12.1%。

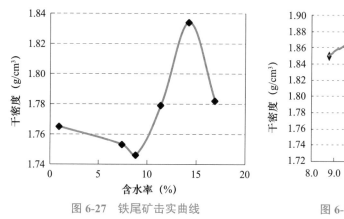

图 6-27 铁尾矿击实曲线

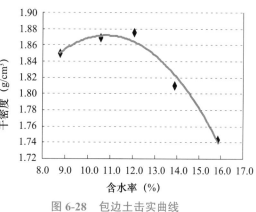

图 6-28 包边土击实曲线

4. 铁尾矿路基施工工艺

铁尾矿的击实曲线完全不同于粉土、黏土，其在最佳含水率状态（含水率为 12%～14%）和风干状态（含水量一般在 0～1%）下，干密度均达到较大值。由此表明铁尾矿在风干状态及最佳含水率状态下均易达到密实状态。但是，铁尾矿在最佳含水率时的干密度大于风干状态下的干密度。为提高铁尾矿路基密实性、路基整体稳定性，在水资源丰富的地区应优先考虑采用最佳含水率时对铁尾矿进行压实，充分发挥铁尾矿的整体强度。

考虑到施工现场铁尾矿多采用饱和排放，铁尾矿含水率高，因此在铁尾矿路基填筑过程中采用在最佳含水率状态下压实，铁尾矿路基施工工序见图 6-29，铁尾矿路基试验路修筑见图 6-30。

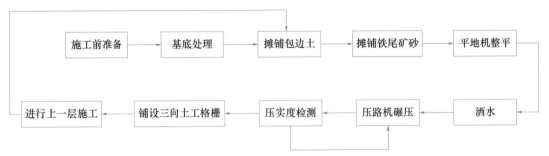

施工前准备 → 基底处理 → 摊铺包边土 → 摊铺铁尾矿砂 → 平地机整平

进行上一层施工 ← 铺设三向土工格栅 ← 压实度检测 ← 压路机碾压 ← 洒水

图 6-29　铁尾矿路基施工工序

图 6-30　铁尾矿路基试验路修筑

铁尾矿路基施工机械组合见表 6-7。

铁尾矿路基施工机械组合　　　　　　表 6-7

序号	机械名称	单位	规格	数量
1	挖掘机	台	$0.8m^3$	1
2	装载机	台	$2m^3$	3
3	推土机	台	88.2kW	1
4	平地机	台	132.3kW	1

续表

序号	机械名称	单位	规格	数量
5	双驱动振动压路机	台	22t	2
6	运料车	辆	20t	10
7	洒水车	辆	8m³	3

5. 铁尾矿路基施工技术要点

铁尾矿不同于一般常规的路基填料，铁尾矿路基的施工必须采取特殊的施工工艺和压实方法。为确保铁尾矿路基的施工质量，应注意以下施工要点：

（1）铁尾矿路基采用分层填筑方式，填筑时按照横断面全宽填筑，每层松铺厚度30～50cm。为保证路基边缘的压实度，路堤填筑宽度每侧应宽出设计宽度50cm。

（2）铁尾矿填筑路基时，控制铁尾矿的含水率比最佳含水率大2%为宜（13%～15%），碾压时采用推土机静压→振动压路机振动碾压→静压的碾压工艺。

（3）路基填筑至路床时，采用级配砂砾进行铺筑、碾压，以增加路床的密实性和稳定性。

（4）铁尾矿路基采用灌砂法检测压实度，试坑应挖到填筑层中、下部位（去除填筑层表面10cm的松散层，检测填筑层中、下部位的压实度）。

（5）路基碾压完成后，将土工格栅按照设计幅宽沿边线纵向铺开、拉紧张平。相邻两幅土工格栅搭接宽度不得小于20cm，土工格栅伸入包边土不得小于2m。

（6）在铁尾矿路基填筑至路床底面时，应及时填筑80cm级配砂砾作为路基顶面封层。

（7）路基填筑完毕后，应将路基边坡按设计坡率用机械或人工整平，并立即进行边坡防护施工。

6.3.2　辉白高速铁尾矿路基

1. 路基形式

辉白高速公路设计交通量为重交通等级，路基填高为6～8m，设置黏土包边。路基横断面见图6-31。

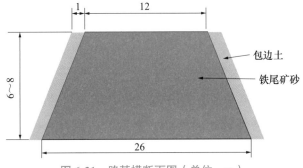

图6-31　路基横断面图（单位：m）

2. 铁尾矿分析

（1）元素分析

对铁尾矿进行 XRF 试验分析，得出铁尾矿的元素浓度，见表 6-8。

铁尾矿元素浓度 表 6-8

元素名称	SiO$_2$	CaO	Al$_2$O$_3$	MgO	Na$_2$O	K$_2$O	Fe$_2$O$_3$	TiO$_2$	P$_2$O$_5$	MnO	SO$_3$
元素浓度（%）	45.98	8.92	14.10	5.30	2.60	0.90	18.30	1.80	1.04	0.25	0.46

从表 6-8 中可以看出，铁尾矿的元素以 Si、Fe、Al 为主，重金属元素浓度较低，可以直接投放于自然环境中，并应用于道路建设。

（2）筛分试验、击实试验以及 CBR 试验

按照相关试验规范对铁尾矿分别进行筛分试验，试验结果见图 6-32，根据土工试验规范得出，不均匀系数 $C_u = 5.4$，曲率系数 $C_c = 1.58$，故而该铁尾矿属于级配良好的砂。铁尾矿的击实试验结果见图 6-33。

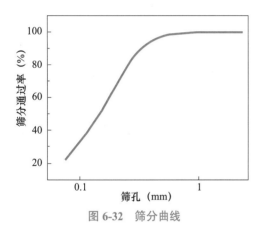

图 6-32 筛分曲线

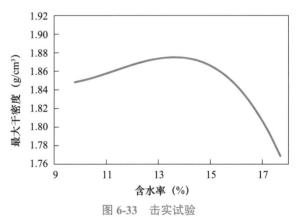

图 6-33 击实试验

室内重型击实试验中，分 3 层每层 98 次锤击，含水率按 2% 梯度变化，得到铁尾矿砂的最佳含水率为 14%，最大干密度为 1.894g/cm^3。

在最佳含水率的条件下，依据《公路土工试验规程》JTG 3430—2020 制备标准 CBR 试件，浸水 4 昼夜，得到各个试件的 CBR 值，求得平均值列于表 6-9 中。

CBR 值 表 6-9

2.5mm CBR（%）	56.7
5.0mm CBR（%）	43.8

根据《公路路基设计规范》JTG D30—2015，设计高速公路路基材料的 CBR 不小于 8%，证明尾矿砂可以用作路基材料。

3. 现场施工工艺的确定

（1）松铺厚度

根据《公路路基施工技术规范》JTG/T 3610—2019，对于高速公路的试验路段应按 30cm 的松铺厚度分层碾压，再结合相关经验，确定了 3 种松铺厚度的方案，分别为 30cm、40cm、50cm。原计划在现场用低吨位（18t）和高吨位（22t）的压路机，分别碾压以 30cm、40cm、50cm 为松铺厚度的尾矿砂，从而确定适宜的铁尾矿砂松铺厚度。但根据施工速度只做了 40cm 的松铺厚度碾压，以压实度为检测标准（路基要求大于 93%），现场压实度采用灌砂法测得，从而确定了高吨位的压路机适合碾压铁尾矿砂。从碾压 40cm 厚的铁尾矿砂效果来看，压实度基本满足要求，从施工进度的方面考虑，舍弃了 30cm 厚的松铺厚度的方案；从碾压完毕的 40cm 厚的尾矿砂表面看，有含水率偏高的区域，若采用 50cm 厚的松铺厚度碾压，相应也会出现这样的状况，并且处理这一区域时 50cm 厚的方案较 40cm 厚的方案麻烦。于是最终确定了以 40cm 的松铺厚度为摊铺标准，松铺系数为 1.33。试验路施工见图 6-34。

（a）摊铺

（b）整平

（c）钢轮碾压

（d）胶轮碾压

图 6-34　试验路施工

（2）压实机具组合的确定

根据《公路路基施工技术规范》JTG/T 3610—2019，采用振动压路机碾压时，第一遍不振，然后由弱振到强振，结合施工单位压实机具，以 40cm 为松铺厚度，采用了 3 种压实方案。

方案一：静压 6 遍（22t），胶轮 2 遍，压实度见表 6-10。

方案一压实度　　　　　　　　　　　　　　　　表 6-10

压实遍数	2	4	6	8
含水率（%）	17.2	16.7	16	15.9
压实度（%）	91.8	93.4	94.3	95.0

方案二：静压 2 遍（22t），低频振动 2 遍，静压 2 遍，胶轮 2 遍，压实度见表 6-11。

方案二压实度　　　　　　　　　　　　　　　　表 6-11

压实遍数	2	4	6	8
含水率（%）	17.2	16.3	13.8	15.2
压实度（%）	91.8	92.3	94.7	96.2

方案三：静压 2 遍（22t），高频振动 2 遍，静压 2 遍，胶轮 2 遍，压实度见表 6-12。

方案三压实度　　　　　　　　　　　　　　　　表 6-12

压实遍数	2	4	6	8
含水率（%）	17.2	16.4	13.5	17
压实度（%）	91.8	93.7	98.4	96.6

图 6-35 为不同压实方式对压实度的影响，铁尾矿砂压实度随着碾压遍数的增加逐步提高，如 2 遍时为 92% 左右，8 遍时大于 94%，另外，高振与静压组合方式的压实度要高于其他两种组合方式，如 8 遍结束时，高振组合压实度达到 96.6%，其他两种组合分别为 96.2%，95.0%。所以，高振与静压的组合方式为最优组合。

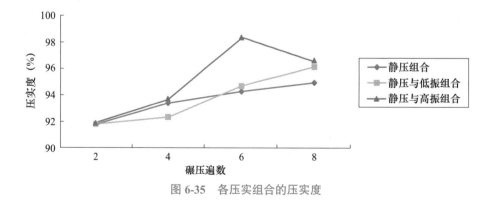

图 6-35　各压实组合的压实度

（3）压实工艺

采用现场灌砂法检测尾矿砂压实度，得出 40cm 的松铺厚度。铁尾矿砂路基的压实工艺为：静压 2 遍＋高频振动压路机 2 遍＋静压 2 遍＋胶轮压路机 2 遍。经检测，现场压实度均满足大于 93% 的要求，说明压实工艺是合理的。

4. 施工效果

路基施工最终检测的是压实度，采用上述的施工工艺，得到现场的检测结果，见表 6-13。施工后效果见图 6-36。

现场压实度 表 6-13

层位	下路堤	上路堤
松铺厚度	40cm	40cm
压实度（%）	93.2	94.0
	93.3	95.2
	93.5	94.2
	94.8	—

图 6-36 路基施工后效果图

下篇

煤矸石和铁尾矿在建筑工程中的应用

第7章 煤矸石在水泥混凝土中的应用技术

7.1.1 水泥混凝土类型、组成和特点

水泥混凝土的定义为：由水泥、粗细集料（碎石、卵石及硅质砂）加水拌合，经水化硬化而成的一种人造石，主要作为承受荷载的结构材料使用。为了改进混凝土的工艺性能和力学性能，常常加入某些外加剂及矿物掺合料。

《建筑材料术语标准》JGJ/T 191—2009 分别对混凝土和普通混凝土进了定义。混凝土是以水泥、骨料和水为主要原材料，也可加入外加剂和矿物掺合料等材料，经拌合、成型、养护等工艺制作的、硬化后具有强度的工程材料。普通混凝土为干密度为 2000~2800kg/m^3 的混凝土。

水泥混凝土的分类，按稠度分为：（1）干硬性混凝土：坍落度小于 10mm；（2）塑性混凝土：坍落度为 10~100mm；（3）流动性混凝土：坍落度大于 100mm。按强度可分为：（1）普通强度混凝土：C15~C55 混凝土；（2）高强混凝土：不低于 C60 的混凝土。

《预拌混凝土》GB/T 14902—2012 将预拌混凝土定义为：在搅拌站（楼）生产的、通过运输设备运送至使用地点的、交货时为拌合物的混凝土。预拌混凝土具有区别于一般产品的显著特点，其质量特性具有显著的时效性、滞后性和复杂性。预拌混凝土从生产到使用过程具有较强的时效性；混凝土强度及结构验收具有较长时间的滞后性；混凝土质量问题成因具有复杂性。时效性体现在预拌混凝土必须在有效的时间段内完成生产、运输、交付、泵送与浇筑等环节，否则预拌混凝土性能会受很大影响。滞后性体现在预拌混凝土在现场交付时只能检验拌合物的性能，其硬化后的重要性能指标——力学性能和耐久性能均要在交付后的不同龄期进行检验与评定，在时间上会有长达 28d 甚至 60~90d 的滞后。同时由于交付后由使用方（施工方）负责泵送、浇筑与养护等环节，对混凝土硬化后的性能指标会产生很大影响，其结构中混凝土性能的评价周期更长，这是预拌混凝土区别于一般产品的显著特点。复杂性体现在影响预拌混凝土质量的因素复杂多变，主要有：（1）混凝土原材料质量波动大，而每种材料的质量波动都会对预拌混凝土质量产生一定影响；（2）混凝土生产工艺简单原始，自动化和信息化程度低，人为因素多，导致预拌混凝土质量受生产过程的影响大；（3）施工过程中，浇筑、振捣和养护等过程对结构混凝土质量影响也很大；（4）温度、湿度及风速等环境因素对混凝土质量也有一

定影响。

预拌混凝土的质量由混凝土拌合物性能、硬化混凝土力学性能、长期性能与耐久性能等构成。混凝土各组成材料按一定比例配合，拌制而成的尚未凝结硬化的混合物，称为混凝土拌合物，也称为新拌混凝土。其性能主要有：工作性能（坍落度、扩展度、黏聚性，坍落度经时损失等）、凝结时间、泌水和压力泌水、表观密度、含气量等。力学性能指混凝土抵抗压、拉、弯、剪等应力的能力。混凝土强度是混凝土硬化后最重要的力学性能，也是混凝土质量最直接的指标。通常以混凝土强度控制混凝土质量，以抗压强度作为一般评定混凝土质量的指标，并作为确定强度等级的依据。其力学性能主要有：抗压强度、抗折强度、抗拉强度、抗剪强度、粘接强度及弹性模量等。长期性能和耐久性能指混凝土在实际使用条件下抵抗各种破坏因素的作用，长期保持强度和外观完整性的能力，以及混凝土结构在规定的使用年限内，在各种环境条件作用下，不需要额外的费用进行维护修缮加固处理而保持其安全性、正常使用和可接受的外观能力。其长期性能与耐久性能主要包括：抗水渗透、抗冻、碳化、开裂、徐变、抗氯离子渗透、抗侵蚀、耐磨、碱骨料反应、体积稳定性（热膨胀性、收缩）等。

7.1.2 煤矸石化学成分和矿物组成特点

煤矸石是一种混合物，一般将采煤过程和选煤厂生产过程中排出的碳质岩、泥质岩、砂质岩、粉砂岩和少量石灰石称为煤矸石，它是煤炭开采和加工过程中排放的废弃物。其产生途径主要有三种类型：岩石巷道掘进（包括井筒掘进）产生的煤矸石，主要由煤系地层中的岩石如砂岩、粉砂岩、泥岩、石灰岩、岩浆岩等组成；煤层开采产生的煤矸石，由煤层中的夹矸、混入煤中的顶底板岩石如碳质泥（页）岩和黏土岩组成；煤炭分选时产生的煤矸石（即洗矸），主要由煤层中的各种夹石如黏土岩、黄铁矿结核等组成。

以北京地区煤矸石为例，从形成时间来看，主要分为两大类：形成于石炭－二叠纪的煤矿与形成于侏罗纪的煤矿，不同煤矿的煤矸石化学成分和矿物成分并不相同。

石炭－二叠纪煤矿煤矸石具有如下特点：

根据北京科技大学有关研究人员对石炭－二叠纪煤矿煤矸石的取样试验，表7-1为全矿物物相X射线衍射分析结果，表7-2为黏土矿物物相X射线衍射分析结果，表7-3为等离子光谱分析结果。

（1）煤矸石中黏土矿物含量较高，平均达56.15%。

（2）煤矸石中或多或少含有碳酸盐矿物，这与形成时的古地理环境有关，当时处于海陆交互状况；同时，含有一些石盐也与此有关。

（3）在黏土矿物中，伊利石的含量高达67.75%，这对于生产建筑陶粒或曝气生物滤池的滤料陶粒都是有利的。

（4）煤矸石中氧化铁的含量较高，这不利于将其用作微晶玻璃或陶瓷原料。

（5）化学成分分析结果表明试样有一定量的烧失量，这意味着其中含有一定量的煤质。

北京某煤矿煤矸石堆样品的全矿物物相 X 射线衍射分析结果　　表 7-1

样品号	样品特征	矿物含量（%）						黏土矿物总量（%）
		石英	钾长石	方解石	白云石	石盐	黄铁矿	
YX-1	碳质页岩	47	0.7		5.4	1.9	1.5	43.5
YL-1	碳质页岩	29	1		19.5		1	49.5
YL-2	混合样	22.9	1.4	1.7	2.4	2.8	3.2	65.6
YL-3	碳质页岩	32	0.6		0.6	0.8		66

北京某煤矿煤矸石堆样品的黏土矿物物相 X 射线衍射分析结果　　表 7-2

样品号	黏土矿物相对含量（%）		黏土矿物总量（%）	伊利石总量（%）
	I（伊利石）	C（绿泥石）		
YX-1	46	54	43.5	20.01
YL-1	87	13	49.5	43.065
YL-2	67	33	65.6	43.952
YL-3	71	29	66	46.86
平均	67.75	32.25	56.15	38.47

北京某煤矿煤矸石堆样品的等离子光谱分析结果（%）　　表 7-3

样品号	烧失量	Al_2O_3	Fe_2O_3	CaO	MgO	K_2O	Na_2O	TiO_2	MnO	P_2O_5	SiO_2	总计
YX-1	8.272	13.11	7.643	1.754	3.554	1.821	0.2596	0.6096	0.0795	0.0867	62.49	99.68
YL-1	12.91	17.32	3.148	4.768	3.066	2.291	0.5942	0.5188	0.1081	0.0718	54.88	99.68
YL-2	7.466	17.38	7.685	3.086	3.229	1.864	1.004	0.9838	0.0708	0.6586	56.24	99.67
YL-3	7.092	15.46	5.584	0.6854	2.169	1.877	0.5981	0.5921	0.0379	0.1036	65.41	99.64
平均值	8.935	15.83	6.02	2.57	3.00	1.96	0.61	0.68	0.07	0.23	59.76	99.67

　　根据 X 射线衍射分析和等离子光谱分析结果，如表 7-4～表 7-6 所示，侏罗纪煤矿煤矸石具有如下特点：

（1）侏罗纪煤矸石黏土矿物含量稍低于石炭－二叠纪煤矸石。

（2）煤矸石中不含有碳酸盐矿物和石盐，这与形成时的古地理环境有关，当时处于陆地湖泊或三角洲状况；同时钠长石的含量高达 26.87%，这与火山灰有关。

（3）煤矸石的黏土矿物中，伊利石的含量高于石炭－二叠纪煤系约 9%。

（4）在黏土矿物中，绿泥石的含量低于石炭－二叠纪煤系约 8%。

（5）煤矸石中氧化钙和氧化镁的含量较低，这与矿物相测试结果中碳酸盐矿物含量较低是吻合的；这对于利用这种煤矸石作为水泥原料稍不利。

（6）煤矸石中氧化钠的含量较高，这与矿物相测试结果钠长石含量较高相吻合。

北京某煤矿煤矸石堆样品的全矿物物相 X 射线衍射分析结果　　　表 7-4

样品号	样品特征	矿物含量（%）				黏土矿物总量（%）
		石英	钾长石	钠长石	黄铁矿	
CZC-1	粉砂岩	32.5	0.7	18.9		47.9
CGC-1	中碳质页岩	35.9	0.8	18.8	1.0	43.5
CDC-1	高碳质页岩	6.5	0.4	42.9	12.4	37.8
平均值		24.97	0.63	26.87	6.70	43.07

北京某煤矿煤矸石堆样品的黏土矿物物相 X 射线衍射分析结果　　　表 7-5

样品号	黏土矿物相对含量（%）		黏土矿物总量（%）	伊利石占总量（%）
	I（伊利石）	C（绿泥石）		
CZC-1	75	25	47.9	35.925
CGC-1	75	25	43.5	32.625
CDC-1	78	22	37.8	29.484
平均值	76	24	43.07	32.68

北京某煤矿煤矸石堆样品的等离子光谱分析结果（%）　　　表 7-6

样品号	烧失量	Al_2O_3	Fe_2O_3	CaO	MgO	K_2O	Na_2O	TiO_2	MnO	P_2O_5	SiO_2	总计
CZC-1	4.522	11.34	3.724	0.941	1.241	2.915	2.417	0.630	0.0511	0.125	71.74	99.7
CGC-1	4.564	13.56	4.787	0.529	1.404	3.144	2.468	0.638	0.0436	0.137	68.39	99.7
CDC-1	2.132	14.55	9.412	3.059	1.182	2.936	5.369	1.3968	0.1754	0.763	58.75	99.7
平均值	3.74	13.15	5.97	1.51	1.28	3.00	3.42	0.89	0.09	0.34	66.29	99.7

7.1.3　国内外煤矸石在水泥混凝土中的应用状况

　　世界各国都很重视煤矸石的处理和利用。自 20 世纪 60 年代开始，煤矸石综合利用就已经引起很多国家重视，到 20 世纪 70 年代，法国、德国等国的煤矸石利用率已达 30%～50%。部分矿区煤矸石利用率已达到 100%。英国对煤矸石的综合利用，特别是将热电转换引入到过程集成节能技术及其应用进行了系统研究，其他产煤大国也有不少技术人员开展了专项研究工作。英国煤管局在 1970 年成立了煤矸石管理处；波兰和匈牙利联合成立了海尔德克斯矸石利用公司，这些机构专门从事煤矸石的处理和利用。国外广泛地利用煤矸石生产建筑材料。苏联曾在顿巴斯、库兹巴斯、卡拉干达等产煤地区广泛选用煤矸石作原料，采用挤出法或半干法成型生产实心或空心砖。据苏联建工研究所报告，利用煤矸石制砖，燃料消耗可以减少 80%，产品成本降低 19%～20%。我国煤炭系统每年都投入大量人力和财力进行煤矸石山的治理，也取得了一些经验。到目前为止，消化和利用煤矸石的主要途径有：

（1）充填塌陷区。煤矸石充填是一种重要的复垦方式。利用煤矸石作为塌陷区充填材料，可大量地消耗煤矸石，这样可减少煤矸石对矿山环境的污染（污染水源、污染大气、影响环境卫生等），在充分利用矿区固体废物的同时，解决塌陷地的复垦问题，因而具有一举多得的效果。

（2）发电。采煤过程中排出的废弃物大多含有一定量有机质，可以利用煤矸石在沸腾炉中燃烧供暖或发电，燃烧后的灰渣可用来生产水泥等建筑材料。近年来，随着对鼓泡流化床、循环流化床、加压流化床、煤泥发电和油页岩发电锅炉等新技术的研究和开发，煤矸石发电也取得了许多成功经验。

（3）制砖。未经自燃的煤矸石可用以配料制砖，并且可以利用其中所含有机物的自燃，从而节约原料煤，这种方法投资不大，方法简单，已广泛使用。煤矸石制砖技术和装备取得重大突破，制造技术达到国际先进水平。

（4）生产建筑材料。用煤矸石生产轻骨料，以代替石子生产轻型建筑材料，这一方法较之制水泥、制砖等工艺稍复杂，也需投入一定设备，目前国内外普遍采用。

（5）采用配方制陶器、回收其中稀有金属、生产渣棉等保温材料、生产铸石品、改造盐碱池等。

7.1.4 北京市煤矸石综合利用现状

北京煤矿分布于房山和门头沟两区，数量众多。已利用煤矸石 240 万 t，利用率 4.44%，主要用于烧制煤矸石砖和发电；尚堆积 5200 万 t 煤矸石，占地 1710 亩。加上一些小煤矿排放的煤矸石，估计煤矸石总堆积量在 8000 万 t。

根据北京煤矸石的资源特征，煤矸石的利用途径如下：

（1）利用煤矸石发电。京煤集团所属的煤矸石电厂位于王平村矿，装机容量 2.4 万 kW，年利用煤矸石 10 万 t。由于白矸、黑矸混合，发热量比较低，入炉前需掺加 40% 的甲煤，该煤矸石电厂只能勉强运转。

（2）煤矸石页岩砖。这是目前北京煤矸石用量较大的途径。目前北京的煤矸石生产线一共有 30 多条。其中属于京煤集团的煤矸石砖生产线有 2 条，每条生产线年产煤矸石砖 6000 万块，每条生产线每年消耗煤矸石约 15 万 t。

在生产煤矸石砖过程中，都要搭配一定量的页岩。但是，开采页岩同样要破坏生态环境，目前还无法解决。用煤矸石生产煤矸石页岩砖还有一个问题是效益不高，原因是北京现在建筑物多采用钢筋混凝土框架结构，房山和门头沟地区所生产的煤矸石页岩砖要运到回龙观等地，运输费用太高，经济效益不佳。

（3）建筑砂石和无机混合料。煤矸石中含碳量较低的称为白矸，可通过一定手段将白矸和黑矸分离。白矸破碎后可用作建筑砂石和无机混合料。

（4）建材轻骨料。国内外 90% 以上的陶粒用于建材，以代替混凝土中砾石或碎石骨料。目前我国常用其制成混凝土砌块以代替黏土砖。由于其轻而多孔，可降低墙体的质量，且具有更好的隔热、吸声功能。陶粒配制的轻骨料混凝土，在建设高层建筑物时更是优越的建材。利用煤矸石生产建筑陶粒，再加工成混凝土陶粒砌块以取代黏土砖。

（5）污水处理滤料。北京目前正在发展采用曝气生物滤池污水处理工艺的污水处理厂，其滤料多以沸石为原料，至今价格很高，每吨约 800 元。利用煤矸石所具备的良好的化学成分，生产煤矸石滤料陶粒，其成本不超过 300 元/t，具有较强的市场竞争力。

（6）控释肥料。煤矸石中含有一些有机质和丰富的植物生长所需的稀有元素，也是携带固氮、解磷、解钾等微生物的理想原料基质和载体。用含碳煤矸石生产的有机复合肥料和微生物肥料，可以增强土壤疏松性、透气能力，改善土壤结构，起到一定的增产效果。

煤矸石现在的应用途径主要是发电和制砖。这两种资源化利用技术由于受到生产成本等因素的影响，都难以大量消纳煤矸石。

2006 年，北京市科委已通过实施相关科技项目，利用煤矸石生产凝石，消纳煤矸石中热值较高的黑矸，但对于热值小的白矸尚需开辟新的合理消纳和资源化利用途径。因此，北京迫切需要开发铁尾矿和煤矸石综合利用新技术，以便实现铁尾矿和煤矸石的大宗消纳。

随着国家产业政策的调整和对环境保护的日益重视，今后矿山废弃物的资源化利用技术发展趋势应满足低能耗、无污染的基本要求。在已开发的煤矸石应用项目中，有的能耗高，有的在利用废弃物的同时，需要耗费其他资源，有的会产生二次污染，都不适应"节能减排"产业发展规划。为适应发展循环经济，建设节约型社会，实现人与自然和谐发展的目标，迫切需要开发洁净、高效、低能耗的煤矸石综合利用新技术，以便实现煤矸石的无害化大宗消纳。

7.2 煤矸石粗集料的原材料性能

骨料的技术参数表征了骨料的性质，而骨料的性质取决于其微观结构、先前的暴露条件与加工处理等因素。蒋家奋将决定骨料性质的因素归为三类：第一类为随空隙率而定的特性：密度、吸水性、强度、硬度、弹性模量和体积稳定性；第二类为随先前的暴露条件和加工因素而定的特性：粒径、颗粒性质、表面光滑和粗糙程度；第三类为随化学矿物组成而定的特性：强度、硬度、弹性模量与所含的有害物质。

下面对煤矸石粗集料的主要技术参数，如颗粒级配、表观密度、堆积密度和紧密密度、含水率和吸水率、含泥量和泥块含量、其他性能指标等进行简单介绍。

7.2.1 颗粒级配

如表 7-7 所示，根据《普通混凝土用砂、石质量及检验方法标准》JGJ 52—2006 和《建设用卵石、碎石》GB/T 14685—2022，粒径为 5～10mm 和 10～20mm 的煤矸石符合普通混凝土用碎石颗粒级配要求，分别属于 5～10mm 连续级配和 10～20mm 单粒级配。

	煤矸石颗粒级配试验结果表					表 7-7

样品类型	筛余类型	方孔筛筛孔边长尺寸（mm）					
		0	2.36	4.75	9.5	16.0	19.0
5~10mm 煤矸石	分计筛余	1.3%	2.0%	94.8%	1.8%	0	0
5~10mm 煤矸石	累计筛余	100%	99%	97%	2%	0	0
10~20mm 煤矸石	分计筛余	1.0%	0.3%	12.4%	75.2%	10.5%	0.5%
10~20mm 煤矸石	累计筛余	100%	99%	99%	86%	11%	0
5~25mm 山碎石	分计筛余	0.6%	0	0.7%	55.0%	29.5%	14.2%
5~25mm 山碎石	累计筛余	100%	99%	99%	99%	44%	14%

7.2.2 表观密度、堆积密度和紧密密度

从表 7-8 可以看出，两种不同粒径的煤矸石表观密度、堆积密度和紧密密度都低于混凝土搅拌站用的山碎石，其中 5~10mm 煤矸石表观密度、堆积密度和紧密密度低于 10~20mm 煤矸石。根据《建设用卵石、碎石》GB/T 14685—2022，粒径为 5~10mm 和 10~20mm 的煤矸石符合普通混凝土用碎石表观密度和堆积密度要求。

	不同粒径煤矸石表观密度、堆积密度和紧密密度试验结果		表 7-8

样品类型	密度类型		
	表观密度（kg/m³）	堆积密度（kg/m³）	紧密密度（kg/m³）
5~10mm 煤矸石	2760	1355	1562
10~20mm 煤矸石	2819	1381	1601
5~25mm 山碎石	2865	1431	1632

7.2.3 含水率和吸水率

从表 7-9 可以看出，两种不同粒径的煤矸石含水率和吸水率都高于混凝土搅拌站用的山碎石，其中 5~10mm 的煤矸石含水率和吸水率低于 10~20mm 的煤矸石。这说明两种不同粒径的煤矸石在搅拌过程中具有相对较强的吸水能力，可能对新拌混凝土的需水量和工作性产生负面影响。

	不同粒径煤矸石含水率和吸水率试验结果	表 7-9

样品类型	含水率	吸水率
5~10mm 煤矸石	0.5%	1.0%
10~20mm 煤矸石	0.8%	1.1%
5~25mm 山碎石	0	0.5%

7.2.4　含泥量和泥块含量

从表 7-10 可以看出，两种不同粒径的煤矸石含泥量高于混凝土搅拌站用的山碎石。

不同粒径煤矸石含泥量和泥块含量试验结果　表 7-10

样品类型	含泥量	泥块含量
5～10mm 煤矸石	2.2%	0
10～20mm 煤矸石	1.2%	0
5～25mm 山碎石	0.5%	0

7.2.5　其他性能指标

从表 7-11 可以看出，两种不同粒径的煤矸石针状和片状颗粒总含量高于混凝土搅拌站用的山碎石样品。两种不同粒径的煤矸石压碎值指标、有机物含量、硫化物及硫酸盐含量、坚固性、氯离子含量都满足《普通混凝土用砂、石质量及检验方法标准》JGJ 52—2006 和《建设用卵石、碎石》GB/T 14685—2022 中对普通混凝土用石的要求，放射性检测显示可以使用于主体混凝土结构中。但是空隙率不合格，碱集料反应（快速试验方法）14d 膨胀率为 0.436%，属于具有潜在碱－硅酸反应危害，由于快速试验方法存在错判的可能，因此能否应用到普通混凝土中，还需要扩大取样范围并采用更为可靠的试验方法进行检测。

不同粒径煤矸石其他性能指标检测结果　表 7-11

检测项目	标准要求（GB/T 14685—2022）			标准要求（JGJ 52—2006）			检测结果		
	Ⅰ	Ⅱ	Ⅲ	≥ C60	C55～C30	≤ C25	5～10mm 煤矸石	10～20mm 煤矸石	5～25mm 山碎石
针状和片状颗粒总含量	< 5%	< 15%	< 25%	≤ 8%	≤ 15%	≤ 25%	6%	4%	3.3%
压碎值指标	< 10%	< 20%	< 30%	C60～C40 ≤ 10% / ≤ C35 ≤ 16%			—	5.9%	6.0%
有机物含量	合格	合格	合格	合格	合格	合格	合格	合格	合格
硫化物及硫酸盐含量	< 0.5%	< 1.0%	< 1.0%	≤ 1.0%	≤ 1.0%	≤ 1.0%	合格	合格	合格
坚固性	< 5%	< 8%	< 12%	≤ 12%	≤ 12%	≤ 12%	合格	合格	合格
氯离子含量	合格	合格	合格	合格	合格	合格	合格	合格	合格
碱集料反应	< 0.1%	< 0.1%	< 0.1%	合格	合格	合格	潜在碱－硅酸反应危害		合格
空隙率	< 47%	< 47%	< 47%	—	—	—	不合格	不合格	合格
放射性	合格	合格	合格	合格	合格	合格	合格	合格	合格

从煤矸石粗集料原材料性能角度分析，与混凝土搅拌站用的山碎石进行比较，煤矸石的含泥量和针片状颗粒含量稍高，粒径为 5～10mm 的煤矸石不符合标准中对普通混凝土用石的质量要求，不能完全替代山碎石用于不同强度等级的普通混凝土配制；粒径为 10～20mm 的煤矸石符合标准中对普通混凝土用石的质量要求，可以完全替代山碎石用于 C25 以下强度等级的普通混凝土配制。

按照《建设用卵石、碎石》GB/T 14685—2022，可以按照岩（层）的性状将相关指标分为 4 类：第一类为强度类指标，如抗压强度、坚固性等；第二类为产品类指标，松散密度、表观密度等；第三类为成分、结构类指标，如针片状含量、硫酸盐及硫化物含量、吸水率等；第四类为基础地质研究类样品，如化学分析、岩矿鉴定样等。产品类指标影响因素主要有加工工艺、加工水平、质量管理、质量控制等，属于可变的外在因素。强度类、成分、结构类指标主要决定于岩矿石类型、岩矿石结构、化学成分以及后期地质作用的改造和破坏等，属于内在因素。因此从研究结果看，煤矸石集料从强度类、成分、结构类指标看，基本符合建设用集料要求，可以用于建设用集料。

7.3 煤矸石水泥混凝土配合比设计

混凝土配合比设计原则是以强度为基准，并根据设计要求的强度等级、强度保证率和混凝土的工作性、强度、耐久性以及施工要求，选择原材料，按现行行业标准《普通混凝土配合比设计规程》JGJ 55—2011 的规定进行设计。当混凝土有多项性能要求时，应采取措施确保主要技术要求，并兼顾其他性能要求。冬期配合比的设计还应符合《建筑工程冬期施工规程》JGJ/T 104—2011 的要求。自密实混凝土、轻集料混凝土等配合比的设计还应符合相应的技术规定。

7.3.1 煤矸石水泥混凝土配合比优化原则和优化方案

煤矸石水泥混凝土配合比优化原则主要有以下三点：

（1）煤矸石水泥混凝土优化配合比各项性能能够满足设计要求和施工要求。

（2）煤矸石水泥混凝土优化配合比与基准混凝土配合比相比，能够节约主要材料用量，经济性方面具有优势。

（3）煤矸石水泥混凝土优化配合比使用过程中要严格控制原材料质量、称量、拌合、运输、振捣、养护等过程，确保施工过程的各个环节均符合质量控制规定。

由于高性能减水剂和矿物掺合料的发展和广泛应用，现代混凝土的工作性能、力学性能和耐久性能均发生了根本性变化。工作性要求越来越高，预拌混凝土要同时满足坍落度和扩展度的要求，大流态混凝土逐渐成为主流，对拌合物的流变性提出了更高的要求；混凝土强度等级普遍提高；混凝土耐久性逐步得到重视，目前大力推广的高性能混凝土，其核心要求就是高耐久性。

由此相对应的是，骨料在混凝土中的作用重点发生了转移，以往低流动性混凝土需要骨料作骨架，传递应力，因而更看重骨料的强度。现代混凝土对和易性要求越来越高，混凝土耐久性越来越受到重视，对骨料品质要求的重点已经从强度转向级配和粒形等。

目前高流动性混凝土主要是通过高用水量、高胶凝材料总量和高砂率等来实现的，这样势必影响混凝土的耐久性。因此我们认为在保证混凝土具有高流动的前提下，实现高耐久性必须做到低用水、低胶材总量和低砂率。骨料占混凝土体积的 2/3 左右，良好级配和粒形的骨料将能有效获得混凝土的最小空隙率。在获得同样工作性时，骨料在最佳堆积状态下胶材总量会减少，相对的拌合用水量也会减少，因而可减少混凝土中薄弱界面的形成概率，也可减小水泥浆和骨料不相同的变形所产生的界面裂缝及浆体本身产生收缩裂缝的可能，从而提高混凝土的耐久性。

基于上述理念，煤矸石用于水泥混凝土技术路线是将煤矸石用作粗集料掺入山碎石中配制不同强度等级的水泥混凝土，在满足普通混凝土用石标准要求的同时，利用煤矸石来改善混凝土粗集料的颗粒级配，降低混凝土集料间的空隙，在保证新拌混凝土具有合适的工作性能和力学性能的前提下，实现以更低的浆集比配制同等强度等级的水泥混凝土。

7.3.2　煤矸石水泥混凝土配合比优化试验研究

煤矸石水泥混凝土配合比优化试验选取 C20～C50 普通混凝土配合比作为基准配合比（表 7-12），以最佳掺量下 5～10mm 煤矸石水泥混凝土配合比作为煤矸石配合比，保证混凝土水胶比相同的基础上降低 5kg 单位用水量的煤矸石水泥混凝土配合比作为优化配合比，降低 10kg 单位用水量的煤矸石水泥混凝土配合比作为过量优化配合比，辅以调整混凝土砂率和外加剂掺量等技术手段对混凝土拌合物的工作性能进行调整。通过 4 种配合比混凝土拌合物的工作性能和力学性能研究煤矸石水泥混凝土配合比优化方法，为煤矸石水泥混凝土的工程应用提供指导。

煤矸石水泥混凝土基准配合比　　　　　　　　表 7-12

强度等级	水胶比	用水量（kg/m³）	水泥用量（kg/m³）	粉煤灰用量（kg/m³）	矿粉用量（kg/m³）	砂石总量（kg/m³）	砂率（%）	外加剂（%）
C20	0.56	190	160	82	95	1864	50	2.4
C30	0.50	175	185	77	88	1875	48	2.7
C40	0.42	170	229	91	87	1833	48	2.7
C50	0.35	170	258	105	122	1779	43	2.7

煤矸石水泥混凝土配合比优化后的工作性能如表 7-13 和表 7-14 所示。5～10mm 煤矸石的掺入改善了混凝土粗集料颗粒级配，降低混凝土对水泥浆的需求量；随着煤矸石水泥混凝土单位用水量和胶凝材料用量的减小，包裹集料和提供润滑的水泥浆量随之减小，因此混凝土拌合物的工作性能和表观密度逐渐下降，含气量逐渐上升。通过降低砂率和增加外加剂用量两种技术手段可以使最优配合比达到基准配合比相当的拌合物工作

性能，然而过量优化配合比由于混凝土体系中胶凝材料用量太少，无法满足混凝土对水泥浆的最低需求量，表现为混凝土拌合物黏稠、流动性差、集料和水泥浆体分离。因此，在混凝土拌合物工作性能基本相同的前提下，可以通过掺入煤矸石改善混凝土粗集料的颗粒级配，优化水泥混凝土的配合比。在水胶比不变的情况下，混凝土单位用水量存在5kg的下降空间，同时单位胶材用量存在20～30kg的下降空间。

煤矸石水泥混凝土工作性能（一）　　　　表 7-13

强度等级	煤矸石掺量（%）	用水量（kg/m³）	砂率（%）	外加剂掺量（%）	坍落度（mm）	扩展度（mm）	黏聚性	保水性	和易性描述
C20	0	190	50	2.4	190	450	较好	较好	和易性较好
	20	190	48	2.5	190	490	良好	良好	和易性好
	20	185	47	2.5	180	470	良好	良好	和易性好
	20	180	47	2.6	170	440	一般	一般	和易性差
C30	0	175	48	2.7	195	520	良好	良好	和易性好
	20	175	46	2.8	195	500	良好	良好	和易性好
	20	170	45	2.8	190	480	良好	良好	和易性好
	20	165	45	2.9	180	450	一般	一般	和易性差
C40	0	170	48	2.7	195	520	良好	良好	和易性好
	10	170	47	2.7	200	520	良好	良好	和易性好
	10	165	46	2.8	180	500	良好	良好	和易性好
	10	160	46	2.9	160	440	一般	一般	和易性差
C50	0	170	43	2.7	210	510	良好	良好	和易性好
	10	170	42	2.7	220	530	良好	良好	和易性好
	10	165	41	2.8	200	490	良好	良好	和易性好
	10	160	41	2.9	170	460	一般	一般	和易性差

煤矸石水泥混凝土工作性能（二）　　　　表 7-14

强度等级	煤矸石掺量（%）	用水量（kg/m³）	砂率（%）	外加剂掺量（%）	密度（kg/m³）	含气量（%）
C20	0	190	50	2.4	2370	1.4
	20	190	48	2.5	2410	1.4
	20	185	47	2.5	2380	1.5
	20	180	47	2.6	2360	1.7
C30	0	175	48	2.7	2380	1.5
	20	175	46	2.8	2420	1.6

续表

强度等级	煤矸石掺量（%）	用水量（kg/m³）	砂率（%）	外加剂掺量（%）	密度（kg/m³）	含气量（%）
C30	20	170	45	2.8	2380	1.6
	20	165	45	2.9	2370	1.9
C40	0	170	48	2.7	2390	1.8
	10	170	47	2.7	2400	1.8
	10	165	46	2.8	2370	1.9
	10	160	46	2.9	2370	2.1
C50	0	170	43	2.7	2420	2.0
	10	170	42	2.7	2420	2.1
	10	165	41	2.8	2400	2.2
	10	160	41	2.9	2390	2.5

　　煤矸石水泥混凝土配合比优化后力学性能的试验结果如表7-15所示。基准配合比、煤矸石配合比和优化配合比水泥混凝土不同龄期的立方体抗压强度相差不大，并且都在混凝土强度发展规律正常范围内；过量优化配合比不同龄期立方体抗压强度略低于同龄期其他配合比。煤矸石水泥混凝土工作性能的下降使得混凝土密实度随之下降，减弱了煤矸石对混凝土粗集料颗粒级配的改善作用，单位用水量的降低同时也降低了单方混凝土胶凝材料用量，使得煤矸石水泥混凝土立方体抗压强度逐渐下降。

煤矸石水泥混凝土力学性能　　　　　　　　　　　　　　　　　　表 7-15

强度等级	用水量（kg/m³）	立方体抗压强度（MPa）					立方体抗压强度比（%）				
		3d	7d	28d	60d	90d	3d	7d	28d	60d	90d
C20	190	13.4	24.2	33.3	38.0	39.8	67	121	167	190	199
	190	13.5	24.9	36.4	39.7	42.8	68	125	182	199	214
	185	13.0	24.4	35.0	39.2	41.5	65	122	175	196	208
	180	12.6	23.9	31.7	33.4	35.8	63	120	159	167	179
C30	175	17.6	31.7	41.9	48.0	52.1	59	106	140	160	174
	175	18.1	32.0	43.7	49.0	52.7	60	107	146	163	176
	170	17.2	32.2	43.2	49.9	51.5	57	107	144	166	172
	165	16.5	29.4	40.4	44.5	46.8	55	98	135	148	156
C40	170	31.5	42.7	55.6	59.3	63.4	79	107	139	148	159
	170	32.4	44.1	56.2	62.2	64.6	81	110	141	156	162
	165	32.9	43.9	55.0	60.8	63.0	82	110	138	152	158
	160	30.1	41.0	51.9	54.2	59.9	75	103	130	136	150

续表

强度等级	用水量 （kg/m³）	立方体抗压强度（MPa）					立方体抗压强度比（%）				
		3d	7d	28d	60d	90d	3d	7d	28d	60d	90d
C50	170	35.8	49.8	60.8	68.7	69.3	72	100	122	137	139
	170	37.0	50.0	61.6	70.9	72.4	74	100	123	142	145
	165	34.8	48.7	59.5	70.3	71.9	70	97	119	141	144
	160	33.8	45.9	56.5	64.1	65.3	68	92	113	128	131

注：立方体抗压强度比为实测值与设计强度的百分比。

7.3.3 小结

本节开展了不同强度等级煤矸石水泥混凝土配合比优化研究，为施工混凝土配合比在性能和经济方面的优化提供理论指导，主要研究结果如下：

（1）可以通过掺入煤矸石改善混凝土粗集料的颗粒级配，在保证混凝土水胶比相同的基础上适当降低混凝土单位用水量和胶凝材料用量，辅以降低混凝土砂率和提高外加剂掺量等技术手段对混凝土拌合物的工作性能进行调整，优化煤矸石水泥混凝土基准配合比。

（2）随着煤矸石水泥混凝土单位用水量和胶凝材料用量的减小，混凝土拌合物的工作性能和力学性能逐渐下降，含气量逐渐上升。在混凝土工作性能和力学性能基本相同的前提下，可以通过掺入煤矸石改善混凝土粗集料的颗粒级配，优化水泥混凝土的配合比。在水胶比不变的情况下，混凝土单位用水量存在 5kg 的下降空间，同时单位胶凝材料用量存在 20～30kg 的下降空间。

7.4 煤矸石水泥混凝土性能

7.4.1 煤矸石水泥混凝土基本性能研究

煤矸石水泥混凝土的基本性能主要包括工作性能和力学性能。工作性能主要包括流动性、黏聚性和保水性等；力学性能主要包括抗压强度、抗折强度、轴心抗压强度、劈裂抗拉强度和静力受压弹性模量等。本节在不同强度等级水泥混凝土基准配合比（表7-16）的基础上选取 5～10mm 煤矸石对粗集料级配进行改善，研究煤矸石最佳掺量（表7-17）下煤矸石水泥混凝土的各项工作性能和力学性能，并分析煤矸石水泥混凝土的性能与水胶比、煤矸石掺量等因素之间的关系。

水泥混凝土基准配合比 表 7-16

强度等级	水胶比	用水量 （kg/m³）	水泥用量 （kg/m³）	粉煤灰用量 （kg/m³）	矿粉用量 （kg/m³）	砂石总量 （kg/m³）	砂率 （%）	外加剂
C20	0.56	190	160	82	95	1864	50	2.2%

续表

强度等级	水胶比	用水量（kg/m³）	水泥用量（kg/m³）	粉煤灰用量（kg/m³）	矿粉用量（kg/m³）	砂石总量（kg/m³）	砂率（%）	外加剂
C30	0.50	175	185	77	88	1875	48	2.3%
C40	0.42	170	229	91	87	1833	48	2.3%
C50	0.35	170	258	105	122	1779	43	2.4%

煤矸石最佳掺量（%）　　　　　　　　　　　　　　　　表 7-17

混凝土强度等级	C20	C30	C40	C50
5～10mm	20	20	10	10

7.4.2 煤矸石水泥混凝土工作性能研究

根据《普通混凝土拌合物性能试验方法标准》GB/T 50080—2016，煤矸石水泥混凝土工作性能试验结果如表 7-18 所示。从表 7-18 中可以看出，不同强度等级煤矸石水泥混凝土与基准混凝土工作性能相差不大，煤矸石水泥混凝土拌合物的流动性、黏聚性和保水性均优于基准混凝土，密度略高于基准混凝土。这是由于煤矸石的掺入改善了混凝土粗集料的颗粒级配，降低了混凝土骨料的空隙率，多余的水泥浆又对混凝土骨料起到包裹润滑的作用，因此煤矸石水泥混凝土拌合物的工作性能优于基准混凝土。比较不同强度等级煤矸石水泥混凝土的工作性能，贫胶凝材料体系混凝土的工作性能对煤矸石的掺入更加敏感。

煤矸石水泥混凝土工作性能试验结果　　　　　　　　表 7-18

强度等级	煤矸石掺量（%）	砂率（%）	外加剂掺量（%）	坍落度（mm）	扩展度（mm）	和易性描述	密度（kg/m³）	含气量（%）
C20	0	50	2.4	190	450	和易性较好	2370	1.4
	20	48	2.5	190	490	和易性好	2410	1.4
C30	0	48	2.7	195	520	和易性好	2380	1.5
	20	46	2.8	195	500	和易性好	2420	1.6
C40	0	48	2.7	195	520	和易性好	2390	1.8
	10	47	2.7	200	520	和易性好	2400	1.8
C50	0	43	2.7	210	510	和易性好	2420	2.0
	10	42	2.7	220	530	和易性好	2420	2.1

7.4.3 煤矸石水泥混凝土力学性能研究

根据《混凝土力学性能试验方法标准》GB/T 50081—2019 进行试验，煤矸石水泥混凝土力学性能试验结果如表 7-19～表 7-21 所示。

1. 抗压强度

从表 7-19 中可以看出，不同强度等级煤矸石水泥混凝土不同龄期立方体抗压强度均在普通混凝土正常强度发展规律范围内，煤矸石水泥混凝土立方体抗压强度均高于基准混凝土，这是由于煤矸石的掺入改善了混凝土粗集料的颗粒级配，降低了混凝土骨料的空隙率，提高了混凝土的密实度，因此煤矸石水泥混凝土的立方体抗压强度高于基准混凝土。随着水胶比的增大，煤矸石水泥混凝土立方体抗压强度逐渐减小，抗压强度与水胶比基本呈负反比关系，煤矸石对贫胶凝材料体系混凝土的抗压强度改善效果优于富胶凝材料体系。

煤矸石水泥混凝土抗压强度　　　　　　　　　　表 7-19

强度等级	煤矸石掺量（%）	立方体抗压强度（MPa）					立方体抗压强度 / 基准混凝土抗压强度（%）				
		3d	7d	28d	60d	90d	3d	7d	28d	60d	90d
C20	0	13.4	24.2	33.3	38.0	39.8	67	121	167	190	199
	20	13.5	24.9	36.4	39.7	42.8	68	125	182	199	214
C30	0	17.6	31.7	41.9	48.0	52.1	59	106	140	160	174
	20	18.1	32.0	43.7	49.0	52.7	60	107	146	163	176
C40	0	31.5	42.7	55.6	59.3	63.4	79	107	139	148	159
	10	32.4	44.1	56.2	62.4	64.6	81	110	141	156	162
C50	0	35.8	49.8	60.8	68.7	69.3	72	100	122	137	139
	10	37.0	50.0	61.6	70.9	72.4	74	100	123	142	145

2. 抗折强度

从表 7-20 中可以看出，不同强度等级煤矸石水泥混凝土不同龄期抗折强度均在普通混凝土正常强度发展规律范围内，煤矸石水泥混凝土抗折强度均略高于基准混凝土，这是煤矸石的掺入提高了混凝土密实度的缘故。随着水胶比的增大，煤矸石水泥混凝土的抗折强度逐渐减小，抗折强度与水胶比基本呈反比关系。

煤矸石水泥混凝土抗折强度　　　　　　　　　　表 7-20

强度等级	煤矸石掺量（%）	抗折强度（MPa）		
		7d	28d	60d
C20	0	2.79	3.49	3.67
	20	2.87	3.58	3.79
C30	0	3.27	4.09	4.14
	20	3.35	4.19	4.28
C40	0	3.64	4.56	4.74
	10	3.74	4.67	4.85
C50	0	3.97	4.96	5.24
	10	4.07	5.09	5.36

3. 其他力学性能

从表7-21中可以看出，不同强度等级煤矸石水泥混凝土轴心抗压强度、劈裂强度、静弹性模量与基准混凝土基本相同，并且与抗压强度和抗折强度相似，煤矸石水泥混凝土其他力学性能与水胶比基本呈反比关系，随着水胶比的增大，煤矸石水泥混凝土其他力学性能逐渐降低。

煤矸石水泥混凝土其他力学性能   表 7-21

强度等级	煤矸石掺量（%）	轴心抗压强度（MPa）28d	劈裂强度（MPa）28d	静弹性模量（GPa）28d
C20	0	26.57	2.12	25.6
	20	26.95	2.28	25.7
C30	0	30.94	2.89	31.2
	20	31.92	3.16	31.5
C40	0	34.55	3.27	32.9
	10	35.81	3.39	33.1
C50	0	37.94	3.56	35.1
	10	38.77	3.71	35.4

7.4.4 煤矸石水泥混凝土耐久性能研究

1. 煤矸石水泥混凝土抗氯离子渗透性能

混凝土的渗透性可以通过混凝土的抗氯离子性能来评价。本试验主要采用快速氯离子迁移系数（RCM）法和电通量法表征混凝土抵抗氯离子渗透的能力。

（1）快速氯离子迁移系数（RCM）法试验研究

根据《公路工程混凝土结构耐久性设计规范》JTG/T 3310—2019和《混凝土结构耐久性设计与施工指南》CCES 01—2004中快速氯离子迁移系数（RCM）法，测定氯离子在混凝土中非稳态迁移的迁移系数来确定混凝土抗氯离子渗透性能。混凝土氯离子迁移系数试验结果如表7-22所示。

混凝土氯离子迁移系数试验结果   表 7-22

强度等级	龄期	氯离子迁移系数（$\times10^{-12}$）	
		基准混凝土	煤矸石水泥混凝土
C20	28d	2.78	2.71
C30	28d	2.59	2.53
C40	28d	2.24	2.18
C50	28d	2.03	1.98

从表7-22和表7-23中可以看出，煤矸石水泥混凝土和基准混凝土氯离子迁移系数相

差不大，煤矸石水泥混凝土氯离子迁移系数稍低于基准混凝土，随着水胶比的增大，煤矸石水泥混凝土的氯离子迁移系数逐渐增大，氯离子迁移系数与水胶比基本呈线性关系。根据混凝土抗氯离子侵入指标评价，煤矸石水泥混凝土的氯离子迁移系数满足结构百年设计年限 E 级环境（非常严重环境）作用下的指标要求。

混凝土的抗氯离子侵入指标　　　　　　　表 7-23

设计年限	100 年		50 年	
作用等级	D	E	D	E
28d 龄期氯离子扩散系数（$\times 10^{-12} \mathrm{m}^2/\mathrm{s}$）	$\leqslant 7$	$\leqslant 4$	$\leqslant 10$	$\leqslant 6$

（2）电通量法试验研究

根据《混凝土耐氯离子穿透能力电标的标准试验方法》ASTM C1202—97 和《高性能混凝土应用技术》CECS 07：2006 中混凝土电通量试验方法，测定通过混凝土试件的电通量，以此确定混凝土抗氯离子渗透性能。混凝土电通量试验结果如表 7-24 所示。

混凝土电通量试验结果　　　　　　　表 7-24

强度等级	龄期	电通量（C）	
		基准混凝土	煤矸石水泥混凝土
C20	28d	2406	2403
C30	28d	1794	1722
C40	28d	1373	1310
C50	28d	1114	1069

从表 7-24 和表 7-25 中可以看出，煤矸石水泥混凝土电通量低于基准混凝土，随着水胶比增大，煤矸石水泥混凝土的电通量逐渐增大，电通量与水胶比基本呈线性关系。根据混凝土抗氯离子渗透性能的等级划分（电通量法），C20 煤矸石水泥混凝土电通量指标处于"中等"渗透级别，C30～C50 煤矸石水泥混凝土电通量指标处于"低"渗透级别。

混凝土抗氯离子渗透性能的等级划分（电通量法）　　　　表 7-25

等级	Q-Ⅰ（高）	Q-Ⅱ（中等）	Q-Ⅲ（低）	Q-Ⅳ（非常低）	Q-Ⅴ（可忽略不计）
电通量 Q（C）	$Q \geqslant 4000$	$2000 \leqslant Q < 4000$	$1000 \leqslant Q < 2000$	$500 \leqslant Q < 1000$	$Q < 500$

煤矸石水泥混凝土抗氯离子渗透性能试验结果表明，煤矸石水泥混凝土具有和普通水泥混凝土相当的抗氯离子渗透能力。

2. 煤矸石水泥混凝土收缩性能

根据现行标准《混凝土长期性能和耐久性能试验方法标准》GB/T 50082 中收缩试验方法，研究煤矸石掺入对混凝土收缩变形性能的影响，煤矸石水泥混凝土和基准混凝土收缩性能试验结果如表 7-26 所示。

表 7-26

混凝土收缩性能试验结果表

强度等级	煤矸石掺量（%）	混凝土收缩率（$\times 10^{-4}$）									
		1d	3d	7d	14d	28d	60d	90d	120d	150d	180d
C20	0	0.14	0.98	1.74	2.44	3.21	3.34	3.87	4.02	4.17	4.31
	20	0.12	0.85	1.63	2.27	3.12	3.04	3.43	3.93	4.02	4.19
C30	0	0.26	1.06	1.76	2.34	3.39	3.60	3.84	4.21	4.33	4.43
	20	0.21	1.07	1.27	2.09	3.22	3.32	3.57	4.06	4.12	4.35
C40	0	0.44	1.18	1.92	2.18	3.59	3.86	4.08	4.39	4.37	4.66
	10	0.41	1.14	1.85	2.04	3.36	3.68	3.88	4.09	4.17	4.59
C50	0	0.50	1.34	2.06	2.31	3.78	3.97	4.05	4.16	4.31	4.78
	10	0.51	1.30	1.94	2.18	3.50	3.70	3.95	4.08	4.22	4.62

从表 7-26 中可以看出，煤矸石水泥混凝土具有与普通混凝土相同的收缩变形规律，随着龄期的增长，收缩变形逐渐增大。煤矸石水泥混凝土早期收缩变形大是因为水和水泥发生水化反应和水分蒸发产生的收缩变形。随着龄期的增长，水化反应逐渐减弱，矿渣粉、粉煤灰与水化产物开始二次水化反应，产生致密的水化产物填充早期部分空隙，所以煤矸石水泥混凝土后期收缩变形逐渐减小。煤矸石水泥混凝土干缩变形与胶凝材料用量密切相关，随着混凝土中胶凝材料用量增大，同龄期混凝土干缩变形也逐渐增大。煤矸石水泥混凝土后期收缩变形略低于普通混凝土，因为煤矸石的掺入改善了粗集料的颗粒级配，提高了混凝土密实度。

3. 煤矸石水泥混凝土抗冻性能

抗冻性能是混凝土耐久性能重要指标之一，主要表征混凝土抵抗冻融破坏的能力。根据现行标准《混凝土长期性能和耐久性能试验方法标准》GB/T 50082 中的快冻法，研究煤矸石的掺入对混凝土抗冻性能的影响。水泥混凝土基准配合比如表 7-16 所示，基准混凝土中没有加入引气剂，煤矸石水泥混凝土一组未加引气剂，一组掺入适量引气剂，混凝土快速冻融试验结果如图 7-1 所示。

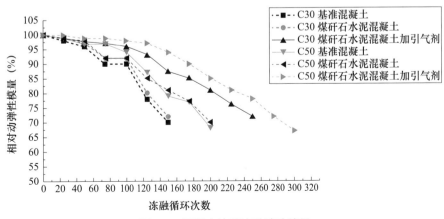

图 7-1　混凝土快速冻融试验结果

从图 7-1 中可以看出,煤矸石水泥混凝土和基准混凝土的抗冻性能基本相同。贫胶凝材料体系(C30)煤矸石混凝土抗冻等级达到 F150,通过掺加引气剂合理控制混凝土的含气量(约 3%),煤矸石混凝土的抗冻等级可以达到 F250。富胶凝材料体系(C50)煤矸石混凝土在掺引气剂的情况下抗冻等级可以达到 F300。对比不同强度等级煤矸石水泥混凝土的抗冻性能,随着胶凝材料用量的提高,煤矸石水泥混凝土的抗冻性能得到提升。

4. 煤矸石水泥混凝土碳化性能

根据现行标准《混凝土长期性能和耐久性能试验方法标准》GB/T 50082 中碳化试验方法,成型 100mm×100mm×100mm 立方体试件,基准配合比如表 7-16 所示。

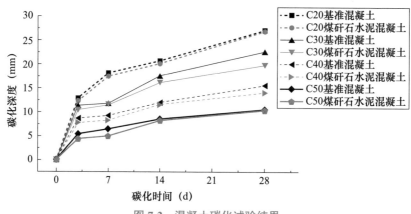

图 7-2 混凝土碳化试验结果

从图 7-2 中可以看出,在相同养护条件下煤矸石水泥混凝土碳化性能略优于基准混凝土,这是因为煤矸石的掺入改善了混凝土粗集料的颗粒级配,降低了骨料的空隙率,提高了混凝土的密实度。煤矸石水泥混凝土的碳化深度随着水胶比的增大而增大,碳化深度和混凝土强度发展成反比。这是因为水胶比较大时,混凝土毛细空隙率较高,大孔较多,CO_2 扩散入混凝土内部速率较快,与水泥水化后产生的氢氧化钙反应加快,因此碳化速度较快,碳化深度增加。

5. 煤矸石水泥混凝土碱骨料反应研究

由于在原材料性能检测中,采用快速试验方法判定煤矸石具有潜在的碱骨料反应危害,而快速试验方法存在错判的可能,因此针对碱骨料反应问题,一方面扩大了样品采集范围,通过多个矿点样品的采集缩分出试验试样,另一方面在试验方法上采取了 180d 长龄期测试的方法重新进行检测,后者在试验方法上不容易发生错判和漏判。

根据《普通混凝土用砂、石质量及检验方法标准》JGJ 52—2006 中碎石或卵石的碱活性试验方法(砂浆长度法),鉴定硅质骨料与水泥(混凝土)中的碱产生潜在反应的危险性。煤矸石的掺量为 0、10%、20%、30%、100%,试件 6 个月膨胀率如表 7-27 所示。

不同煤矸石掺量试件 6 个月膨胀率   表 7-27

煤矸石掺量	0	10%	20%	30%	100%
膨胀率（%）	0.0434	0.0489	0.0521	0.0548	0.0633

测量试件时没有发现试件变形、裂缝和渗出物等情况。从表 7-27 中可以看出，煤矸石 6 个月膨胀率为 0.0633%，山碎石 6 个月膨胀率为 0.0434%，不同煤矸石掺量下的胶砂试件 6 个月膨胀率全部低于 0.10%，判定为无潜在碱集料反应危害。

7.4.5 本节小结

本节主要研究了煤矸石水泥混凝土的基本性能和耐久性能，并分析了煤矸石水泥混凝土性能影响因素和改善机理，主要研究结果如下：

（1）不同强度等级煤矸石水泥混凝土拌合物的工作性能均优于基准混凝土，贫胶凝材料体系混凝土的工作性能对煤矸石的掺入更加敏感。

（2）不同强度等级煤矸石水泥混凝土不同龄期立方体抗压强度和抗折强度均略高于基准混凝土，随着水胶比的增大，煤矸石水泥混凝土的立方体抗压强度和抗折强度逐渐减小，与水胶比基本呈反比关系。煤矸石对贫胶凝材料体系混凝土的抗压强度改善效果优于富胶凝材料体系。

（3）不同强度等级煤矸石水泥混凝土轴心抗压强度、劈裂强度和静弹性模量与基准混凝土基本相同，与水胶比基本呈反比关系。

（4）煤矸石的掺入改善了混凝土粗集料的颗粒级配，提高了混凝土结构的密实性，同时也提高了混凝土的抗渗性能、收缩性能、抗冻性能和碳化性能，煤矸石水泥混凝土碱骨料反应研究结果表明煤矸石集料无潜在碱骨料反应危害。

7.5 煤矸石水泥混凝土微观机理

7.5.1 煤矸石水泥混凝土水泥石－集料界面结构分析

图 7-3 是各种煤矸石砂浆 28d 的 SEM 微观形貌图（2000 倍），可以看出：

（1）各种煤矸石砂浆水泥石－集料界面的水化产物显微形貌都是以胶状物质为主体，另有一定量的层状 $Ca(OH)_2$ 及呈零星分散的针、柱状钙矾石，其相组成主要还是水化硅酸钙 C-S-H、钙矾石 AFt 和氢氧化钙 CH，但其水化相的微观形貌却有较大差别。如 F2 中，纤维状的 C-S-H 和钙钒石的针状晶体相互交联，形成间断的、孔隙较大的骨架网状体系，水化产物结构显得明晰，棱角分明，结构疏松。

（2）界面过渡区的微观结构特征与集料的密实程度有关，过于密实（天然集料）和过于疏松（低强度等级混凝土）的集料可引起界面区的多孔性或聚集粗大颗粒的水化产物，而适中密实程度的集料可形成较为密实的界面区。M1 集料没有其他煤矸石集料及普通集料密实，内部孔结构以中孔为主，各种离子通过煤矸石开口孔中的饱和溶液发生迁移，达到过饱和后生成水化产物，填充在煤矸石的开口孔中，M1 砂浆中集料和水化产物的界面区非常致密，其间夹杂着取向各异的 CH 晶体。

结合上述试验，虽然 M1 压碎值低、针片状含量高，但是抗压强度并没有明显的降低，可能是水泥石－集料界面致密，提高了混凝土的宏观力学性能。然而，在冻融循环试验中，性能不稳定的 CH 晶体容易被破坏，混凝土结构的过渡区开始出现裂缝，并明显降低整体的抗冻性能。

（3）水化产物本身的化学组成和结构虽然深刻影响硬化浆体的性能，但各种水化产物的形貌及其相对含量在很大程度上决定着相互结合的坚固程度。在各种煤矸石砂浆水化产物中，都存在较多层状结构、片状形态的 CH 晶体，取向性显著，并且界面过渡区 CH 晶体比水泥浆体本体的 CH 晶体粗大。

CH 晶体的强度很低，稳定性极差，其层间连接较弱。在富集 CH 晶体的水泥石－集料界面区，可能在水泥石受力时出现裂缝，如 F2、M2 和 P。

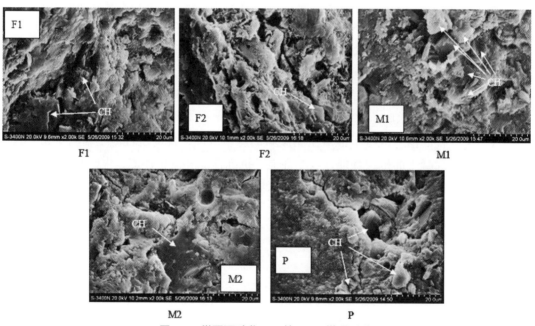

图 7-3　煤矸石砂浆 28d 的 SEM 微观形貌

F1、F2—房山区南窑煤矸石集料；M1、M2—门头沟区煤矸石集料；P—天然集料

7.5.2　本节小结

本节主要研究了煤矸石水泥混凝土微观机理，并对煤矸石水泥混凝土的宏观性能给出微观解释。各种煤矸石集料的水泥石－集料界面结构存在差异，房山区南窑煤矸石集料 F1、F2 的界面结构接近普通集料；门头沟区煤矸石集料 M1 内部结构不同，其界面结构明显不同于其他集料，对混凝土的整体性能产生一定的不利影响。

第8章 煤矸石水泥混凝土的示范应用

8.1 技术路线

煤矸石作为单一粗集料不完全满足普通混凝土用石的标准要求（主要是含泥量、针片状颗粒含量超标），但可以考虑采取煤矸石掺配的应用技术思路，在满足普通混凝土用石标准要求的同时，利用煤矸石来改善混凝土粗集料的颗粒级配，降低混凝土集料间的空隙，提高混凝土的密实度，从而改善混凝土的工作性能、力学性能和耐久性能，达到经济效益和社会效益兼顾的目的。

8.2 原材料选择

1. 粗集料选择

粗集料质量指标应满足《普通混凝土用砂、石质量及检验方法标准》JGJ 52—2006的技术要求，工程应用采用河北涿州5~25mm连续级配的卵碎石，具体质量指标如表8-1所示。

卵碎石质量指标   表 8-1

检测项目	表观密度（kg/m³）	堆积密度（kg/m³）	空隙率（%）	颗粒级配（mm）	含泥量（%）	泥块含量（%）	压碎指标值（%）	针片状含量（%）
指标要求	> 2500	> 1350	< 47	5~25	< 1.0	< 0.5	< 16	< 15
检测结果	2646	1579	46.9	5~25	0.7	0.2	4.8	3

工程应用采用的卵碎石质量指标满足技术要求，颗粒级配曲线与泵送混凝土粗骨料颗粒级配曲线差别较大，卵碎石空隙率较高，较小粒径颗粒含量偏低，配制的泵送混凝土容易产生离析和堵泵现象。

2. 煤矸石选择

煤矸石质量指标应满足《普通混凝土用砂、石质量及检验方法标准》JGJ 52—2006的技术要求，基于煤矸石部分取代混凝土天然粗集料，改善颗粒级配的技术思路，以及煤矸石用于水泥混凝土基础试验研究结果，工程应用采用北京房山南窖粒径5~10mm连续级配的煤矸石，具体质量指标如表8-2所示。

煤矸石质量指标   表 8-2

检测项目	表观密度 （kg/m³）	堆积密度 （kg/m³）	空隙率 （%）	颗粒级配 （mm）	含泥量 （%）	泥块含量 （%）	压碎指标值 （%）	针片状含量 （%）
指标要求	> 2500	> 1350	< 47	5～10	< 1.0	< 0.5	—	< 15
检测结果	2724	1653	39.0	5～10	0.9	0.3	—	8

工程应用采用的煤矸石质量指标满足技术要求，颗粒级配为 5～10mm 单粒级配，煤矸石空隙率较低，较小粒径颗粒可以用于改善混凝土粗骨料颗粒级配，降低卵碎石的空隙率，减小泵送混凝土的离析和堵泵现象，同时达到降低单方混凝土胶凝材料用量目的。

3. 其他原材料

砂：选用河北涿州天然中砂，含泥量小于 2.5%，泥块含量小于 0.5%，细度模数 2.3～2.7。

水泥：选用北京金隅琉璃河 P.O42.5 水泥，标准稠度 26.0%±2.0%，$R_3 = 26.0～32.0$MPa，$R_{28} =$（$53.0±3.0$）MPa。

粉煤灰：选用河北唐山青宇粉煤灰，细度小于 25%，需水量比小于 105%，烧失量小于 8%，满足 Ⅱ 级粉煤灰质量要求。

矿渣粉：选用北京首钢嘉华磨细矿渣粉，流动度比大于等于 95%，活性指数大于等于 95%，比表面积大于等于 400m²/kg，满足 S95 级矿渣粉质量要求。

外加剂：选用天津同祥混凝土外加剂厂生产的 TX-D，减水率大于 21%，28d 抗压强度比大于 110%。

8.3 工程应用

从 2010 年 9 月开始到进入冬期施工之前，共生产煤矸石水泥混凝土约 10500m³，使用 5～10mm 煤矸石约 2000t，主要用于工民建工程中，整体评价工程效果良好，在使用过程中充分体现煤矸石改善混凝土天然粗集料颗粒级配应用技术思路的技术优越性和经济性，取得了良好的示范工程作用。具体工程应用情况汇总见表 8-3。

工程应用情况汇总   表 8-3

工程名称	强度等级	部位
大兴新城北区项目	C15、C25、C30、C30 P6、C35 P6	基础底板、内外墙、顶板、楼梯、阳台、盖板、梁
首座御园一期	C15、C30、C30 P6、C35 P6	垫层、顶板、墙体
首创奥特莱斯项目	C15、C30、C30 P6、C35	垫层、基础、内外墙、柱
新源大街	C30 P6	底板
青礼路道路大修工程	C45 抗折	混凝土路面
南苑西居住区工程	C25	顶板、楼梯、暗柱、连梁
西红门地块	C30	顶板、楼梯、墙体

续表

工程名称	强度等级	部位
京原路公租房污水管线	C30	梁
旧宫回迁房项目	C20、C35 P8	地面、墙体、柱
汉龙货运站楼梯	C25	地面
仓库	C30、C40	梁、板、楼梯
大兴绿地住宅项目	C30	墙体
汉龙南站	C20	地面

下面以大兴新城北区项目作为实例对煤矸石水泥混凝土施工进行分析说明。

8.3.1 工程基本情况

该工程为典型的民建工程，混凝土主要浇筑部位为基础底板、内外墙、顶板、楼梯、阳台、盖板和梁，主体结构共 23 层，整个工程约需要混凝土 1.5 万 m^3。现场所有混凝土均泵送施工。施工地点距离搅拌站 10km，运送时间约 15min。

8.3.2 工程技术要求

混凝土强度等级：C15～C35；现场坍落度要求：160～180mm，和易性好，不离析，不泌水；外观要求：不得出现较多气泡和麻面等现象；耐久性要求：部分强度等级混凝土抗渗性能达到 P6。

8.3.3 混凝土配合比设计

根据相关工程技术要求，进行混凝土配合比优化设计，工程应用混凝土配合比如表 8-4 所示。

工程应用混凝土配合比 表 8-4

强度等级	水胶比	原材料用量（kg/m^3）							
		水	水泥	粗砂	卵碎石	煤矸石	粉煤灰	矿粉	外加剂
C15	0.64	177	132	913	791	198	64	79	5.0
C25	0.50	164	194	849	830	208	53	81	6.6
C30	0.43	163	224	810	824	206	62	93	8.0
C30 P6	0.45	165	272	807	822	205	62	49	8.1
C35 P6	0.41	165	290	756	835	209	68	62	8.8

8.3.4 生产工艺

投料顺序：石（含煤矸石）—砂—水泥—粉煤灰—矿粉—水—外加剂。

搅拌设备：2 台 2m³ 强制式搅拌机。

搅拌时间：30s/ 盘。

搅拌工艺参数：搅拌机电流与常规生产没有明显变化，其他工艺参数没有异常。

8.3.5 混凝土质量检验及评定

1. 混凝土工作性能

煤矸石水泥混凝土粗集料的颗粒级配明显改善，黏聚性和保水性得到提高，新拌混凝土的工作性能得到改善。出机煤矸石水泥混凝土和现场煤矸石水泥混凝土的工作性能相差不大，混凝土坍落度经时损失较小，现场混凝土工作性能良好，无离析泌水现象，泵送过程顺利，无堵泵现象（图 8-1、图 8-2）。煤矸石水泥混凝土的工作性能完全满足运送方式、运送距离和工程施工的技术要求。煤矸石水泥混凝土各项工作性能指标如下：

 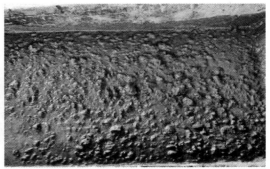

图 8-1　出机煤矸石水泥混凝土拌合物　　　　图 8-2　现场煤矸石水泥混凝土拌合物

出机坍落度 190mm——现场坍落度 180mm。

出机含气量 3.6%——现场含气量 3.1%。

出机温度 18.6℃——现场温度 15.2℃。

表观密度 2360～2390kg/m³。

2. 混凝土力学性能（平均）

煤矸石水泥混凝土不同龄期的抗压强度和抗渗等级完全满足民建工程混凝土施工技术要求和结构设计要求（表 8-5）。

混凝土抗压强度和抗渗等级　　　　　　　　表 8-5

强度等级	3d 抗压强度（MPa）	7d 抗压强度（MPa）	28d 抗压强度（MPa）	抗渗等级
C15	8.3	13.8	22.2	—
C25	12.1	22.3	35.5	—
C30	14.7	26.9	41.1	—
C30 P6	16.1	28.1	45.3	P8
C35 P6	18.2	32.6	51.9	P8

3. 混凝土实体检测

煤矸石水泥混凝土实体结构外观质量如图8-3所示。煤矸石水泥混凝土表面颜色一致，色泽均匀；自然光下，煤矸石水泥混凝土与普通混凝土无明显的颜色差别；表面未出现煤矸石外露和黑色斑迹。煤矸石水泥混凝土实体结构回弹强度检测结果如表8-6所示，回弹强度结果均满足混凝土结构设计强度要求。

图8-3 混凝土实体结构外观质量

混凝土回弹强度 表 8-6

强度等级	C15	C25	C30	C30 P6	C35 P6
回弹强度（MPa）	18.2	27.1	32.8	34.4	38.5

8.4 成本经济分析

混凝土原材料成本、$1m^3$普通混凝土和煤矸石水泥混凝土（部分）成本如表8-7～表8-9所示。

混凝土原材料成本 表 8-7

品种	水	水泥	粉煤灰	矿粉	砂	石	煤矸石	外加剂
单价（元 /t）	5	500	140	210	50	50	65	2500

$1m^3$普通混凝土成本（元） 表 8-8

强度等级	水	水泥	粉煤灰	矿粉	砂	石	外加剂	成本	销售价格	税（销售价格 / $1.06\times6\%$）	利润
C25	164	194	53	81	849	1038	6.6	233.10	370	20.94	115.96
C30	163	224	62	93	810	1030	8.0	253.03	380	21.51	105.47
C35 P6	163	246	68	102	759	1048	8.7	266.86	400	22.64	110.50

1m³ 煤矸石水泥混凝土成本（元） 表 8-9

强度等级	水	水泥	粉煤灰	矿粉	砂	石	煤矸石	外加剂	成本	销售价格	利润	煤矸石混凝土较普通混凝土利润增加值
C25	164	194	53	81	849	830	208	6.6	236.22	370	133.78	17.82
C30	163	224	62	93	810	824	206	8.0	256.12	380	123.89	18.42
C35 P6	163	246	68	102	759	838	210	8.7	270.01	400	130.00	19.49

由于煤矸石价格高于石子，煤矸石水泥混凝土的单方成本要高于普通混凝土。依据北京市发改委、财政局、国税局、地税局印发的《国家鼓励的资源综合利用认定管理办法》相关规定，煤矸石属于废弃原材料，使用煤矸石所生产的混凝土可以免于纳税。在相同销售价格的前提下，煤矸石水泥混凝土可以免于纳税，利润较普通混凝土有所提高。在不享受免税政策的前提下，利用煤矸石会导致混凝土材料成本增加。如能以免税政策作为经济杠杆撬动，在水泥混凝土中利用煤矸石可以产生可观的经济效益。因此，煤矸石应用于商品混凝土中，实现了矿山废弃物的资源化利用，经济效益和社会效益十分显著。

第9章 煤矸石水泥混凝土应用技术

9.1 原材料质量要求

（1）煤矸石的颗粒级配，应符合表 9-1 的要求。混凝土用煤矸石宜用于组合成满足要求的连续粒级，也可与连续粒级混合使用，以改善其级配或配成较大粒度的连续粒级。

煤矸石的颗粒级配范围 表 9-1

级配情况	公称粒级（mm）	累计筛余，按质量（%）											
		方孔筛筛孔边长尺寸（mm）											
		2.36	4.75	9.5	16.0	19.0	26.5	31.5	37.5	53	63	75	90
连续粒级	5～10	95～100	80～100	0～15	0	—	—	—	—	—	—	—	—
	5～16	95～100	85～100	30～60	0～10	0	—	—	—	—	—	—	—
	5～20	95～100	90～100	40～80	—	0～10	0	—	—	—	—	—	—
	5～25	95～100	90～100	—	30～70	—	0～5	0	—	—	—	—	—
	5～31.5	95～100	90～100	70～90	—	15～45	—	0～5	0	—	—	—	—
	5～40	—	95～100	70～90	—	30～65	—	—	0～5	0	—	—	—
单粒级	10～20	—	95～100	85～100	—	0～15	0	—	—	—	—	—	—
	16～31.5	—	95～100	—	85～100	—	—	0～10	0	—	—	—	—
	20～40	—	—	95～100	—	80～100	—	—	0～10	0	—	—	—
	31.5～63	—	—	—	95～100	—	—	75～100	45～75	—	0～10	0	—
	40～80	—	—	—	—	95～100	—	—	70～100	—	30～60	0～10	0

（2）煤矸石中含泥量应符合表 9-2 的规定。

煤矸石中含泥量 表 9-2

混凝土强度等级	C30～C55	≤ C25
含泥量（按质量计，%）	≤ 2.0	≤ 3.0

对于有抗冻、抗渗或其他特殊要求的混凝土，其所用煤矸石中含泥量不应大于2.0%。当煤矸石的含泥是非黏土质的石粉时，其含泥量可由表 9-2 的 2.0%、3.0% 分别提高到2.5%、3.5%。

（3）煤矸石的强度可用岩石的抗压强度和压碎值指标表示。岩石的抗压强度应比所配制的混凝土强度至少高 20%。煤矸石的压碎值指标宜符合表 9-3 的规定。

煤矸石的压碎值指标 表 9-3

混凝土强度等级	煤矸石压碎值指标（%）
C40～C55	≤ 12
≤ C35	≤ 20

9.2 混凝土配合比设计

9.2.1 配合比设计参数选取

（1）为满足泵送混凝土用石要求，宜用符合规定的煤矸石与石子按一定比例掺配，以改善普通混凝土用石的颗粒级配，降低普通混凝土集料的空隙率，其取代率可按表 9-4 选取并通过试验确定。

煤矸石取代率 表 9-4

序号	混凝土强度等级	取代率（%）
1	＜ C20	20～40
2	C20～C35	10～30
3	C40～C55	0～20

（2）煤矸石水泥混凝土的水胶比仍基于《普通混凝土配合比设计规程》JGJ 55—2011 中碎石混凝土强度水胶比与强度关系式进行计算。

（3）煤矸石水泥混凝土单位用水量，仍根据碎石混凝土坍落度要求进行初选。

（4）煤矸石水泥混凝土单位水泥用量，根据上述计算的水胶比和选取的用水量计算得到。

（5）煤矸石水泥混凝土的砂率应根据集料的颗粒级配、含泥量，并按所选水胶比及碎石最大粒径通过试验确定。

（6）煤矸石水泥混凝土的减水剂掺量应按煤矸石中含泥量的高低酌情增加。

（7）采用煤矸石配制对抗冻性能有较高要求的混凝土时，应充分考虑煤矸石品质的影响，并可通过掺入适量引气剂提高煤矸石水泥混凝土的抗冻性。

9.2.2 配合比的试配、调整

（1）煤矸石配制混凝土的取代率试验：宜在表 9-4 的煤矸石取代率范围内，每间隔 5% 选取一个取代率进行集料空隙率试验和混凝土拌合物和易性试验，以集料空隙率达到最低、混凝土拌合物和易性达到最佳为合理取代率。

（2）煤矸石水泥混凝土的砂率与煤矸石的取代率和粗集料的颗粒级配密切相关。采用煤矸石配制混凝土宜根据混凝土拌合物的和易性适当提高砂率 1%～2%。

（3）煤矸石预拌混凝土质量必须满足《预拌混凝土》GB/T 14902—2012 的规定，用于钢筋混凝土排水管的煤矸石水泥混凝土质量必须满足《混凝土和钢筋混凝土排水管》GB/T 11836—2009 和《混凝土和钢筋混凝土排水管试验方法》GB/T 16752—2006 的规定。

9.3 混凝土质量检验和评定

（1）煤矸石水泥混凝土在同一视觉空间内，表面颜色一致，色泽均匀；自然光下，煤矸石水泥混凝土与普通混凝土无明显的颜色差别。

（2）煤矸石水泥混凝土表面不得出现蜂窝、麻面、砂带、冷接缝和表面损伤等，不得出现煤矸石外露和黑色斑迹。

（3）煤矸石水泥混凝土的质量检验和评定应符合现行国家标准《混凝土强度检验评定标准》GB/T 50107—2010 和《混凝土结构工程施工质量验收规范》GB 50204—2015 的规定。

第10章　铁尾矿水泥混凝土及工程应用

10.1.1　背景与必要性

矿山资源的开发与利用为社会进步提供了巨大动力,同时也产生了大量的废石和尾矿等矿山废弃物;矿山废弃物的持续增长所带来的环境污染压力已成为影响我国建设循环经济社会、实现可持续发展战略目标的棘手难题,急需研究和解决。众所周知,尾矿等矿山废弃物(图 10-1),不仅占用大量耕地、破坏生态环境,而且排放出的重金属、有机物等有毒有害物质进入水、土、大气环境的自然循环系统,不仅难以控制,也很难消除,是长期影响人民健康的隐患。矿山尾矿流失和就近排放,导致尾矿填满洼地、沙化侵蚀耕地、淹没良田;尾矿汇入河流,淤积河道,甚至造成洪水泛滥、泥石流等地质灾害。1991 年北京怀柔石湖峪有色金属矿封存的尾矿发生泥石流灾害;前安岭铁矿尾矿库因山洪暴发,大水溢过尾矿坝,险些冲垮尾矿库,威胁到密云水库的安全。根据调查京郊矿山多位于北京周边高处,处于河流源头或靠近水库,一旦发生尾矿污染事故,将威胁首都人民饮用水安全。

图 10-1　铁尾矿库

矿山尾矿造成的污染和危害，虽然可以通过加高尾矿库坝、增加库容、加高河堤、疏通河道、规范排放等措施减小危害，或进行复垦、造田等治理工程加以防范和缓解，但只是治标不治本，只能留下长期隐患。进行尾矿资源化利用，实现整体消纳、变废为宝，才是一条积极有效的解决途径。在开发利用过程中，运用科学技术成果和循环经济理念，充分发挥尾矿资源属性，完全可以使其成为矿山的接续资源，形成接续产业，恢复甚至再造优良的生态环境。我国城市建设和道路桥梁建设等基础设施建设需要上千万吨砂、石材料，大量和无节制的开采天然砂石，破坏河道、影响河堤防洪，危害生态环境，见图 10-2。目前我国多数城市砂石资源已经面临枯竭的危险，混凝土行业所需砂石绝大部分需要从周边地区长距离运输，随着周边地区经济建设的发展和环境保护意识的增强，也开始限制砂石资源开采。混凝土行业为获得长远发展，必须充分利用科学技术节约能源和资源，充分吸纳利用矿山固体废弃物作为原材料，大力发展绿色环保、循环再生的高性能混凝土，坚持走循环经济和节能高效的发展道路。

图 10-2　开山采石对山体的破坏

矿山资源丰富，矿山开采为经济建设提供了大量的矿产能源，同时矿山开采遗留下的尾矿、废石也是逐年递增。这些矿山固体废弃物主要包括铁矿废石、石灰石废石、铁尾矿、煤矸石和黄金尾矿五种固体废弃物。这些废弃物不仅占压大量土地、污染土壤和水体，还会引发地质灾害，是北京市城市发展的一个巨大隐患。因此，北京市政府高度关注矿山废弃物综合利用工作，并把尾矿、废石的综合利用列为一项重点工作。

通过近年不断努力，矿山固体废弃物综合利用取得了较大的进展。特别是将石灰石废石和铁矿废石破碎筛分后用作预拌混凝土、沥青混合料等建筑材料的粗骨料，这些技术已得到大规模应用。目前，北京市已累计利用铁矿废石 5954 万 t、石灰石废石 11584 万 t，铁矿废石和石灰石废石已呈现负增长趋势。

北京地区的矿山固体废弃物中铁尾矿堆存量较大，铁尾矿约 4500 万 t。根据调研统计，涉及北京市 10 万 t 以上的 7 家大型铁矿，有首云铁矿、云冶矿业、威克冶金、放马峪铁矿、建昌铁矿、前安岭铁矿、马卷铁矿，这些铁矿主要分布在密云、怀柔一带，其排出铁尾矿都存放在尾矿库中；还有众多的民采小矿星罗棋布分布周边，排出的铁尾矿一般都就近排积于河沟、低地乃至山坡、田园上。这些尾矿砂堆积在矿山的周围，危害极大。另外，正规铁矿存放铁尾矿维护、管理、运行费用巨大；存放尾矿的尾矿坝或尾矿库，如果管理不善，发生溃坝，尾矿砂会立即液化，形成泥石流，造成严重的地质灾害。美国克拉克大学公害评定小组研究表明，尾矿库事故危害，在世界93种事故公害中，名列第18位。北京地区所有尾矿中铁尾矿堆存量最大，由于缺乏成熟的利用技术，铁尾矿综合利用率甚至不足5%，且每年新增数量以数百万吨计。因此，铁尾矿资源化利用的研究工作有待进一步加强，急需通过开发新的综合利用方式以实现大宗消纳，最大限度地降低其危害。

10.1.2　北京地区铁尾矿资源状况、加工工艺与成分特点

1. 资源状况

根据北京市节能和综合利用协会统计，北京地区较大的 7 家铁矿产量和尾矿排出量等数据（表 10-1）显示，铁尾矿存量已达 4328 万 t，年增量达 367 万 t，年利用量 61 万 t，每年净增 307 万 t。以上数据仅统计 7 家较大的铁矿，众多的小铁矿每年还有大量的铁尾矿排出，并且利用率基本为零。大量的铁尾矿资源和严峻的环境保护形势对于铁尾矿的综合利用提供了广阔的开发空间。

北京地区的铁尾矿主要分布在密云和怀柔，环绕在北京的主要饮用水源密云水库的周边，一旦尾矿坝坍塌，将会对水库造成污染，直接影响市民的饮用水安全。密云区的放马峪铁矿和怀柔区的建昌铁矿位于密云水库水源地上游，均已关闭。

尾矿库满容的隐患使铁尾矿已成为矿山可持续发展的最大难题，首云铁矿等 5 个大型矿山尽管在 2008 年后继续开采，但是铁尾矿的不断增加给企业的生产和经营带来很大困难。

北京地区铁尾矿调查统计表（单位：万 t）　　　　　表 10-1

矿山名称	所在区	采矿起始时间	铁矿采矿量		精铁粉产量		铁尾矿排放量					铁矿石与精粉采选比
			年产量	累计产量	年产量	累计产量	年排放量	累计排放量	现存堆积量	年利用量	总利用量	
首云铁矿	密云	1971	67.6	2300	23.5	800	70	1503	1400	40	103	2.87
云冶矿业	密云	1990	65.78	1250	27	400	87	850	847	1	3	3.12
威克冶金	密云	1995	83.7	837	26	258	58	578	578	—	—	3.24

续表

矿山名称	所在区	采矿起始时间	铁矿采矿量		精铁粉产量		铁尾矿排放量					铁矿石与精粉采选比
			年产量	累计产量	年产量	累计产量	年排放量	累计排放量	现存堆积量	年利用量	总利用量	
放马峪铁矿	密云	1986	73.6	1400	18.4	350	74	1050	1050	—	—	4
建昌铁矿	密云	1993	25	300	7.5	90	26	210	210	—	—	3.33
前安岭铁矿	怀柔	1987	22	400	6.6	120	22	280	200	20	80	3.33
马卷铁矿	怀柔	2000	17.4	87	8.8	44	30	43	43	—	—	1.97
合计			355.1	6574	117.8	2062	367	4514	4328	61	186	

2. 加工工艺（图 10-3）

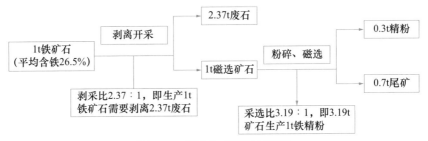

图 10-3　铁矿生产流程示意图

　　铁尾矿是铁矿开采出的矿石磨细后，经选矿厂选出有价值的精矿后产生的细砂一样的废渣。这部分铁尾矿主要是铁矿在提纯过程中留下的，绝大部分很细，组成和细度指标相对稳定。由于北京地区矿山资源情况和开采选矿技术条件的差异，对于不同的铁尾矿取样进行化学成分和矿物成分分析，从微观角度掌握铁尾矿资源的差异和共同点；同时按照现行行业标准《普通混凝土用砂、石质量及检验方法标准》JGJ 52—2006进行指标检测，评估铁尾矿材料性能。结合混凝土和铁尾矿的性能特点，对铁尾矿用作混凝土细集料的可行性和应用范围进行评估判定，提出铁尾矿质量控制指标。

　　3. 化学成分、矿物成分分析

　　北京地区的铁矿以产于古老变质岩中的沉积变质岩铁矿为主，规模生产的铁矿山基本上都是这类铁矿。因其矿床及矿石类型、采选工艺、产品质量和性能、应用现状与首钢迁安铁矿相同，惯称为迁安式铁矿，以上所列 7 座较大矿山的铁矿均属迁安式铁矿。

铁尾矿的矿物成分和化学成分分析见表 10-2，分析表中数据，可以看出铁尾矿矿物组成主要为石英、辉石和长石等成分，性质比较稳定；从化学成分分析，其多属于高硅低硫含有少量铁相，70% 左右的成分为 SiO_2，主要以非活性硅的石英形式存在。铁尾矿中含有 Fe_2O_3、FeO 等铁相矿物多以磁铁矿形式存在，含量因铁精矿选取工艺不同而不同，一般在 10% 以下，个别铁尾矿选取工艺落后的矿山可能会到 10%～20%，甚至更高。与黏土类中 1% 的铁相，天然砂石中更低的含量相比，铁尾矿中一般含有 5%～10% 甚至更高的铁相，少量的其他金属，多以氧化物形式存在，研究显示铁相多以稳定形式存在，不会产生铁锈等化学反应，不会对混凝土产生不利影响。铁尾矿的成分分析数据符合建筑用砂的指标要求。

北京地区主要铁矿的铁尾矿矿物成分、化学成分分析表　　　　　　　　表 10-2

矿山名称	主要矿物成分	化学成分（%）												
		SiO_2	Al_2O_3	CaO	MgO	K_2O	Na_2O	Fe_2O_3	FeO	TiO_2	MnO	SO_3	P_2O_5	烧失量
首云铁矿	石英、辉石、长石、黑云母、角闪石、绿泥石、石榴石、磁铁矿、褐铁矿	74.72	5.09	4.13	3.70	1.83	0.91	9.78	3.29	0.178	0.081	0.17	0.29	1.91
		76.49	6.27	1.91	2.08	1.21	1.09	7.39	—	0.164	0.081	—	0.22	2.77
		68.45	7.97	3.07	2.91	1.24	1.45	10.32	—	0.30	0.14	—	0.64	3.47
放马峪铁矿	石英、辉石、长石、黑云母、角闪石、绿泥石、石榴石、磁铁矿、褐铁矿、黄铁矿	72.11	6.09	3.30	2.83	1.12	0.64	10.90	—	0.33	0.14	0.04	0.36	2.36
前安岭铁矿	石英、含钠角闪石、辉石、长石、黑云母、绿泥石、磁铁矿、褐铁矿	样 1　69.33	4.95	2.76	2.91	1.60	1.90	9.15	5.10	0.23	0.12	0.52	0.20	1.47
		样 2　65.70	6.30	3.54	2.96	1.96	1.07	8.78	4.87	0.23	0.08	0.49	0.34	2.77
		18-55 目样　67.00	7.15	3.09	2.87	2.28	1.28	7.83	4.01	0.19	0.08	0.29	0.16	2.86
		70-90 目样　66.40	6.33	3.32	3.02	1.92	1.05	8.59	4.76	0.21	0.08	0.45	0.22	2.74
		140-200 目样　63.6	6.11	3.81	3.14	1.84	0.96	9.36	5.69	0.25	0.08	0.72	0.52	2.69

10.1.3　国内外铁尾矿在水泥混凝土中的应用状况

1. 轻质隔热保温材料

随着建筑技术的快速发展，住宅产业化进程不断推进，对于轻质隔热保温材料的需求日益增长，可以利用铁尾矿及铁尾矿细粉、废旧聚苯乙烯泡沫作为主要原材料，使用普通硅酸盐水泥作为胶凝材料，通过机械搅拌、压制等常温工艺制备轻质隔热保温材料，其可以实现良好保温效果。

2. 砂浆或水泥混凝土中矿物掺合料

利用铁尾矿细粉的颗粒级配和细度条件，采用物理磨细或者化学激发手段使铁尾矿细粉具有一定表面能，制备成具有一定细度的微填充矿物掺合料，充分利用铁尾矿细粉的比表面积效应和微级配填充作用，调整砂浆或水泥混凝土颗粒级配，使砂浆或水泥混凝土在流动性上和黏聚性上得到较大改善，同时二次水化和微颗粒的填充作用使混凝土具备足够的力学性能，达到在砂浆或水泥混凝土中使用铁尾矿细粉的目的。

3. 孔道压浆材料和盾构壁后注浆材料

在预制水泥箱梁孔道压浆材料和地下隧道管片岩壁注浆材料的工程实践中，通常使用水泥净浆材料或水泥净浆加膨润土组成的水泥基净浆材料，由于水泥净浆材料收缩问题，易造成压浆填充不密实、内部空腔，引起渗漏、钢筋锈蚀等工程危害。在压浆材料和盾构壁后注浆材料中掺入较细的铁尾矿细粉，取代部分水泥，配制成铁尾矿细粉水泥砂浆材料，利用铁尾矿细粉的微集料填充作用使砂浆结构更加密实，利用砂浆材料的收缩率普遍比净浆材料的收缩率小的特性，消除或降低压浆填充不密实、干缩空腔等工程危害，实现铁尾矿细粉在压浆材料和盾构壁后注浆材料中的应用。

4. 生产水泥熟料

利用铁尾矿细粉中的铁元素代替水泥生料配方中的铁粉，适当调整生料配方，按照正常工艺，生产出符合国家标准要求的水泥熟料，或者使用铁尾矿细粉代替生料中铁矿石和黏土，调整生产工艺和适宜的生料配合比来生产水泥熟料，属于烧结类建材利用方式，可以在水泥厂内实现。该工艺在唐山协兴水泥厂和南京梅山矿业有限公司得到成功应用，可以在北京范围内水泥厂中进行应用研究，并对生产出的水泥产品进行检测与工程应用评价。

10.1.4　铁尾矿在水泥混凝土中应用技术现状

尾矿作为矿山废弃物是一个相对的概念，随着科学技术的进步，矿山废弃物成为资源的观念逐渐被人们接受，资源的二次利用日益被人们所重视。铁尾矿现在的主要利用途径是生产建筑中砂。将铁尾矿中的粗颗粒筛选出来作为建筑中砂，然后将剩下的细颗粒再排放到尾矿库中，由于铁尾矿粒径大部分在 1mm 以下，符合建筑中砂范围的粗颗粒很少，大部分铁尾矿仍然要排放到尾矿库中存放。另外，生产空心砌块、彩色陶粒、琉璃瓦等产品虽有成熟技术，但由于生产过程需要烧结，能耗较高，在北京地区新建的工厂不能使用煤炭作为燃料，使用天然气成本太高，加之首都严格的大气保护政策，所以这些技术并不适合在北京使用。调查表明，在北京地区只有一家企业正在使用铁尾矿制作免烧透水砖，技术比较成熟，但是推广远远不够，铁尾矿利用率不到 5%；如果把铁尾矿利用与大规模的预拌混凝土生产结合起来，直接利用或与机制砂混合制成混合砂，可以实现当年 300 万 t 铁尾矿全部消纳、逐步降低库存量的目标，既解决了铁尾矿的综合利用问题，又解决了建设用砂资源问题，是一举两得的好事。在生产处理工艺中可以增加磁选工艺，对铁精粉进行再次回收，提高附加值。

通过借鉴特细砂混凝土配制规律和机制砂的工程实践经验，把铁尾矿直接作为细集料配制混凝土或者与机制砂搭配混合作混合砂使用，对目前工艺条件下的砂石集料的级配分布的丰富、调整将起到有利作用，增加混凝土和易性，缓解混凝土行业天然砂资源匮乏压力，存在很大的研究及利用价值。

铁尾矿的回收利用是矿山实现尾矿资源化、无害化的发展方向。开发利用铁尾矿不仅可以使矿产资源得到充分利用，解决环境污染问题，还可以使企业实现可持续发展、产生可观的经济效益。据调查，巨各庄铁矿、冯家峪铁矿已经满容。如果向尾矿库超量排放，将形成巨大安全隐患；如果新建尾矿库，库容在1000万t的尾矿库占地1000亩，需投资3500万～4000万元，更关键的是征地存在很大难度，铁矿开采者有很大积极性对尾矿大规模利用进行投资，消纳全部或部分尾矿，使其不进入尾矿库。在可预见的未来，矿山尾矿作为建筑原材料进行整体开发利用，成为经济、实用的新矿产资源，不但可使原来资源枯竭或资源不足的矿山重新成为新资源基地恢复或扩展生产，充分利用不可再生的矿产资源和原有的矿山设施，发挥矿山潜力，使国家、企业不必大量投资基本建设就获得大量已加工成细颗粒原料的矿产，而且可以容纳人员就业，繁荣矿业和矿山城镇，解决环境污染，改善生态环境，具有巨大经济、社会、环境效益。因为铁矿矿山都是机械化生产，有固定的生产场地和比较完善的组织管理，人员素质相对较高，比较容易形成规范的铁尾矿加工产业，而这些是目前大多数天然砂生产企业缺少的。开发铁尾矿在环境保护上的意义就更为明显，它不仅减少了开采天然砂对生态环境的破坏，而且减少了铁尾矿本身对环境的破坏，变废为宝，实现资源二次利用，完全符合可持续发展、实现循环经济的基本国策。

10.2　铁尾矿在混凝土中应用技术

10.2.1　铁尾矿配制混凝土的主要研究内容与方法

1. 主要内容

（1）混凝土配制技术研究

根据铁尾矿的特点按照铁尾矿直接用作细集料配制铁尾矿混凝土或与机制砂混合用作细集料配制铁尾矿混合砂混凝土的技术路线，进行配合比设计以及相应混凝土拌合物性能、力学性能试验检测，通过对比分析开展混凝土配制技术研究。

（2）级配曲线研究

根据混凝土原材料颗粒级配分析和配合比参数绘制砂石级配曲线和混凝土全级配曲线，通过与Fuller曲线和Bolomey曲线对比分析，拟合出符合铁尾矿混凝土级配的最佳级配曲线；对比分析符合最佳级配曲线的配合比与常用的普通配合比的成本差异。

（3）混凝土基本性能研究

开展铁尾矿特细砂混凝土和铁尾矿混合砂混凝土的基本性能研究，同时对比天然细砂与机制砂配制的混合砂混凝土的基本性能，主要包括拌合物性能、基本力学性能和耐久性能，评价铁尾矿配制的混凝土各项基本性能是否符合现行标准规范技术要求以及与混合砂混凝土的差异。

（4）工程应用研究

开展铁尾矿配制的 C50 自密实混凝土用于预制箱梁的工程应用研究和 C15～C50 普通工民建工程应用研究，通过强度统计评定和工程实体验收，评价铁尾矿配制的混凝土应用于不同工程结构的工程效果，总结工程应用经验，以实现进一步推广。

（5）铁尾矿细集料质量控制和配合比设计研究

通过分析铁尾矿细集料中石粉含量对混凝土相关性能的影响，确定铁尾矿石粉含量的质量控制指标；通过试验研究成果总结铁尾矿混凝土配合比设计的规律。

2. 研究方案

目前能大宗消纳铁尾矿、处理工艺成熟又能适应环保政策、不产生二次污染的铁尾矿资源化利用最佳途径就是将其作为细集料应用在预拌混凝土中。预拌混凝土市场非常大，1m³ 混凝土消纳细集料基本在 0.9t 左右。在预拌混凝土中应用铁尾矿作细集料，需要结合铁尾矿特点和预拌混凝土的施工技术要求，设计适用的研究技术方案。

参照天然细砂配制特细砂混凝土的研究资料以及在预拌混凝土中应用机制砂的工程实践经验，考虑将铁尾矿用作混凝土细集料，直接配制铁尾矿混凝土，也可与机制砂搭配成混合砂配制铁尾矿混合砂混凝土。对于两种技术路线是否适用于预拌混凝土，需要试验研究论证。试验研究中设定考察混凝土工作性和力学性能（抗压强度）两个最基本的数据指标。采用预拌混凝土最常用的 C20、C30、C40、C50、C60 共 5 个强度等级。同时为更详尽了解铁尾矿混凝土性能，研究了天然细砂与机制砂搭配混合砂配制的混合砂混凝土，对比分析性能的差异，通过铁尾矿混凝土与已经大规模工程应用的天然混合砂混凝土对比研究，总结铁尾矿混凝土的应用技术。为确定铁尾矿能否应用于配制 C60 以上的高强度等级混凝土，开展了铁尾矿高强度等级混凝土的研究，通过合理的铁尾矿、机制砂混合比例调整混合砂级配分布、使用聚羧酸高效减水剂和超细矿物掺合料技术，开展配制 C70、C80 混凝土的试验研究。为了体现铁尾矿对于混凝土颗粒级配特别是细集料颗粒级配的改善作用，还开展了铁尾矿混合砂自密实混凝土的研究，配制 C50 自密实混凝土。

对于铁尾矿配制的混凝土，需要考察的混凝土基本性能包括工作性能、力学性能、耐久性能，并实现一定数量的示范工程应用，总结铁尾矿在混凝土应用的规律。

3. 研究方法

试验研究过程中检测试验方法、配合比设计和耐久性检测按照国家、行业现行标准中相关要求执行，对于个别试验方法的修正改动会在试验数据中做出特别说明。

（1）混凝土工作性试验方法的说明

混凝土的工作性能是混凝土拌合物容易操作成型的性能，是混凝土多种性能的总和并且受成型工艺、模板形状等因素影响；测量工作性不是通过一种单项的测试方法就能实现，最普遍使用的测试方法是混凝土坍落度试验，但是它只能测试混凝土稠度，对于混凝土的黏聚性能、流变性能需要通过混凝土扩展度试验等测试手段来描述。

混凝土的工作性对于混凝土的力学性能和耐久性能起着决定性作用。混凝土的工作性在配制混凝土时是必须着重考察的重要性能。

本书提出考察普通混凝土工作性时采用混凝土坍落度、混凝土扩展度，考察自密实混凝土工作性采用 T500 流动时间、V 型漏斗通过时间、U 型仪高差。

（2）工作性试验方法简介

1）混凝土坍落度：适用于坍落度大于 100mm 的混凝土，按照混凝土拌合物试验方法标准试验。

2）混凝土扩展度：测试流动性混凝土的坍落度同时对混凝土水平流动距离进行测试，取相互垂直的水平距离的平均值作为混凝土扩展度，同时注意观察混凝土中心粗骨料是否出现明显堆积，混凝土边缘是否有水泥浆析出、是否有粗骨料跟随流动等。混凝土扩展度试验一般适用流动性混凝土，《普通混凝土拌合物性能试验方法标准》GB/T 50080—2016 中规定该试验适用于坍落度大于 220mm 的混凝土，研究中采用坍落度大于 180mm 的混凝土，测试混凝土拌合物在坍落扩展过程中的黏聚性能，性能优良的混凝土在扩展过程中应始终保持匀质性，在中心或边缘粗骨料分布应是均匀的，边缘处无浆体析出；黏聚性不好的混凝土扩展后粗骨料在中央堆积，边缘处有水泥浆析出，粗骨料在整个表面露出等。

3）T500 流动时间：自密实混凝土 T500 流动时间指按照混凝土扩展度试验方法，自坍落度筒提起开始至混凝土拌合物扩展度流动到平板上 500mm 圆周为止的时间，以秒表计时，精确到 0.1s。

4）V 型漏斗通过时间：将混凝土拌合物平稳均匀装入已经润湿的 V 型漏斗（图 10-4），装满至漏斗上端面，将混凝土顶面刮平；静置 1min 后，将漏斗出料口底盖拉开，用秒表测量自底盖拉开到混凝土全部排空流出漏斗的时间，记作 V 型漏斗通过时间，同时观察记录混凝土是否有堵塞等情形。

5）U 型仪高差：将 U 型仪（图 10-5）内部用湿布润湿，并关闭间隔门；将混凝土拌合物连续装入 U 型仪 A 室，用刮刀刮平顶面，静置 1min；迅速将间隔门拉起、拔出 U 型仪，观察混凝土通过障碍流向 B 室，直到流动停止；使用直尺或钢卷尺测量混凝土 B 室填充高度或 A、B 两室混凝土上端面高度差（图 10-6），分别作为填充高度和高差，精确到 1mm。

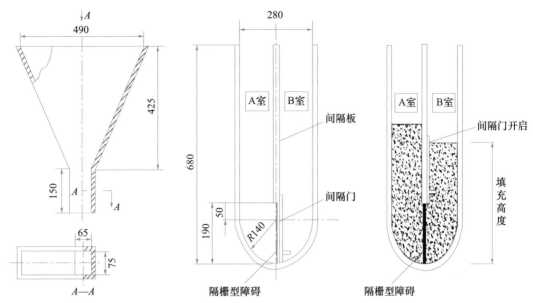

图 10-4 V型漏斗尺寸简图（mm） 图 10-5 U型仪尺寸简图（mm） 图 10-6 U型仪试验示意图

10.2.2 铁尾矿混凝土配合比研究

1. 水泥

普通硅酸盐水泥（P.O42.5）物理性能检测指标见表 10-3。

水泥物理性能检测数据 表 10-3

细度（0.075mm 筛余）（%）	标准稠度用水量（%）	凝结时间		抗压强度（MPa）		抗折强度（MPa）		安定性（饼法）
		初凝	终凝	3d	28d	3d	28d	
3.0	27.8	2h 30min	3h 15min	34.0	50.1	6.4	9.8	合格

2. 粉煤灰

Ⅰ级低钙（F类）粉煤灰性能检测指标见表 10-4。

粉煤灰性能检测数据 表 10-4

等级	细度（0.045mm 筛余）（%）	需水量比（%）	烧失量（%）	安定性（饼法）
Ⅰ级 F 类	9.0	93.6	1.9	合格

3. 矿渣粉

S95 级磨细矿渣粉性能检测指标见表 10-5。

磨细矿渣粉性能检测数据 表 10-5

密度 （g/cm²）	比表面积 （m²/kg）	活性指数（%）		流动度比 （%）	烧失量 （%）
		7d	28d		
2.80	410	95	110	98	0.3

4. 硅灰

超细硅灰性能检测指标见表 10-6。

超细硅灰性能检测数据 表 10-6

细度 （0.045mm 筛余）（%）	比表面积 （m²/kg）	需水量比 （掺量 5% 时）（%）	烧失量 （%）	28d 活性指数 （%）
1.0	18000	111	1.6	121

5. 外加剂

萘系高效减水剂（UNF-5AS）及聚羧酸高效减水剂（3310C）性能检测指标见表 10-7。

外加剂性能检测数据 表 10-7

名称	减水率 （%）	泌水率比 （%）	含气量 （%）	受检混凝土抗压强度 / 基准混凝土抗压强度（%）		收缩率比 （%）	钢筋锈蚀	最佳掺量 （%）
				7d	28d			
UNF-5AS	22	70	2.0	125	129	104	无害	2.0～2.4
3310C	30	60	1.9	130	145	98	无害	1.2～1.5

6. 碎石

碎石 5～10mm、10～20mm 性能检测指标见表 10-8。

碎石性能检测数据 表 10-8

颗粒级配（mm）	含泥量（%）	泥块含量（%）	压碎指标（%）
10～20	0.4	0.1	5.0
5～10	0.3	0.0	—

7. 砂

天然细砂、机制砂、铁尾矿砂试验数据见表 10-9。

砂性能检测数据 表 10-9

名称	细度模数	细粉含量（%）	泥块含量（%）	表观密度（kg/m³）
天然细砂	1.2	4.4	0	2660
机制砂	3.8	6.0	0	2770
铁尾矿砂	0.8	8.0	0	2730

10.2.3 铁尾矿应用技术路线的研究

通过材料性能研究，铁尾矿砂属于特细砂，可以直接用作细集料配制铁尾矿混凝土，或者与机制砂混合通过级配调整成混合中砂作为细集料配制铁尾矿混合砂混凝土。

由特细砂配制的混凝土,简称特细砂混凝土,在我国特别是重庆地区应用已有半个世纪,经过研究和工程应用表明其许多物理力学性能和耐久性与天然砂配制的混凝土性能相当或接近,只要材料选择恰当,配合比设计合理,完全可以用于一般混凝土和钢筋混凝土工程。通过研究已有工程应用技术资料发现,现有的特细砂混凝土工程应用一般采用低坍落度混凝土,对于泵送施工一般少有报道,特细砂混凝土的大坍落度、泵送施工一直是一项技术难题。铁尾矿配制的铁尾矿混凝土各项性能是否满足工程要求,需要进行大量的试验研究和工程实践检验。对于天然细砂与机制砂组成混合砂配制的天然混合砂混凝土,试验研究和应用技术日趋成熟,经过大量工程实践检验,工程质量完全可以保证。利用铁尾矿与机制砂组成混合砂配制的铁尾矿混合砂混凝土各项性能是否满足工程要求,需要大量的试验研究和工程实践检验。本书参照已有的特细砂混凝土和混合砂混凝土的应用技术开展铁尾矿混凝土和铁尾矿混合砂混凝土研究,期望通过试验论证、分析对比,采取适宜的技术措施解决遇到的技术难题,总结出铁尾矿配制混凝土的应用技术规律和质量控制要点,进一步开展工程应用研究,实现在混凝土中大量消纳铁尾矿的目的。

10.2.4 铁尾矿混凝土试验研究

参照《普通混凝土配合比设计规程》JGJ 55—2011 及已有的文献技术资料设计铁尾矿混凝土配合比。使用铁尾矿配制混凝土,砂率应低于中、粗砂混凝土,试验时应用砂石最大填充密度法选择最佳砂率,砂率变化范围从 15% 到 45%,最后采用混凝土工作性和强度来优选出最佳砂率。用水量和外加剂掺量参照普通混凝土配合比设计经验确定,试验时适当调整,保证达到最佳的工作性及和易性,研究出机坍落度是否满足施工技术要求。如果采取假定重度法设计配合比,应特别注意重度试验校核。

1. 配合比设计设计参数要求

(1)砂率:15%、20%、25%、30%、35%、40%、45%。

(2)混凝土用水量:165~190kg/m³。

2. 松散堆积密度试验

(1)碎石松散堆积密度试验(表 10-10、图 10-7、图 10-8)

二级配碎石不同比例的松散堆积密度试验　　表 10-10

碎石比例			10L 筒内碎石质量 (kg)	10L 筒容积 (L)	松散堆积密度 (kg/m³)
5~10mm	10~20mm	折合数值			
7	3	2.33	14.98	9.81	1530
6	4	1.50	15.26	9.81	1560
5	5	1.00	15.19	9.81	1550

续表

碎石比例			10L 筒内碎石质量	10L 筒容积	松散堆积密度
5～10mm	10～20mm	折合数值	（kg）	（L）	（kg/m³）
4	6	0.67	15.13	9.81	1540
3	7	0.43	15.03	9.81	1530

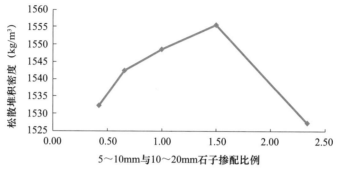

图 10-7 二级配碎石松散堆积密度

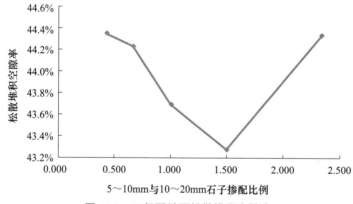

图 10-8 二级配碎石松散堆积空隙率

（2）砂石松散堆积密度试验

采用 10L 容量筒进行试验，将砂石按照比例混合均匀后使用碎石堆积密度漏斗填充满容量筒，表面不平处可填充砂子，使用直尺刮平，保证容积相同，然后称取质量。试验首先称取 10L 碎石松散堆积的质量，然后根据选择的砂率计算出应装入碎石质量，与砂子混合均匀后装入碎石堆积密度漏斗，试验中需保证碎石全部装入容量筒中，砂子根据情况酌情添加，砂子质量根据计算确定，得到的砂石比例即实际砂率。试验数据见表 10-11。

铁尾矿与二级配碎石松散堆积密度试验　　　　　　　　　　表 10-11

设计砂率	碎石（kg）	10L 松散质量（kg）	铁尾矿（kg）	实际砂率	容积（L）	松散堆积密度（kg/m³）
0	15.01	15.01	0	0	9.92	1510
15%	12.76	15.87	3.12	20%	9.92	1600

续表

设计砂率	碎石（kg）	10L 松散质量（kg）	铁尾矿（kg）	实际砂率	容积（L）	松散堆积密度（kg/m³）
20%	12.01	16.37	4.36	27%	9.92	1650
25%	11.26	17.36	6.10	35%	9.92	1750
30%	10.51	17.86	7.35	41%	9.92	1800
35%	9.75	17.91	8.15	46%	9.92	1805
40%	9.00	17.96	8.95	50%	9.92	1810
45%	8.25	17.86	9.60	54%	9.92	1800

从图 10-9 可以看出，铁尾矿最大松散堆积密度在砂率为 40%~50% 时，由于混凝土体系中砂石颗粒实际处于悬浮包裹状态，松散堆积密度试验比较适宜表现砂石在混凝土中的状态。由于混凝土中砂石不仅是包裹填充状态还应存在适当富余浆体保证一定的流动性，因此最佳砂率应通过试验确定。

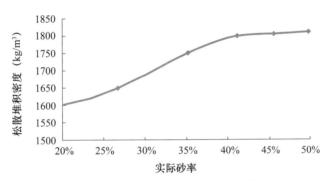

图 10-9 铁尾矿与二级配碎石的松散堆积密度试验

3. 设计铁尾矿混凝土配合比（表 10-12）

铁尾矿混凝土配合比（kg/m³） 表 10-12

强度等级	水胶比	水	水泥	粉煤灰	矿渣粉	集料用量
C20	0.60	180	180	60	60	1906
C30	0.50	180	216	72	72	1860
C40	0.40	175	263	88	88	1808
C50	0.35	170	291	97	97	1784

4. 铁尾矿混凝土工作性能和力学性能（表 10-13、表 10-14）

铁尾矿混凝土工作性试验数据 表 10-13

砂率	C20			C30		
	外加剂	坍落度/扩展度（mm）	工作性描述	外加剂	坍落度/扩展度（mm）	工作性描述
20%	0.5%	—	拌合物无法成型	0.5%	—	拌合物无法成型
30%	0.6%	35/—	和易性差	0.5%	40/—	和易性差

砂率	C20			C30		
	外加剂	坍落度/扩展度（mm）	工作性描述	外加剂	坍落度/扩展度（mm）	工作性描述
40%	1.4%	175/450	和易性好	1.0%	160/350	和易性好
	1.8%	185/450	泌水	1.6%	185/400	和易性好
45%	1.8%	185/450	稍黏稠	1.6%	200/500	稍黏稠
	2.2%	190/450	泌水	2.1%	220/520	黏稠
48%	—	—	—	2.5%	190/500	黏稠
50%	2.2%	—	黏稠	3.0%	240/600	黏稠

砂率	C40			C50		
	外加剂	坍落度/扩展度（mm）	工作性描述	外加剂	坍落度/扩展度（mm）	工作性描述
20%	0.8%	—	拌合物无法成型	0.8%	—	拌合物无法成型
30%	0.8%	80/—	和易性好	1.2%	100/—	和易性好
40%	1.0%	160/360	和易性好	1.4%	150/360	黏稠
	1.6%	195/450	和易性好	1.8%	225/550	黏稠
45%	1.6%	200/500	稍黏稠	1.8%	250/610	较黏稠
	2.2%	200/540	黏稠	2.3%	240/560	泌水
48%	2.5%	190/480	黏稠	2.3%	—	黏稠
50%	3.0%	230/600	黏稠	—	—	—

砂率为 40%、45% 时 C20~C50 铁尾矿混凝土的抗压强度（MPa） 表 10-14

砂率	C20					C30				
	R_{3d}	R_{7d}	R_{28d}	R_{60d}	R_{90d}	R_{3d}	R_{7d}	R_{28d}	R_{60d}	R_{90d}
40%	9.7	19.5	35.0	42.0	46.7	12.7	23.2	37.9	53.8	56.3
45%	8.5	17.6	29.4	35.6	40.0	9.7	20.3	34.3	43.9	48.9

砂率	C40					C50				
	R_{3d}	R_{7d}	R_{28d}	R_{60d}	R_{90d}	R_{3d}	R_{7d}	R_{28d}	R_{60d}	R_{90d}
40%	18.6	30.0	52.8	59.0	62.0	20.8	39.4	58.0	64.0	66.6
45%	12.0	22.8	38.3	51.4	53.8	18.6	38.2	55.8	56.2	64.1

从表 10-13 可以看出，对于 C20~C40 强度等级混凝土，最佳砂率为 40%~45%，和易性良好，C50 强度等级混凝土因为胶凝材料较多（485kg/m³），混凝土比较黏稠，应适当降低砂率。砂率为 40%、45% 时 C20~C50 铁尾矿混凝土的抗压强度见表 10-14，砂率 40% 的铁尾矿混凝土抗压强度比砂率 45% 时高。综合分析试验情况，当铁尾矿混凝土砂率为 20% 或 30% 时，混凝土拌合物中砂颗粒较少，形成的砂浆层较少较稀薄，无法完全包裹石子、填充石子间空隙，使混凝土拌合物黏稠度下降、和易性比较差，表现为离析、振捣后分层泌清水；当特细砂混凝土砂率大于 40% 时，混凝土拌合物中砂颗粒较多，形成的砂浆层较厚较黏稠，完全填充石子空隙，包裹在石子周围，形成的拌合物黏稠度增

大，需水量增大，硬化后因为包裹的砂浆层较厚，石子-砂浆界面结构比较薄弱，容易被破坏，表现为混凝土抗压强度明显降低。在最佳砂率小于等于40%时，砂浆黏稠度适宜，填充石子空隙、包裹石子的砂浆层比较适宜，形成的混凝土拌合物和易性良好，整个体系中各颗粒级配搭配最佳、最密实，混凝土的力学性能也比较优良。

5. 配合比优化

在以上试验研究基础上，对C20~C50配合比可以进行如下调整，优选出最佳砂率或砂率范围，同时通过增大矿物掺合料比例来增加胶凝材料、调整外加剂组分，复配掺入引气剂或增稠剂等组分，对混凝土拌合物的和易性进行调整，以改善泌水、离析或过分黏稠的现象。对于C20~C50混凝土可以划分为贫胶凝材料混凝土（C20以下）和富胶凝材料混凝土（C30~C50）。对于贫胶凝材料混凝土，可以采取增加矿物掺合料掺量比例，掺加特殊外加剂组分，如引气剂、增稠剂，对混凝土拌合物浆体黏稠度进行适当调节。对于富胶凝材料混凝土掺加引气剂、高效减水剂，合理调整粗细集料颗粒级配，降低混凝土拌合物浆体黏稠度。

（1）铁尾矿混凝土基准配合比（表10-15）

铁尾矿混凝土基准配合比　　　　　　　　　　表10-15

强度等级	水胶比	水（kg/m³）	水泥（kg/m³）	粉煤灰（kg/m³）	矿渣粉（kg/m³）	砂（kg/m³）	石（kg/m³）	砂率（%）	增稠剂	引气剂
C20	0.51	175	120	100	120	748	1122	40	0.5‰~2.0‰	0.05‰~0.2‰
C30	0.46	175	200	80	100	738	1107	40	—	0.05‰~0.2‰
C40	0.40	175	263	88	88	633	1175	35	—	0.05‰~0.2‰
C50	0.35	170	291	97	97	625	1160	35	—	0.05‰~0.2‰

（2）铁尾矿混凝土工作性（表10-16~表10-19）

C20铁尾矿混凝土工作性　　　　　　　　　　表10-16

砂率	减水剂	引气剂	增稠剂	坍落度/扩展度（mm）	工作性描述
40%	1.8%	—	—	200/500	微泌，振捣完表面泌水
	1.8%	—	2‰	155/—	明显变干
	2.2%	—	2‰	185/450	和易性好，振捣后无泌水
	1.8%	—	1‰	190/400	和易性好，振捣后少量泌水
	1.8%	—	1.2‰	185/400	和易性好，振捣后无泌水
	1.8%	0.05‰	—	200/500	和易性好，松软，振捣后无泌水

C30铁尾矿混凝土工作性　　　　　　　　　　表10-17

砂率	减水剂	引气剂	坍落度/扩展度（mm）	工作性描述
40%	1.8%	—	210/500	微泌，振捣完表面泌水
	1.8%	0.055‰	220/600	和易性良好，振捣完表面无泌水

C40 铁尾矿混凝土工作性

表 10-18

砂率	减水剂	引气剂	坍落度 / 扩展度（mm）	工作性描述
34%	2.1%	—	220/550	微泌，振捣完表面出现稀浆
36%	2.0%	—	215/510	和易性好，振捣后表面状态良好
38%	2.2%	—	150/0	明显变干稠，振捣后无泌水
40%	2.3%	—	100/—	太干稠
34%	2.0%	0.05‰	220/600	和易性好，较松软，振捣后表面良好
36%	2.0%	0.05‰	215/550	和易性好，较松软，振捣后表面良好

C50 铁尾矿混凝土工作性

表 10-19

砂率	减水剂	引气剂	坍落度 / 扩展度（mm）	工作性描述
34%	2.2%	—	240/550	较稀，振捣完表面少量泌水
36%	2.2%	—	235/580	稍黏，流动时间延长
38%	2.2%	—	225/550	较黏，流动时间明显延长
33%	2.2%	—	220/550	微泌，振捣后少量泌水
35%	2.2%	—	225/550	和易性好，振捣后少量泌水
35%	2.2%	0.05‰	225/600	和易性好，较松软，振捣后无泌水

（3）优化配合比的力学性能试验

根据优选出的铁尾矿混凝土配合比，见表 10-20，按照《混凝土物理力学性能试验方法标准》GB/T 50081—2019 的要求进行力学性能试验，制作标准养护抗压强度试块，测试各龄期强度，铁尾矿混凝土 3d 抗压强度达到设计强度的 30%～45%，7d 抗压强度达到75%～80%，14d 抗压强度达到 110%～130%，28d 抗压强度达到 130%～150%，90d 抗压强度达到 140%～160%，之后强度增长曲线逐渐平缓，符合混凝土强度发展规律，基本满足施工对于力学性能的技术要求。

铁尾矿混凝土优化配合比

表 10-20

编号	强度等级	最佳砂率	减水剂	引气剂	增稠剂
C20（1）	C20	40%	1.8%	—	1.2‰
C20（2）	C20	40%	1.8%	0.55/ 万	—
C30	C30	40%	1.8%	0.50/ 万	—
C40（1）	C40	36%	2.0%	0.50/ 万	—
C40（2）	C40	34%	2.0%	0.50/ 万	—
C50	C50	35%	2.2%	0.50/ 万	—

铁尾矿混凝土抗压强度增长曲线如图 10-10 所示。

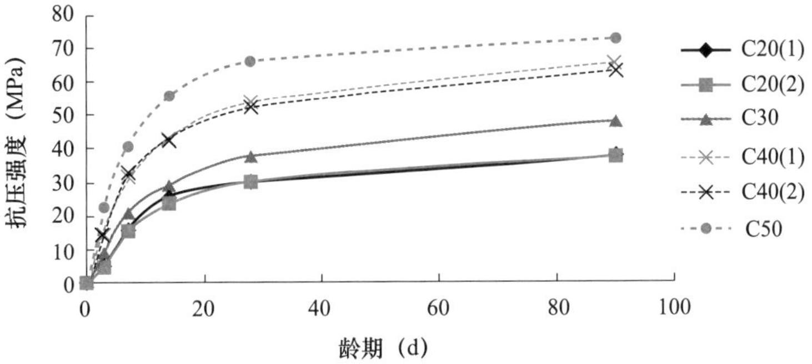

图 10-10　铁尾矿混凝土抗压强度增长曲线图

（1）铁尾矿混凝土在不采取特殊措施条件下，混凝土拌合物比较容易泌水，坍落度最大到 240mm。

（2）铁尾矿混凝土最佳砂率为 35%～40%；混凝土最佳砂率与胶凝材料总量存在一定相关性，一般强度等级从 C20 增加到 C50，砂率应从 40% 开始降低到 35% 甚至 34%。

（3）在适当砂率、保证必要的胶凝材料，同时在减水剂中加入适量增稠剂或引气剂的情况下可以配制出适用于泵送施工的铁尾矿混凝土。因为特细砂颗粒粒径主要分布 0.075～0.03mm 范围，在混凝土整个级配体系中缺少 0.03～5mm 粒径的颗粒，在配制泵送混凝土时由胶凝材料填充这部分空隙或者通过引入微小气泡充当滚珠，拌合物才能达到足够的和易性和流动性。

（4）铁尾矿混凝土 3d、7d、14d、28d、90d 强度发展规律基本正常。

综上所述，铁尾矿粒小，砂浆包裹厚度相对薄一些，在石子粒径和空隙率固定情况下，石子用量增大一些，砂浆用量减小一些，可以使混凝土骨架坚固，从而节约水泥、减少收缩。因此使用铁尾矿配制混凝土时按照特细砂混凝土的配制原则，应该采取低砂率。

配制铁尾矿混凝土，根据施工技术要求可以配制非泵送的中低坍落度混凝土和适用于泵送的大坍落度混凝土。

配制非泵送混凝土，一般采取 40%±5% 的砂率，配制坍落度在 120～180mm，适用于近距离运输或施工现场搅拌的构件施工。

配制泵送混凝土，对于贫胶凝材料的低强度等级混凝土（＜C20），降低砂率同时适当掺加增稠剂使稀薄的浆体变得黏稠，可以改善混凝土拌合物的工作性而降低泌水；对于 C40～C50 富胶凝材料的中高强度等级混凝土，降低砂率同时适当掺入引气剂，引入大量微小气泡，产生滚珠效应，大大改善混凝土拌合物的工作性，可以配制出坍落度在 180～220mm 的大流动性泵送混凝土。

10.2.5　铁尾矿混合砂混凝土试验研究

参照现行标准《建筑用砂》GB/T 14684—2022、《普通混凝土用砂、石质量及检验方法标准》JGJ 52—2006 和《普通混凝土配合比设计规程》JGJ 55—2011 及已有的文献技术资料，设计混合砂混凝土配合比。使用混合砂配制混凝土，技术关键是混合砂粗细砂混合比例的确定；采用不同混合比例的混合砂进行筛分分析和混凝土试验，保证达到优良的工作性能、力学性能，优选出最佳的混合比例，使混凝土体系中各个颗粒级配分布合理，接近最密实最优化曲线；这样的混合砂应满足混凝土对普通砂的各项技术要求。配制混凝土时宜优先选用Ⅱ区中砂，现在常用的混合砂存在天然砂细度模数偏细、机制砂颗粒粗糙的缺点，采用二者混合，可以优化颗粒分布。其混合比例可按照混凝土工作性、混合砂细度模数等要求调整，以满足不同强度等级混凝土的要求。铁尾矿与机制砂混合配制砂混凝土同样可以参考已有的配合比设计经验，可采取不同混合比例进行试验优选。用水量和外加剂掺量参照普通混凝土配合比设计经验，试验时适当调整，保证达到要求的工作性，设计出机坍落度满足运输和施工的要求。当采取假定重度法设计配合比时，应当采用重度试验进行校核。对于铁尾矿混合砂混凝土主要考察混凝土工作性和抗压强度两个指标。铁尾矿混合砂混凝土试验相关数据见附表 1～附表 7。

1. 配合比设计参数要求

（1）铁尾矿占混合砂比例：30%、40%、50%、60%、70%。

（2）用水量：165～180kg/m³。

（3）坍落度：（200±20）mm。

2. 配合比设计方法

（1）采用最大重度理论确定集料组成比例：本配合比设计中采用铁尾矿、机制砂两种砂组成细集料，5～10mm、10～20mm 两种碎石组成粗集料，应用最大重度理论确定细集料、粗集料的各组分最佳组成。

（2）水胶比－强度理论和耐久性限制要求：根据设计要求和水泥强度、其他胶凝材料活性等参数指标按照水胶比－强度理论确定水胶比、用水量及胶凝材料用量；水胶比、用水量及胶凝材料用量需满足《普通混凝土配合比设计规程》JGJ 55—2011 中相关要求及耐久性要求。

（3）美国标准 ACI211.1 粗集料毛体积：一般认为混凝土中粗集料用量与粗集料最大粒径和所搭配细集料的细度模数等指标相关，借鉴美国标准 ACI211.1 关于单位体积混凝土中粗集料毛体积规定，根据施工实践针对不同工作性要求，可以调整 ±10% 粗集料毛体积。其中粗集料毛体积指粗集料干燥捣实状态下的体积。

（4）绝对体积法设计配合比：考虑混凝土存在一定含气量，采用绝对体积法设计混凝土配合比。

3. 基准混凝土配合比设计步骤

（1）确定水胶比：按照设计要求和水泥强度等参数，依据保罗米强度公式，计算得到水胶比，同时参照混凝土结构环境类别和相关耐久性规定的最小水胶比要求，取最小水胶比作为配合比的水胶比。

（2）确定用水量：根据混凝土工作性要求和所选用粗骨料最大粒径等参数指标，选择用水量。再根据推荐掺量的外加剂的减水率，确定用水量。

（3）确定胶凝材料用量：其包括水泥用量、矿物掺合料用量。根据已确定的水胶比和用水量，计算出理论水泥用量；根据矿物掺合料性能指标和耐久性设计要求，确定矿物掺合料掺量，计算出水泥用量和矿物掺合料用量。

（4）确定外加剂掺量：根据外加剂推荐掺量和胶凝材料用量、用水量等，进行净浆流动度试验，确定外加剂最佳掺量。

（5）测定各种细集料、粗集料的松散堆积密度及空隙率。

（6）确定粗集料用量：借鉴美国 ACI211.1 标准关于 1m³ 混凝土中粗集料的毛体积经验取值和配合比设计实践，确定粗集料用量。

（7）按照绝对体积法计算细集料用量，确定基准配合比。

按照混凝土基准配合比进行混凝土试配试验，根据混凝土工作性能和强度情况确定配合比。

4. 混凝土配合比设计

（1）水胶比、用水量、理论水泥用量（表 10-21）

铁尾矿混合砂混凝土配合比 表 10-21

强度等级	水胶比	用水量（kg/m³）	理论水泥用量（kg/m³）
C20	0.60	180	300
C30	0.50	180	360
C40	0.40	175	438
C50	0.35	170	486

（2）水泥用量、粉煤灰用量、矿渣粉用量（表 10-22）

铁尾矿混合砂混凝土胶凝材料用量 表 10-22

胶凝材料用量	水泥用量	粉煤灰用量	矿渣粉用量
100%	60%	20%	20%

（3）外加剂掺量

外加剂推荐掺量 2.0%，外加剂净浆流动度试验中水泥、粉煤灰、矿渣粉掺量与配合比掺量一致，胶凝材料总量为 450g，用水量为 87g。在外加剂掺量 2.4% 时，外加剂净浆最外边缘出现泌水环。从图 10-11 可以看出，外加剂饱和掺量为 2.0%。

（4）细集料、粗集料的松散堆积密度和空隙率试验

表 10-23 中所谓粗集料毛体积在美国标准中注明为粗集料处于干燥捣实状态下的体积，分析表中数据分析可以看出，美国标准中粗集料用量主要与粗集料最大粒径和所掺用细集料的细度模数有关，未充分考虑胶凝材料的影响；同时补充规定根据工作性要求不同，粗集料毛体积在 ±10% 范围内浮动。试验采用 5～20mm 碎石，粗集料毛体积选取

数据详见图 10-12 和表 10-24。考虑到混凝土工作性要求和配合比设计实践，如表 10-25 所示，可以经过计算和试验，按照不同强度等级选定粗集料毛体积的修正系数。

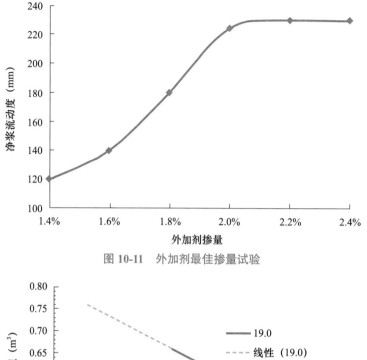

图 10-11 外加剂最佳掺量试验

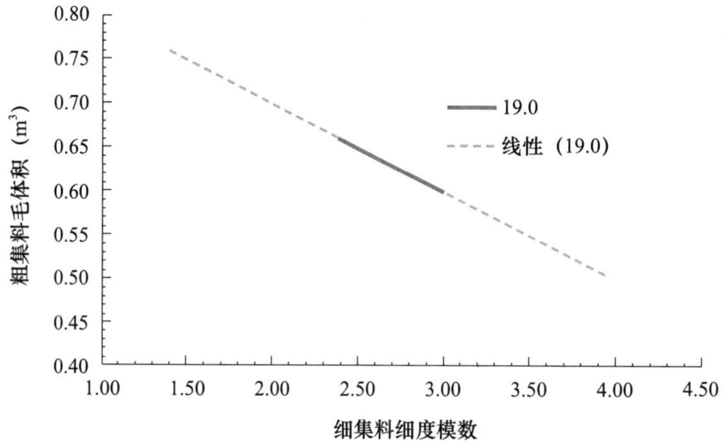

图 10-12 粗集料（最大名义粒径 19.0mm）毛体积与细集料细度模数的关系

粗集料采用 5～10mm 碎石与 10～20mm 碎石组成二级配碎石，5～10mm 碎石与 10～20mm 碎石的比例为 6：4 时空隙率最小，松散堆积密度最大，因此粗集料采用该级配的二级配碎石。

1m³ 混凝土不同粒径的粗集料毛体积与细集料细度模数的关系　　　　　　表 10-23

粗集料最大粒径（mm）	粗集料毛体积（m³）			
	细集料的细度模数			
	2.40	2.60	2.80	3.00
9.5	0.50	0.48	0.46	0.44
12.5	0.59	0.57	0.55	0.53

续表

粗集料最大粒径（mm）	粗集料毛体积（m³）			
	细集料的细度模数			
	2.40	2.60	2.80	3.00
19.0	0.66	0.64	0.62	0.6
25.0	0.71	0.69	0.67	0.65
37.5	0.75	0.73	0.71	0.69
50.0	0.78	0.76	0.74	0.72
75.0	0.82	0.8	0.78	0.76
150.0	0.87	0.85	0.83	0.81

1m³ 混凝土粗集料用量（最大名义粒径 19.0mm） 表 10-24

混合砂混合比例		混合砂细度模数	粗集料毛体积（m³）	粗集料用量（kg/m³）	粗集料紧密堆积密度（kg/m³）
铁尾矿砂	机制砂				
3	7	3.16	0.59	925	
4	6	2.86	0.61	956	
5	5	2.63	0.64	1003	1600
6	4	2.40	0.66	1035	
7	3	2.17	0.69	1082	

1m³ 混凝土粗集料毛体积的修正系数 表 10-25

强度等级			C20	C30	C40	C50
修正系数			0.96	0.98	1.06	1.08
粗集料毛体积（m³）	细集料比例	3∶7	0.57	0.58	0.63	0.64
		4∶6	0.59	0.60	0.65	0.66
		5∶5	0.61	0.63	0.68	0.69
		6∶4	0.63	0.65	0.70	0.71
		7∶3	0.66	0.68	0.73	0.75
粗集料用量（kg/m³）	细集料比例	3∶7	906	925	1001	1020
		4∶6	937	956	1035	1054
		5∶5	983	1004	1085	1106
		6∶4	1014	1035	1119	1140
		7∶3	1060	1082	1170	1192

（5）基准配合比

铁尾矿混合砂混凝土采用绝对体积法设计配合比，原材料表观密度见表10-26。

原材料表观密度　　　　　　　　　表 10-26

材料名称	水	水泥	粉煤灰	矿渣粉	碎石	铁尾矿	机制砂	外加剂
表观密度（kg/m³）	1000	3100	2200	2800	2750	2730	2770	1200

铁尾矿混合砂混凝土基准配合比详见附表1。

（6）混凝土试配试验及配合比确定

根据基准配合比进行试验，主要考察混凝土坍落度、扩展度及和易性等工作性能和力学性能，见附表2。

从附表2中优选出工作性能和力学性能较好的配合比，见表10-27。

优选的铁尾矿混合砂混凝土配合比　　　　　　表 10-27

强度等级	水胶比	水（kg/m³）	水泥（kg/m³）	粉煤灰（kg/m³）	矿渣粉（kg/m³）	铁尾矿砂（kg/m³）	机制砂（kg/m³）	砂率	含气量	密度（kg/m³）
C20	0.60	180	180	60	60	60%	40%	47%	2.50%	2382
C30	0.46	175	240	72	72	50%	50%	45%	2.00%	2405
C40	0.40	175	264	88	88	40%	60%	43%	1.50%	2416
C50	0.35	170	292	97	97	40%	60%	41%	1.20%	2432

按照配合比设计规程和工程需要，可以采取浮动水胶比、砂率等参数，进行配合比试配，混凝土体积需符合设计要求。

5. 工作性能

铁尾矿混合砂混凝土拌合物工作性能试验表明，只要混合比例适宜，采用铁尾矿与机制砂组成的混合砂完全可以配制出工作性能优良的混凝土。混合砂中铁尾矿与机制砂的混合比例不是固定的，其随着强度等级（胶凝材料用量）的变化而变化，铁尾矿在混合砂中的掺入比例与强度等级存在反比例关系，即随着强度等级增高掺入比例降低。从混凝土全级配颗粒体系角度分析可以解释随着强度等级增高，水胶比变小、胶凝材料用量加大，为达到相同的工作性和适宜的黏稠度，砂颗粒级配区间中细粉颗粒应适当降低，砂细度模数变大，所以含细颗粒较多的铁尾矿比例应随之降低。

6. 力学性能

混凝土力学性能主要以标准养护条件下各龄期的混凝土抗压强度作为考察指标。从各龄期强度发展规律来看，对于C20～C50强度等级混凝土，铁尾矿的掺入比例与混凝土强度相关性较差，各龄期强度虽有差异，但波动幅度不大；工作性能良好的混凝土其强度发展均满足普通混凝土强度发展规律。

10.2.6 混凝土全级配曲线研究

通过筛分析方法测定铁尾矿、机制砂、碎石等粗细集料颗粒级配，使用激光粒度测定仪测定水泥、粉煤灰、矿渣粉的颗粒级配（见附表6），根据已经试验验证的性能优良的混凝土配合比中确定的细集料、粗集料比例关系，绘制砂颗粒级配曲线、砂石颗粒级配曲线，并对比相关传统理想曲线，探讨级配曲线特征，尝试拟合适宜的数学表达式。

按照配合比中各组分的体积比和各粒径通过率计算出混凝土整个体系中各粒级总通过率，绘制混凝土全级配曲线。对比分析传统理想级配曲线与铁尾矿混凝土全级配曲线，探讨铁尾矿混凝土全级配曲线的特征，尝试拟合适宜的数学表达式。

1. 传统理想级配曲线

（1）富勒曲线（Fuller 曲线）理论

$$富勒曲线表达式为：P = 100 \left(\frac{d}{D_{max}} \right)^n \tag{10-1}$$

式中 P——小于粒径 d 的颗粒总数，通常用粒径 d 的通过率表示；

D_{max}——体系中颗粒最大粒径，通常指名义最大粒径；

d——筛孔尺寸或颗粒粒径；

n——指数，富勒曲线理论中一般取 1/3～1/2。

Fuller 曲线理论最早在 1909 年由 Fuller 和 Thomson 提出，该理论认为体系中颗粒填充密度最大时应存在最理想级配关系；n 一般取值 1/3～1/2，$n = 1/2$ 时代表最大密度理想曲线。

（2）鲍罗米曲线（Bolomey 曲线）理论

1926 年 Bolomey 提出，研究混凝土体系时应特别重视细颗粒的重要性，为保证混凝土工作性良好，应当增加 10% 左右的浆体，即富余浆体理论，并提出著名的 Bolomey 曲线理论。

$$Bolomey 曲线表达式为：P = 10 + 90 \sqrt{\frac{d}{D_{max}}} \tag{10-2}$$

经过多年沿用和演绎，混凝土颗粒的最佳粒径分布发展为著名的 Bolomey 等式：

$$P = A + (100 - A) \sqrt{\frac{d}{D_{max}}} \tag{10-3}$$

式中 A——常数，取决于混凝土工作性要求和骨料性质，通常在 2～14。

如果式（10-3）中 A 取值为 0，则 Bolomey 等式变为式（10-1），其中 $n = 1/2$。

Fuller 曲线理论和 Bolomey 曲线理论都提出体系中颗粒密实理论，Fuller 曲线理论认为颗粒之间应当空隙率最小，细颗粒应能够尽量填充进较粗颗粒组成的空隙，体系性能最佳；在混凝土体系中水泥等微细颗粒填充进细集料形成的空隙，水泥、细集料组成的较细颗粒又填充进粗集料形成的空隙中，最终形成最密实体系，这样配制的混凝土力学性能最佳。研究证明按照 Fuller 曲线理论配制的混凝土体系各颗粒之间堆积最紧密，与水搅拌后形成的混凝土拌合物流动性很小，直接影响混凝土的工作性和泵送性能，比较适宜干硬性混凝土。Bolomey 曲线理论认为体系中颗粒间互相填充减小空隙，但相对于达到最密实状态，还应考虑水泥等微细颗粒对于混凝土体系工作性的影响，保证一定的富余量以包裹粗颗粒，润滑整个体系形成足够的可移动性。

在混凝土体系中研究应用传统理想曲线，多数情况下针对粗细集料体系颗粒级配，分析式（10-1）和式（10-2），假设水泥等胶凝材料颗粒占整个体系颗粒中的体积百分比为 C_B，则按照 Fuller 曲线理论和 Bolomey 曲线理论，式（10-2）和式（10-3）变为只涉及集料颗粒级配的式（10-4）和式（10-5）。

$$P = \frac{100\left(\dfrac{d}{D_{\max}}\right)^n - C_B}{100 - C_B} \qquad (10\text{-}4)$$

$$P = \frac{A - C_B + (100 - A)\sqrt{\dfrac{d}{D_{\max}}}}{100 - C_B} \qquad (10\text{-}5)$$

根据 10.2.2 节采用 5～20mm 碎石、铁尾矿、机制砂、粉煤灰、矿渣粉、水泥，绘制理想级配曲线，如图 10-13～图 10-17 所示。

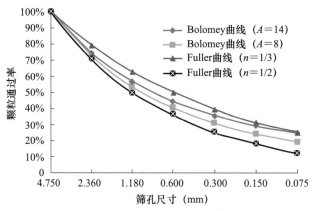

图 10-13 混合砂理想级配曲线

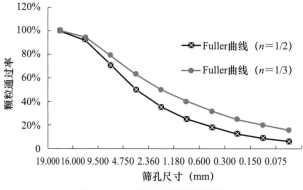

图 10-14 砂石理想级配曲线

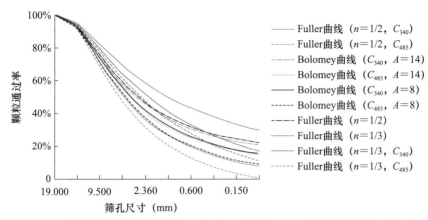

图 10-15 考虑胶凝材料影响的砂石理想级配曲线（40%砂率铁尾矿混凝土中砂石）

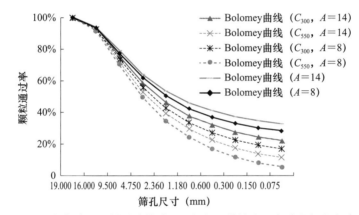

图 10-16 考虑胶凝材料影响的砂石理想级配曲线（混合砂混凝土中砂石）

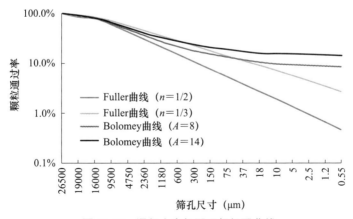

图 10-17 混凝土全级配理想级配曲线

2. 铁尾矿混凝土级配曲线研究

按照表10-27已经确定的C20~C50铁尾矿混凝土配合比中砂石比例关系和混凝土全部颗粒比例关系分别绘制砂石级配曲线和铁尾矿混凝土全级配曲线，通过与传统理想曲线对比分析，研究铁尾矿混凝土相关级配曲线的特征。

（1）砂石级配曲线

从图 10-18 砂石级配曲线与理想级配曲线对比分析可以看出，铁尾矿混凝土中砂石级配缺少 2.36mm 粒径和 4.75mm 粒径颗粒，除这两个粒径外砂石级配曲线比较靠近 Fuller 曲线（$n = 1/3$），基本都分布在 Fuller 曲线（$n = 1/2$）和 Fuller 曲线（$n = 1/3$）之间。

（2）铁尾矿混凝土全级配曲线

按照 C30 铁尾矿混凝土配合比和附表 3 绘制 C30 铁尾矿混凝土全级配曲线（各粒径通过率数据详见附表 7），如图 10-19、图 10-20 所示。通过对比分析 C30 铁尾矿混凝土全级配曲线与传统理想级配曲线（Fuller 曲线和 Bolomey 曲线），C30 铁尾矿混凝土全级配曲线与 Fuller（$n = 1/3$）曲线比较接近，与其他曲线相差较大。在 $1/3 \sim 1/2$ 范围内改变 Fuller 曲线中 n 值，拟合出 Fuller 曲线，发现当 $n = 0.27$ 时比较接近 C30 铁尾矿混凝土全级配曲线；当 $A \neq 0$ 时，Fuller 等式变为 Bolomey 等式，如图 10-19 所示，当 $n = 0.27$ 时 C30 铁尾矿混凝土全级配曲线与不同 A 值的 Bolomey 曲线交织在一起，非常接近，如附表 7 所示。A 值与混凝土工作性和骨料品质相关，对于铁尾矿混凝土来说，不同强度等级混凝土中胶凝材料用量不同混凝土拌合物的黏聚性、坍落度、扩展度等工作性能是不同的，应适当调整 A 值，进行初步曲线拟合，如图 10-21～图 10-24 所示。拟合曲线与各强度曲线比较接近，同时由于铁尾矿混凝土中掺入了引气剂，引入了适量 $200\sim300\mu m$ 的微小、封闭气泡，填充了混凝土中大的空隙，改善了混凝土流动性能。可以认为如果级配曲线考虑了这些微小、封闭的气泡，将会更加接近理想级配曲线。

3. 铁尾矿混合砂混凝土级配曲线研究

（1）砂石最佳比例关系

从铁尾矿混合砂混凝土拌合物的和易性和强度发展规律可以看出，混凝土各强度等级在和易性较好、强度相同的条件下存在砂石最佳比例关系，见表 10-28。

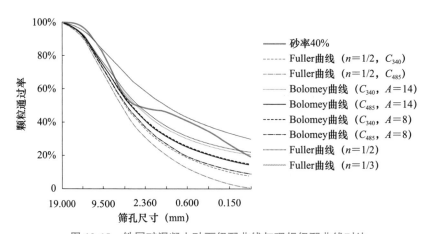

图 10-18　铁尾矿混凝土砂石级配曲线与理想级配曲线对比

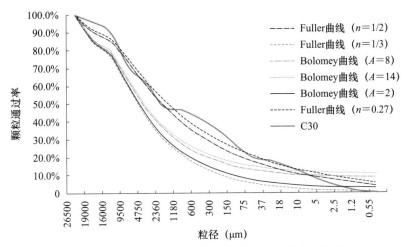

图 10-19　C30 铁尾矿混凝土全级配曲线与基准曲线对比

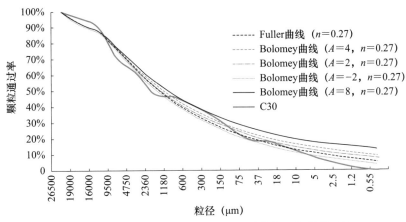

图 10-20　C30 铁尾矿混凝土全级配曲线与理想曲线对比

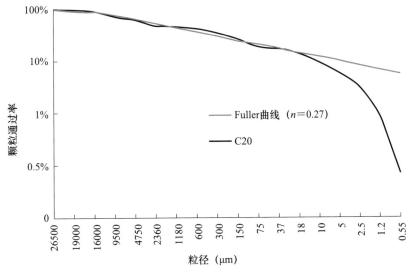

图 10-21　C20 铁尾矿混凝土全级配曲线

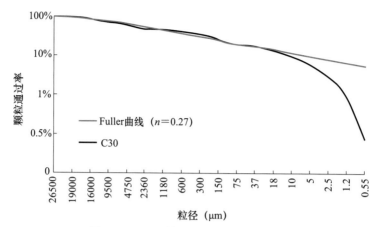

图 10-22 C30 铁尾矿混凝土全级配曲线

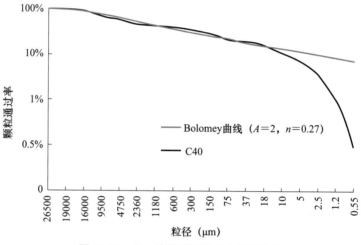

图 10-23 C40 铁尾矿混凝土全级配曲线

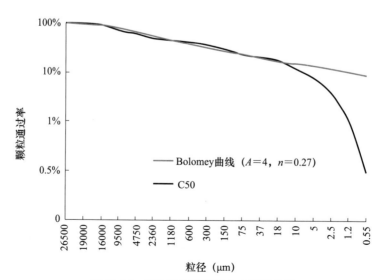

图 10-24 C50 铁尾矿混凝土全级配曲线

砂石最佳比例关系　　　　　　　　表 10-28

强度等级	C20	C30	C40	C50
铁尾矿砂占混合砂比例	60%	50%	40%	40%
砂率	47%	45%	43%	41%

（2）砂颗粒级配曲线研究

砂筛分析柱状图见图 10-25，分析发现，天然砂颗粒级配主要分布在 0.075～0.300mm，铁尾矿砂的颗粒分布比天然细砂的颗粒分布要广，在 0.075～4.750mm 之间均有颗粒分布，分布比较合理；机制砂颗粒主要分布在 0.300～2.360mm 之间。天然砂与机制砂组成级配合理的混合中砂，其颗粒主要分在 0.075～2.360mm 之间，各颗粒大小填充、基本无叠加；铁尾矿与机制砂组成级配合理的混合中砂，颗粒级配分布在 0.075～4.750mm 的范围内，不仅大小填充，还能叠加补充，更利于优化颗粒分布。

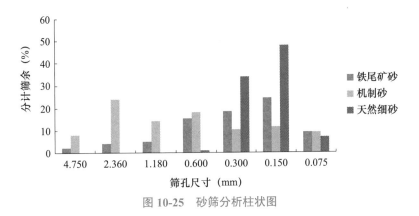

图 10-25　砂筛分析柱状图

分析铁尾矿砂、机制砂颗粒级配筛分析试验数据，根据表 10-28 中的砂石比例关系，绘制细集料为铁尾矿与机制砂混合砂的颗粒级配曲线图，见图 10-26～图 10-28。

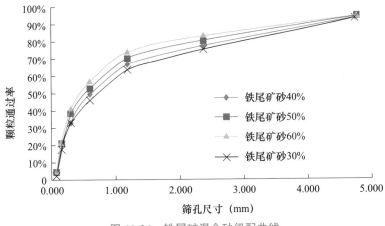

图 10-26　铁尾矿混合砂级配曲线

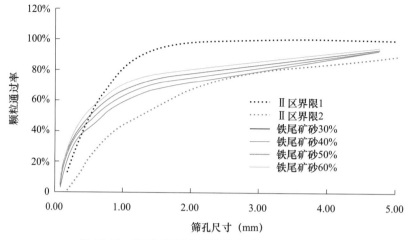

图 10-27 铁尾矿混合砂级配与标准 Ⅱ 区级配曲线

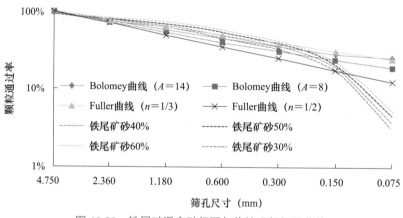

图 10-28 铁尾矿混合砂级配与传统理想级配曲线

图 10-28 是符合表 10-29 中 A 值的取值范围的颗粒级配曲线，4 种混合砂级配曲线分布在一个较小范围内。从图 10-28 中可以看出，混合砂级配曲线大致分布在《普通混凝土用砂、石质量及检验方法标准》JGJ 52—2006 规定的 Ⅱ 区级配区间内，只是在 0.160～0.315mm 粒级中通过率稍超出标准规定值，主要是混合砂中含有的 0.160～0.315mm 甚至 0.16mm 以下粒级细粉料较多。

（3）砂石颗粒级配曲线研究

对比分析铁尾矿、机制砂及二级配碎石颗粒级配筛分析试验数据，根据表 10-28 中砂石比例关系，绘制粗细集料的颗粒级配分布曲线，如图 10-29、图 10-30 所示。可以看出砂石实测级配曲线在 Fuller 曲线（$n = 1/3$）和 Fuller 曲线（$n = 1/2$）范围内。

（4）铁尾矿混合砂混凝土全级配曲线

按照 C30 铁尾矿混合砂混凝土配合比和附表 6 绘制 C30 铁尾矿混合砂混凝土全级配曲线（各粒径通过率详见附表 7 中 C30 铁尾矿混合砂混凝土），如图 10-31、图 10-32 所示。通过对比分析 C30 铁尾矿混合砂混凝土全级配曲线与传统、理想级配曲线 Fuller 曲线和

Bolomey 曲线，C30 铁尾矿混合砂混凝土全级配曲线与 Fuller（$n = 1/2$）曲线比较接近，与其他曲线相差较大。在一定范围内改变 Fuller 曲线中 n 值，拟合出 Fuller 曲线，发现 $n = 0.27$ 时比较接近 C30 铁尾矿混合砂混凝土全级配曲线；当 $A \neq 0$ 时，Fuller 等式变为 Bolomey 等式。适当调整 A 值，进行初步曲线拟合，如图 10-31～图 10-35 所示，拟合曲线与各强度等级全级配曲线比较接近。

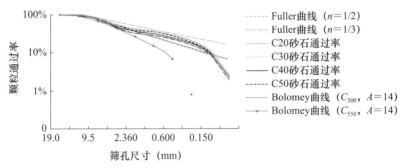

图 10-29　铁尾矿混合砂混凝土砂石颗粒级配曲线与传统曲线对比 A

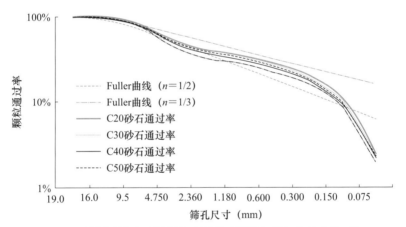

图 10-30　铁尾矿混合砂混凝土砂石颗粒级配曲线与传统曲线对比 B

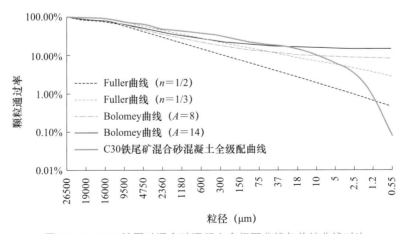

图 10-31　C30 铁尾矿混合砂混凝土全级配曲线与传统曲线对比

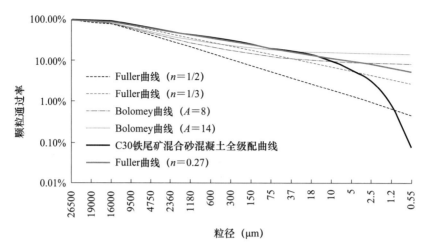

图 10-32 C30 铁尾矿混合砂混凝土全级配曲线与理想曲线对比

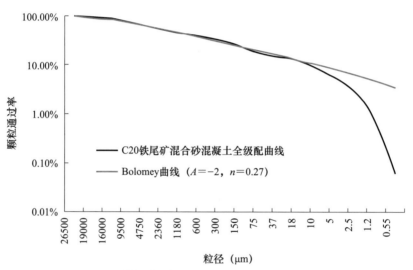

图 10-33 C20 铁尾矿混合砂混凝土全级配曲线与理想曲线对比

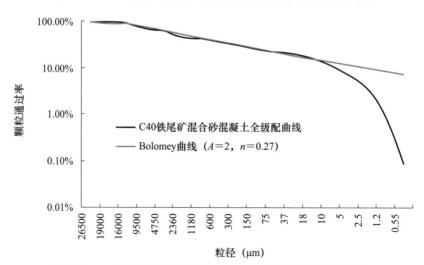

图 10-34 C40 铁尾矿混合砂混凝土全级配曲线与理想曲线对比

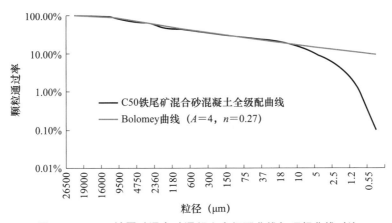

图 10-35　C50 铁尾矿混合砂混凝土全级配曲线与理想曲线对比

综合分析认为：

（1）通过铁尾矿混合砂混凝土的混合砂级配实测曲线研究并对比分析传统级配曲线，混合砂级配实测曲线比较接近 Fuller（$n = 1/3$）曲线，基本符合传统的 Fuller 曲线理论。

（2）通过铁尾矿混凝土和铁尾矿混合砂混凝土的砂石级配实测曲线研究并对比分析传统级配曲线，砂石级配实测曲线在 Fuller（$n = 1/2$）和 Fuller（$n = 1/3$）之间，基本符合传统的 Fuller 曲线理论。

（3）通过铁尾矿混凝土和铁尾矿混合砂混凝土的全级配颗粒实测曲线研究并对比分析传统级配曲线，混凝土全级配实测曲线基本符合式（10-3）。

A 在 $-4 \sim 14$ 之间取值，具体见表 10-29。

A 值取值范围　　　　　　　　　表 10-29

品种	强度等级			
	C20	C30	C40	C50
铁尾矿混凝土	0	0	2	14
铁尾矿混合砂混凝土	−4	0	2	14

10.2.7　铁尾矿混合砂混凝土与天然砂混凝土的对比分析

以 C30 混凝土为例，采用铁尾矿、机制砂、5～10mm 碎石和 10～20mm 碎石按照上述最优颗粒级配理论配制铁尾矿混合砂混凝土；同时采用常用的天然中砂、5～20mm 碎石配制天然砂混凝土。由于天然砂石资源匮乏、碎石破碎工艺不合理等原因，天然砂含石率 25%，含泥量 3.5%，细度模数 2.6；碎石为 5～20mm 碎石，针片状含量 10%，空隙率 45%。天然砂级配中间颗粒缺少，粒径 2.5mm 以上和 0.075mm 以下颗粒偏多；5～20mm 连续级配碎石中普遍缺少 5～10mm 颗粒，配合比设计中为达到施工所需的混凝土良好的和易性和工作性，必须增加水泥等胶凝材料用量和提高砂率，同时由于砂石中含泥量超标，外加剂掺量需要增大。

1. 配合比（表 10-30）

C30 混凝土配合比（kg/m³） 表 10-30

强度等级	水	水泥	粉煤灰	矿渣粉	铁尾矿	机制砂	二级配碎石	碎石	天然砂	外加剂
铁尾矿 C30	175	240	72	72	415	415	1016	0	0	7.0
天然砂 C30	180	260	70	70	0	0	0	900	860	8.0

2. 工作性能和力学性能（表 10-31）

C30 混凝土基本性能 表 10-31

强度等级	工作性能		力学性能	
	坍落度（mm）	扩展度（mm）	7d 抗压强度（MPa）	28d 抗压强度（MPa）
铁尾矿 C30	220	520	28.5	39.6
天然砂 C30	220	530	28.3	40.3

从工作性能和力学性能试验结果看出，铁尾矿混合砂混凝土和天然砂混凝土性能基本相近，都能够满足 C30 强度等级混凝土施工要求。

3. 颗粒级配曲线分析

按照原材料粒度分析测试试验结果和混凝土配合比分别绘制 C30 天然砂混凝土全级配曲线和 C30 铁尾矿混合砂混凝土全级配曲线，见图 10-36。由图 10-36 可以看出 C30 天然砂全级配曲线与 Fuller 曲线（$n = 0.27$）存在一定差距，颗粒级配分布存在不合理之处，而 C30 铁尾矿混合砂混凝土由于采用铁尾矿、机制砂、二级配碎石合理调整比例，颗粒级配分布相对合理。

4. 成本分析

混凝土体积配合比柱状图见图 10-37。从图 10-37 中看出 C30 铁尾矿混合砂混凝土碎石用量明显大于 C30 天然砂混凝土，铁尾矿和机制砂总量要小于天然砂用量；铁尾矿混合砂混凝土的砂石用量要大于天然砂混凝土，胶凝材料和用水量小于天然砂混凝土。两种混凝土这种差异主要是由砂石的颗粒级配不同引起的。天然砂混凝土由于碎石级配不合理、空隙率较大，在相同胶凝材料条件下需要较多的砂来填充包裹；而由天然砂颗粒组成的空隙只能由较细的胶凝材料填充，对于水胶比为 0.46 的 C30 混凝土来说属于中等胶凝材料水平，胶凝材料不可能完全填充砂空隙并产生富余量，相对于合理搭配的铁尾矿混合砂，由于天然砂空隙率较大，天然砂混凝土中存在比铁尾矿混凝土较多的空隙，表现为实测重度较小；同时由于砂率较大，外加剂吸附量增大，掺量随之增大。总之，混凝土中较大用量的惰性粗细集料用量，代表较大的体积稳定性；较大的重度代表较大的密实性，而密实性又与混凝土耐久性能密切相关；较低的外加剂掺量代表着配合比材料成本较低，因此按照本书推荐的配合比设计方法，采用优化颗粒级配的思路应用铁尾矿配制的混凝土明显优于天然砂混凝土。

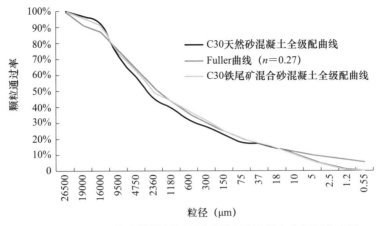

图 10-36　C30 天然砂混凝土和铁尾矿混合砂混凝土全级配曲线图

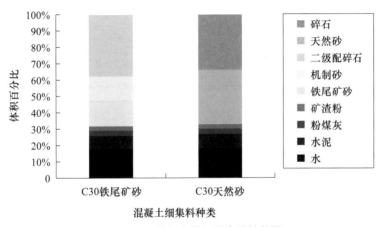

图 10-37　混凝土体积配合比柱状图

　　从材料成本分析，混凝土体系中成本较高的主要是水泥、粉煤灰、矿渣粉等胶凝材料，而砂石集料成本相对低廉，从 C30 铁尾矿混合砂混凝土和天然砂混凝土配合比可以看出 1m³ 的混凝土铁尾矿混合砂混凝土节省水泥 20kg，多使用砂石 80kg，外加剂减少1kg。按照水泥 400 元 /t、砂石 50 元 /t、外加剂 3000 元 /t 计算，可以降低混凝土成本7 元 /m³。这对于目前已经进入微利时代的预拌混凝土行业已经是很可观的差价，具有广阔的市场前景。

10.2.8　C30～C50 自密实混凝土的试验研究

　　自密实混凝土（Self Compacting Concrete 或 Self-Consolidating Concrete 简称 SCC），是能够保持不离析和均匀性，不需要外加振动或适当辅助振捣就可以依靠自身重力作用，充满模板每一个角落，达到充分密实和获得最佳性能的混凝土，多适用于配筋密集的复杂结构或不便振捣施工的结构中。采用铁尾矿与机制砂搭配组成混合砂、水泥与矿物掺合料合理搭配的胶凝材料体系和复合型高性能聚羧酸减水剂技术，通过调整混凝土体系空隙率和拌合物黏度配制自密实混凝土，要求自密实混凝土试验指标优良，满足自密实混凝土技术要求。

1. 自密实混凝土（SCC）工作性试验方法及检测指标要求

参照《自密实混凝土应用技术规程》T/CECS203—2021 和赵筠推荐的自密实混凝土工作性试验方法与典型值范围，确定研究自密实混凝土的工作性试验方法与相关检测指标，见表 10-32。

自密实混凝土的工作性试验方法与相关检测指标　　　　表 10-32

序号	试验方法	测试性能	典型值范围		
			单位	最小值	最大值
1	坍落度	填充性能	mm	240	280
2	扩展度	填充性能	mm	650	800
3	T500	填充性能	s	5	20
4	V 型漏斗通过时间	填充能力	s	10	20
5	U 型仪高差	通过钢筋间隙的能力	mm	0	50

2. 检测自密实混凝土（SCC）力学性能试验方法及检测指标要求

自密实混凝土力学性能按照《混凝土力学性能试验方法标准》GB/T 50081—2019 进行试验，检测指标满足设计强度要求。

3. 原材料

（1）水泥：从理论上讲任何水泥都可以配制自密实混凝土，一般可以选用普通硅酸盐水泥、硅酸盐水泥，通常与矿物掺合料复合使用。本书选择使用 P.O42.5 水泥。

（2）矿物掺合料：通常混凝土所用的矿物掺合料（如粉煤灰、粒化高炉矿渣粉、硅灰）以及一些惰性矿物掺合料（如石粉等）都可以用于配制自密实混凝土。一般自密实混凝土中大多掺入较大掺量的矿物掺合料，矿物掺合料的质量在自密实混凝土中显得十分重要，因此对于矿物掺合料的技术指标要求比较严格，同时要求各项指标稳定，各批次间波动较小。本书选择使用优质Ⅰ级 F 类粉煤灰、S95 级粒化高炉矿渣粉作为矿物掺合料。

（3）细集料：通常混凝土用的Ⅱ区中砂或各种满足及配要求的混合砂都可用于配制自密实混凝土；细集料中小于 0.075mm 的细粉颗粒对于自密实混凝土工作性能影响较大，应进行适当控制，对于含泥量控制在 3% 以内，经试验确定为石粉的细粉含量应根据所采用细集料中细粉含量平均水平进行控制。本书使用铁尾矿砂与机制砂搭配成混合砂，混合砂石粉含量平均水平在 10%～15%，因此采用石粉含量为 15% 的铁尾矿混合砂配制自密实混凝土。

（4）粗集料：自密实混凝土通常要求粗集料最大粒径小于 20mm，将废石破碎成的 5～10mm、10～20mm 的二级配碎石，其压碎指标和含泥量等指标均满足使用要求，本书选用二级配碎石。

（5）外加剂：宜采用复合型的高效减水剂，其中减水剂宜采用中等减水率的高效减水剂，优先选择聚羧酸系高效减水剂。选用质量稳定、气泡间隔系数小的优质引气剂。工程实践中也有在混凝土中掺入短纤维增黏的实例。本书选用复合型聚羧酸高性能减水剂，经过大量试验验证，其能够满足配制自密实混凝土的技术要求。

4. 配合比设计原则

自密实混凝土要求高流动性和高抗离析性能，实现高流动性主要依靠减水剂对混凝土颗粒体系的表面活性作用，通常通过高效减水剂即可实现。对于高流动性混凝土的高抗离析性能，则要求混凝土拌合物具有足够的黏度，粗细集料与各粒级粉体材料、水分子组成结合紧密的稳定体系。一般要求在混凝土流动过程中粗集料能被砂浆挟裹移动到最外边缘处，当混凝土拌合物堆积到一定高度，粗骨料不能下沉，出现离析、泌水等和易性不良的状态。

5. 配合比设计步骤

（1）一般总的胶凝材料可以控制在 $400\sim500\text{kg/m}^3$，过多或过少的胶凝材料会对混凝土的工作性或耐久性产生不利影响。

（2）单位用水量宜为 $155\sim185\text{kg/m}^3$。

（3）水胶比应根据胶凝材料种类以及集料的品质确定，通常应控制浆固比为 $0.80\sim1.15$；单位浆体体积应为 $0.32\sim0.40\text{m}^3$。水胶比和水泥用量符合混凝土耐久性要求，矿物掺合料用量和水泥用量还应参照混凝土耐久性规定通过试验确定。

（4）粗细集料用量及各组分之间比例参照本书中推荐的方法，通过最大填充密度试验和混凝土试配试验确定。

（5）最终计算出基准配合比，见表 10-33。

自密实混凝土基准配合比　　　　　　　　　　　　　　表 10-33

强度等级	水胶比	水 （kg/m³）	水泥 （kg/m³）	粉煤灰 （kg/m³）	矿渣粉 （kg/m³）	砂率	铁尾矿	外加剂
C30SCC	0.44	175	200	120	80	52%	60%	2.0%
C40SCC	0.40	175	220	140	80	50%	50%	2.0%
C50SCC	0.33	165	250	150	100	50%	50%	2.2%

6. 混凝土试配及调整

自密实混凝土工作性能主要包括流动性、抗离析性和填充性，可分别采用坍落度、扩展度试验、V 型漏斗试验（或 T500 试验）和 U 型仪试验检测。经过大量试配试验，配制的自密实混凝土工作性能测试见表 10-34，混凝土抗压强度见表 10-35。

自密实混凝土工作性能试验数据 表 10-34

强度等级	坍落度（mm）	扩展度（mm）	T500 流动时间（s）	V 型漏斗通过时间（s）	U 型仪高差（mm）
C30SCC	255	650	12	16	30
C40SCC	265	680	12	18	25
C50SCC	265	700	15	19	30

自密实混凝土抗压强度试验数据（MPa） 表 10-35

强度等级	抗压强度			
	R_{3d}	R_{7d}	R_{28d}	R_{60d}
C30SCC	21.2	31.0	42.0	48.9
C40SCC	25.5	42.2	52.6	57.0
C50SCC	28.6	50.1	62.3	67.4

7. 自密实混凝土拌合物（图 10-38、图 10-39）

图 10-38 铁尾矿混合砂自密实混凝土拌合物照片

图 10-39 铁尾矿混合砂自密实混凝土 U 型仪检测照片

配制自密实混凝土的关键是通过复合型高性能外加剂、胶结材料和粗细集料的选择与搭配，科学的配合比设计，将混凝土的屈服应力减小到小于自重产生的剪应力，增大混凝土流动性；同时又保证混凝土具有足够的塑性黏度，使粗集料悬浮于水泥砂浆中，不出现离析和泌水等，能自由流淌并充分填充模板内的空间，形成密实且均匀的胶凝结构。在自密实混凝土配合比设计中需要充分考虑自密实混凝土流动性、抗离析性、填充性、浆体用量和体积稳定性之间的相互关系，主要考虑混凝土工作性和力学性能。在配制中主要应采取以下措施：

（1）应选用聚羧酸系高性能减水剂为主的复合型多功能外加剂，其中减水剂优先选择聚羧酸系高性能减水剂，聚羧酸减水剂采取先消后引的工艺，通常引入混凝土的含气量宜控制在3%～4%；增黏剂采用纤维素、酰胺类聚合物，用于增加混凝土拌合物黏度，提高抗离析性能；根据季节和气温情况，辅以适量的保塑剂和缓凝剂。

（2）通过掺加优质的矿物掺合料和多级配的铁尾矿、机制砂、二级配碎石来调节混凝土塑性黏度等流变性能，同时优化浆固比，改善混凝土和易性，提高混凝土黏聚性能和填充性能。

（3）增加砂率可以提高混凝土拌合物黏聚性能，但是可能会对混凝土力学性能产生不利影响，因此采取铁尾矿、机制砂、5～10mm碎石、10～20mm碎石合理搭配优化组合，实现尽可能低的砂率。

（4）通过选用优质的粉煤灰、磨细矿渣粉、磨细石粉等，降低用水量，降低胶凝材料用量，从而增加粗细集料用量，增加自密实混凝土的体积稳定性和耐久性能。

10.2.9 小结

本书通过铁尾矿混凝土、铁尾矿混合砂混凝土试验研究，详细分析了两种技术路线下混凝土的工作性和力学性能，并研究了混凝土的配合比设计要点、粗细集料级配曲线、混凝土全级配曲线。综合分析认为铁尾矿单独作为细集料配制混凝土，应遵循特细砂混凝土配制原则，需要采取低砂率和在减水剂中复配适宜的增稠剂组分或引气剂组分；铁尾矿与机制砂组成混合砂，通过合理搭配混合比例、调整颗粒级配组成配制混合砂混凝土，混凝土工作性能和力学性能优良，满足预拌混凝土的大坍落度、长距离运输、泵送施工的技术要求。在缺乏特细砂混凝土应用的技术规范和实际施工经验时，对于特细砂混凝土需要掺入引气剂和保证足够胶凝材料，混合砂混凝土只需要合理调整铁尾矿砂和机制砂的混合比例，在预拌混凝土生产方式下简单易行，并且铁尾矿混合砂属于人工混合中砂，满足现行技术规范要求，施工单位、设计单位容易接受。综上所述，铁尾矿的资源化应用途径应为采取铁尾矿与机制砂混合配制铁尾矿混合砂混凝土，用于预拌混凝土的规模化生产。当细集料供应紧张，无法得到较粗的机制砂时，再考虑开展铁尾矿特细砂混凝土的工程应用实践。

10.3 铁尾矿配制的混凝土基本性能研究

按照颗粒级配理论和相关试验研究成果配制铁尾矿特细砂混凝土（或称铁尾矿混凝土）或铁尾矿与机制砂混合配制铁尾矿混合砂混凝土，需要进行混凝土基本性能研究。按照表10-36～表10-38中配合比进行混凝土试验，为开展工程应用提供详细的技术参数和依据。

铁尾矿特细砂混凝土配合比一览表　　　　表 10-36

混凝土类型	水胶比	水（kg/m³）	水泥（kg/m³）	粉煤灰（kg/m³）	矿渣粉（kg/m³）	砂（kg/m³）	石（kg/m³）	砂率	引气剂
C20 铁尾矿特细砂	0.51	175	120	100	120	748	1122	40%	0.55/万
C30 铁尾矿特细砂	0.46	175	200	80	100	738	1107	40%	0.5/万
C40 铁尾矿特细砂	0.40	175	263	88	88	633	1175	35%	0.5/万
C50 铁尾矿特细砂	0.35	170	291	97	97	625	1160	35%	0.5/万

铁尾矿混合砂混凝土配合比一览表　　　　表 10-37

混凝土类型	水胶比	水（kg/m³）	水泥（kg/m³）	粉煤灰（kg/m³）	矿渣粉（kg/m³）	集料用量（kg/m³）	铁尾矿占混合砂比例	砂率
C20 铁尾矿混合砂	0.60	180	180	60	60	1902	0.60	47%
C30 铁尾矿混合砂	0.46	175	240	72	72	1846	0.50	45%
C40 铁尾矿混合砂	0.40	175	264	88	88	1801	0.40	43%
C50 铁尾矿混合砂	0.35	170	292	97	97	1776	0.40	41%

天然混合砂混凝土配合比一览表　　　　表 10-38

混凝土类型	水胶比	水（kg/m³）	水泥（kg/m³）	粉煤灰（kg/m³）	矿渣粉（kg/m³）	集料用量（kg/m³）	天然细砂占混合砂比例	砂率
C20 天然混合砂	0.60	180	180	60	60	1902	0.60	47%
C30 天然混合砂	0.46	175	240	72	72	1846	0.50	45%
C40 天然混合砂	0.40	175	264	88	88	1801	0.40	43%
C50 天然混合砂	0.35	170	292	97	97	1776	0.40	41%

10.3.1 混凝土的外观颜色、重度

铁尾矿混凝土拌合物颜色与常规混凝土的灰褐色非常相近，基本认为拌合物颜色差异不大；硬化后混凝土试块外观颜色为灰白色或暗灰色，主要受水泥自身颜色和掺入的矿物掺合料颜色和掺量等因素影响，与常规混凝土对比，铁尾矿混凝土颜色在正常范围内。铁尾矿配制的新拌混凝土照片见图10-40。混凝土表观密度见表10-39。

图 10-40 铁尾矿配制的新拌混凝土照片

混凝土表观密度一览表 表 10-39

铁尾矿特细砂混凝土		铁尾矿混合砂混凝土		天然混合砂混凝土	
强度等级	表观密度（kg/m³）	强度等级	表观密度（kg/m³）	强度等级	表观密度（kg/m³）
C30	2395	C30	2415	C30	2395
C50	2439	C50	2445	C50	2435

10.3.2 工作性能

除 C20 混凝土流动性稍差外其余混凝土的和易性良好、流动性良好，坍落度和扩展度基本满足泵送施工要求（表 10-40）。

混凝土工作性能一览表 表 10-40

强度等级	铁尾矿特细砂混凝土	
	坍落度/扩展度（mm）	工作性描述
C20	200/500	和易性好、流动性稍差
C30	215/560	和易性好、流动性好
C40	215/570	和易性好、流动性好
C50	220/580	和易性好、流动性好
强度等级	铁尾矿混合砂混凝土	
	坍落度/扩展度（mm）	工作性描述
C20	190/410	和易性好、流动性稍差
C30	210/480	和易性好、流动性好
C40	210/490	和易性好、流动性好

续表

强度等级	铁尾矿混合砂混凝土	
	坍落度／扩展度（mm）	工作性描述
C50	220/540	和易性好、流动性好

强度等级	天然混合砂混凝土	
	坍落度／扩展度（mm）	工作性描述
C20	200/390	和易性好、流动性稍差
C30	210/480	和易性好、流动性好
C40	210/500	和易性好、流动性好
C50	220/520	和易性好、流动性好

10.3.3 力学性能

力学性能指标包括抗压强度、抗折强度、劈裂强度、轴心抗压强度、受压静弹性模量等。

1. 抗压强度（表 10-41）

混凝土抗压强度一览表（MPa） 表 10-41

铁尾矿特细砂混凝土			铁尾矿混合砂混凝土			天然混合砂混凝土		
强度等级	龄期		强度等级	龄期		强度等级	龄期	
	28d	60d		28d	60d		28d	60d
C20	31.5	37.5	C20	26.1	29.0	C20	24.6	28.0
C30	38.9	48.0	C30	43.0	51.2	C30	40.0	45.3
C40	54.2	64.7	C40	50.0	53.2	C40	50.6	55.0
C50	66.8	71.0	C50	59.0	67.0	C50	58.0	66.3

2. 抗折强度（表 10-42）

混凝土抗折强度一览表（MPa） 表 10-42

铁尾矿特细砂混凝土			铁尾矿混合砂混凝土			天然混合砂混凝土		
强度等级	龄期		强度等级	龄期		强度等级	龄期	
	28d	60d		28d	60d		28d	60d
C20	5.4	5.7	C20	5.30	5.80	C20	5.10	5.80
C30	6.3	6.5	C30	5.90	6.90	C30	6.00	6.20
C40	6.5	7.3	C40	6.20	6.80	C40	6.60	7.20
C50	6.6	7.1	C50	6.30	7.00	C50	6.80	7.70

3. 劈裂强度（表 10-43）

混凝土劈裂强度一览表（MPa） 表 10-43

铁尾矿特细砂混凝土			铁尾矿混合砂混凝土			天然混合砂混凝土		
强度等级	龄期		强度等级	龄期		强度等级	龄期	
	28d	60d		28d	60d		28d	60d
C20	2.76	3.17	C20	2.35	2.68	C20	2.20	2.66
C30	2.98	3.55	C30	2.80	3.25	C30	2.75	3.12
C40	3.14	3.91	C40	2.87	3.28	C40	2.77	3.19
C50	3.37	4.08	C50	3.30	3.78	C50	3.11	3.52

4. 轴心抗压强度（表 10-44）

混凝土轴心抗压强度一览表（MPa） 表 10-44

铁尾矿特细砂混凝土			铁尾矿混合砂混凝土			天然混合砂混凝土		
强度等级	龄期		强度等级	龄期		强度等级	龄期	
	7d	28d		7d	28d		7d	28d
C30	23.1	30.9	C30	26.7	37.0	C30	25.6	35.2
C50	38.0	41.2	C50	41.3	52.1	C50	38.0	43.1

5. 受压静弹性模量（表 10-45）

混凝土受压静弹性模量一览表（GPa） 表 10-45

铁尾矿特细砂混凝土			铁尾矿混合砂混凝土			天然混合砂混凝土		
强度等级	龄期		强度等级	龄期		强度等级	龄期	
	7d	28d		7d	28d		7d	28d
C30	17.3	26.0	C30	19.0	28.8	C30	19.2	28.0
C50	27.0	34.2	C50	33.8	37.2	C50	31.8	36.9

分析以上力学性能试验数据可知，无论是掺加铁尾矿的混凝土还是掺加天然砂的混凝土，其各龄期的强度都遵循水胶比降低强度增大的规律；细集料对于混凝土强度的影响远小于水胶比的影响；铁尾矿特细砂混凝土、铁尾矿混合砂混凝土各项力学性能指标均满足现行标准的要求。

10.3.4 抗氯离子渗透性能

从理论上讲，在高渗透性水泥浆体中，尤其是早期高水胶比的水泥浆体，此时毛细管空隙率较大，加入低渗透性骨料颗粒，可以降低整个混凝土的渗透性，因为骨料颗粒可以阻断水泥浆体中的通道，因此与纯水泥浆体相比，混凝土体系渗透性较小。但是实际上并非如此。由于在骨料和水泥浆体之间界面过渡区一般都存在微裂缝或由于泌水形成水囊或气囊，水化早期界面过渡区比较脆弱，容易产生微裂缝等缺陷，渗透离子容易从此通过。因此使用氯离子扩散系数试验可以有效评定混凝土体系的密实程度，进而有效表征混凝土抵抗有害离子侵蚀的耐久性能。

1. 氯离子扩散系数（RCM 方法）试验

（1）试验方法：按照《公路工程混凝土结构耐久性设计规范》JTG/T 3310—2019 和《混凝土结构耐久性设计与施工指南》CCES 01—2004 中混凝土氯离子扩散系数快速测定方法——RCM 试验方法，测定混凝土中氯离子非稳态快速迁移的扩散系数，以此来评价混凝土抵抗氯离子扩散的能力。

（2）试验仪器：北京耐尔公司制造的 RCM-DAL 型氯离子扩散系数测定仪（图 10-41）。

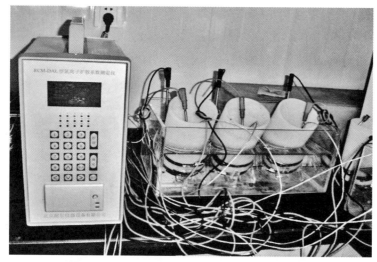

图 10-41　RCM-DAL 型氯离子扩散系数测定仪

（3）混凝土试件制作：根据以上配合比配制混凝土，首先成型尺寸为 Φ100×300mm 圆柱体试件，分别标养到各龄期；提前 7d 切割加工成 Φ100×50mm 的试件，继续标养到龄期。

（4）试验步骤：试件经过超声水浴清洗等步骤后安装在 RCM-DAL 的试验槽内，在试验槽中注入含 5%NaCl 的 0.2mol/L 的 KOH 溶液。试验室温度控制在（20±5）℃。根据初始电流确定试验时间。

（5）氯离子扩散深度测定

将试件移出后立即在压力机上劈成两半。在劈开表面喷涂显色剂以及 0.1mol/L 的 AgNO₃ 溶液，根据颜色变化判定氯离子渗透深度，通过测量并计算平均值，即得显色深度。

根据混凝土氯离子扩散系数计算公式计算试验结果。

$$D_{RCM, 0} = 2.872 \times 10^{-6} \frac{Th(x_d - \alpha\sqrt{x_d})}{t} \qquad (10\text{-}6)$$

$$\alpha = 3.338 \times 10^{-3} \sqrt{Th} \qquad (10\text{-}7)$$

式中　$D_{RCM, 0}$——RCM 法测定的混凝土氯离子扩散系数，m^2/s；

　　　　T——温度，K；

　　　　h——试件高度，m；

　　　　x_d——氯离子扩散深度，m；

　　　　t——通电试验时间，s。

试验结果见表 10-46。

氯离子扩散系数试验结果（$\times 10^{-12}$）　　　　　　　　表 10-46

混凝土强度等级	龄期	铁尾矿特细砂混凝土	铁尾矿混合砂混凝土	天然混合砂混凝土
C20	28d	2.64	2.66	2.77
C30	28d	2.27	2.43	2.71
C50	28d	2.04	2.24	2.44

2. 混凝土的抗氯离子侵入性结果

由《公路工程混凝土结构耐久性设计规范》JTG/T 3310—2019 和《混凝土结构耐久性设计标准》GB/T 50476—2019 混凝土抗氯离子侵入指标要求可知，试验结果满足耐久性要求。

10.3.5　库仑电量试验

1. 试验方法

按照 ASTM102 标准和《高性能混凝土应用技术规程》CECS 207：2006 附录 B 混凝土抗氯离子渗透性能试验方法，通过测定混凝土试件 6h 内通过的电量评价混凝土抵抗氯离子渗透的能力。

2. 试验仪器

本试验采用北京耐尔公司制造的 NEL-PEA 型混凝土电通量测定仪（图 10-42）。

3. 混凝土试件制作

根据以上配合比配制混凝土，首先成型尺寸为 100mm×100mm×400mm 棱柱体试件，分别标养到各龄期；提前 1～2d 切割加工成 100mm×100mm×50mm 的试件（图 10-43）。

4. 试验步骤

试件经过烘干、封蜡、负压饱水等步骤后安装在 NEL-PEA 的有机玻璃夹具上，正极接通盛放 0.3mol/L 的 NaOH 溶液池，负极接通盛放 3% 的 NaCl 溶液池。测量 6h 通过电量，以库仑计算，评价混凝土抗氯离子渗透性能。

图 10-42 NEL-PEA 型混凝土电通量测定仪　　图 10-43　100mm×100mm×50mm 的混凝土试件

5. 试验结果（表 10-47）

混凝土库仑电量试验结果（C）　　　　　表 10-47

强度等级	龄期	铁尾矿特细砂混凝土	铁尾矿混合砂混凝土	天然混合砂混凝土
C20	28d	3640	3812	3562
	56d	2470	2523	2630
C30	28d	2958	2045	2737
	56d	1545	1703	1695
C40	28d	2193	2018	2565
	56d	1252	1293	1294
C50	28d	1935	2020	2382
	56d	663	628	596

6. 结果评价

根据《高性能混凝土应用技术规程》CECS207：2006 附录 B 中表 B.0.4 评价混凝土渗透性能，见表 10-48。

混凝土库仑电量试验评价指标　　　　　表 10-48

6h 导电量（C）	氯离子渗透性分类	可采用的典型混凝土种类
＞4000	高	水胶比大于 0.60 的普通混凝土
2000～4000	中	水胶比为 0.50～0.60 的普通混凝土
1000～2000	低	水胶比为 0.40～0.50 的普通混凝土
100～1000	非常低	水胶比小于 0.38 的含矿物微细粉混凝土
＜100	可忽略不计	水胶比小于 0.30 的含矿物微细粉混凝土

混凝土抗氯离子渗透性以56d龄期、6h的总导电量作为混凝土库仑电量来判定渗透性高低。根据表10-49，铁尾矿混凝土满足混凝土抗氯离子渗透性能指标要求。

铁尾矿混凝土按库仑电量试验分级 表 10-49

强度等级	铁尾矿特细砂混凝土	铁尾矿混合砂混凝土	天然混合砂混凝土
C20	中等	中等	中等
C30	低	低	低
C40	低	低	低
C50	非常低	非常低	非常低

10.3.6 抗碳化性能

参照现行标准《混凝土长期性能和耐久性能试验方法标准》GB/T 50082碳化试验方法，适当改良试验条件，养护龄期28d后开始快速碳化试验，考虑C20强度等级的混凝土微观结构比较疏松，抗碳化性能比较差，一般主体结构较少使用，因此快速碳化试验采用C30、C40、C50混凝土进行试验，0～28d的碳化深度曲线如图10-44～图10-46所示。

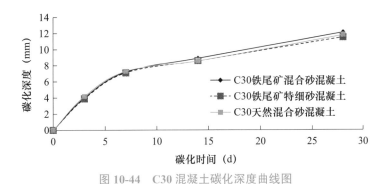

图 10-44 C30 混凝土碳化深度曲线图

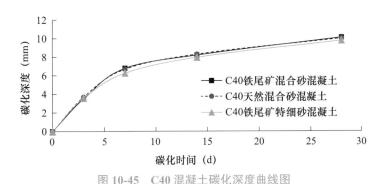

图 10-45 C40 混凝土碳化深度曲线图

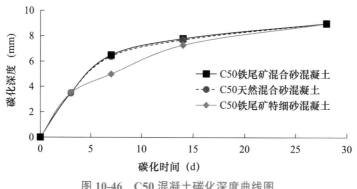

图 10-46　C50 混凝土碳化深度曲线图

在养护条件相同时混凝土各龄期碳化深度主要受强度等级、水胶比的影响，从碳化深度曲线图中看出，C30 混凝土碳化深度和 C40 以上混凝土有明显差距，主要受微孔结构密实程度影响。掺用铁尾矿的混凝土和掺用天然砂的混凝土的碳化深度虽有差异，都是在较小数值范围波动，可以认为基本相同。细集料在混凝土中主要是填充骨架作用，细集料的材质主要是非活性的硅质材料，不参与 Ca(OH)₂ 的化学反应；只要配制的混凝土级配合理、密实度良好，一般细集料对混凝土碳化性能没有影响，可以认为细集料不促进混凝土碳化。

为了研究铁尾矿低强度等级混凝土中掺入矿物掺合料对混凝土抗碳化性能的影响，以 C20 为例，验证铁尾矿混凝土中矿物掺合料的影响远小于养护作用。养护作用可以分为标准养护（温度 20℃、湿度大于 95%RH）28d、干养护（温度 20℃、湿度60%RH）14d 转标准养护（温度 20℃、湿度大于 95%RH）14d。按照表 10-50 中配合比制作混凝土试件，在不同养护条件下养护到 28d 后进行快速碳化试验，测试 3d、7d、14d、28d 龄期的碳化深度，绘制碳化深度－碳化时间关系图。从碳化深度－碳化时间关系图分析 1 号、2 号配合比养护条件相同时碳化深度随矿物掺合料和水泥比例不同而变化，基本遵循水泥用量高碳化深度小的规律，碳化深度在一个小范围内波动；不同养护条件下即使配合比相同碳化深度也相差很大，由此可以得出：养护方式尤其是混凝土早期（0～14d）湿养护对混凝土强度发展，内部结构密实起到决定性影响（图 10-47）。

C20 混凝土配合比　　　　　　　　　　　　　　　　　表 10-50

配合比编号	水胶比	水 （kg/m³）	水泥 （kg/m³）	粉煤灰 （kg/m³）	矿渣粉 （kg/m³）	砂 （kg/m³）	石 （kg/m³）	引气剂
1 号（天然砂）	0.6	180	180	60	60	853	853	0
2 号（铁尾矿砂）	0.51	175	120	100	120	748	1122	5.5/ 万

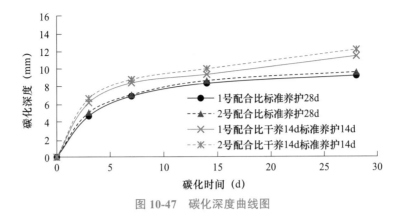

图 10-47　碳化深度曲线图

10.3.7　抗冻融性能

按照现行标准《混凝土长期性能和耐久性能试验方法标准》GB/T 50082，进行快速冻融试验。C30～C50 铁尾矿混凝土和 C30～C50 铁尾矿混合砂混凝土没有加入引气剂，属于非引气混凝土；C20 铁尾矿混凝土，在配制时掺入适量的引气剂，属于引气混凝土。

1. 非引气混凝土

如图 10-48、图 10-49 所示，铁尾矿混凝土抗冻融性能与普通混凝土抗冻融性能相似，C30 混凝土抗冻等级可达到 F150 以上，C40 以上混凝土可达到 F250 以上。

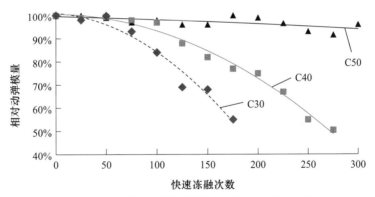

图 10-48　铁尾矿特细砂混凝土快速冻融试验数据

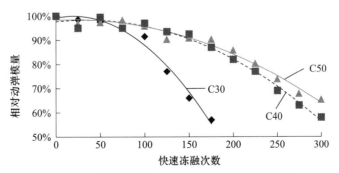

图 10-49　铁尾矿混合砂混凝土快速冻融试验数据

2. 引气混凝土

C20 引气混凝土配合比　　表 10-51

配合比	水胶比	水 （kg/m³）	水泥 （kg/m³）	粉煤灰 （kg/m³）	矿渣粉 （kg/m³）	砂 （kg/m³）	石 （kg/m³）	砂率 （%）	引气剂 （%）
C20 铁尾矿砂	0.51	175	120	100	120	748	1122	40	0.55/万
C20 天然砂	0.65	185	160	65	65	922	922	50	0

C20 引气混凝土配合比见表 10-51。由 C20 混凝土快速冻融试验数据（图 10-50）可知，C20 铁尾矿砂混凝土由于胶凝材料含量和适量引气的原因，水胶比为 0.51，抗冻等级接近 F150，而 C20 天然砂普通混凝土抗冻等级仅不到 F100，铁尾矿混凝土抗冻融性能得到很大改善。

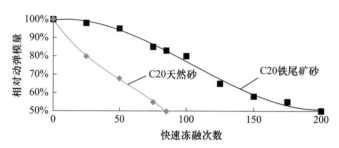

图 10-50　C20 混凝土快速冻融试验数据

按照抗冻融混凝土要求设计铁尾矿特细砂混凝土、铁尾矿混合砂混凝土和天然混合砂混凝土的配合比，掺入引气剂，控制混凝土含气量在 3%～5%，设计抗冻等级大于等于 F250。引气混凝土配合比见表 10-52，快速冻融试验结果见图 10-51、图 10-52。

引气混凝土配合比　　表 10-52

配合比	水胶比	水 （kg/m³）	水泥 （kg/m³）	粉煤灰 （kg/m³）	矿渣粉 （kg/m³）	铁尾矿 （kg/m³）	天然细砂 （kg/m³）	机制砂 （kg/m³）	碎石 （kg/m³）	减水剂	引气剂
C30 铁尾矿特细砂	0.40	175	263	88	88	633	0	0	1175	2.0%	1.0/10000
C50 铁尾矿特细砂	0.35	170	291	97	97	625	0	0	1160	2.2%	1.2/10000
C30 铁尾矿混合砂	0.40	175	263	88	88	311	0	466	1031	2.0%	1.2/10000
C50 铁尾矿混合砂	0.35	170	291	97	97	293	0	439	1053	2.2%	1.2/10000
C30 天然混合砂	0.40	175	263	88	88	0	311	466	1031	2.0%	1.2/10000
C50 天然混合砂	0.35	170	291	97	97	0	293	439	1053	2.2%	1.2/10000

由图 10-51 和图 10-52 中 C30、C50 抗冻融混凝土试验数据可知，无论是铁尾矿特细砂混凝土、铁尾矿混合砂混凝土还是天然混合砂混凝土，掺加适量的引气剂使混凝土含气量在 4%～5% 范围内，C30 混凝土的抗冻等级全部达到 F250 以上，C50 混凝土全部达

到 F300 以上，三种细集料配制的混凝土的相对动弹模量差别不大，铁尾矿细集料对于抗冻融混凝土的性能影响很小，只要掺加引气剂保证足够的含气量，采用铁尾矿细集料也可以配制出抗冻融性能优良的混凝土。

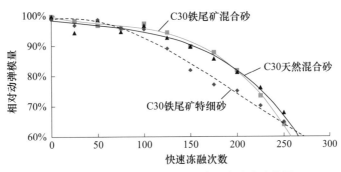

图 10-51　C30 抗冻融混凝土快速冻融试验数据

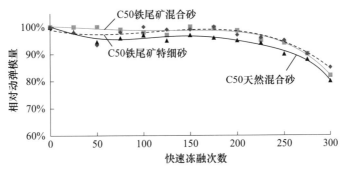

图 10-52　C50 抗冻融混凝土快速冻融试验数据

10.3.8　干缩性能

参照现行标准《混凝土长期性能和耐久性能试验方法标准》GB/T 50082 中干缩性能试验，考虑到标准中空气为室内非流通空气，温湿度比较恒定，因此改良试验方法。每天定期开窗进行空气内外流通，在干养室内加装风机加强空气流通，保证空气温湿度与自然环境大体一致。

根据 0~180d 的干缩试验数据（图 10-53~图 10-56），C20~C50 在早龄期 1~14d，基本存在随强度等级增大，收缩变形增大的趋势。这一阶段主要是水和水泥在发生水化反应和水分蒸发产生的收缩变形，因为强度等级越高水泥用量越大，水化反应产生的变形相对于混凝土总体积较大，表现为随强度等级增大，收缩变形增大；14~100d 的数据基本趋同，28d 收缩变形率在 -2.90×10^{-4}~-2.29×10^{-4}，60d 收缩变形率在 -3.5×10^{-4} 上下波动，这是因为 14~60d 水泥水化中后期水化反应逐渐减弱，矿渣粉、粉煤灰与水化产物开始二次水化反应，产生致密的水化产物填充早期部分孔隙，强度等级越高，二次水化产物越多，部分填充产生的孔隙，相对弥补了收缩变形，干燥收缩率的差异逐渐趋同。100~180d 后干燥收缩率变化基本趋于平缓，混凝土内部水化逐渐减弱，体积变形越来越小。

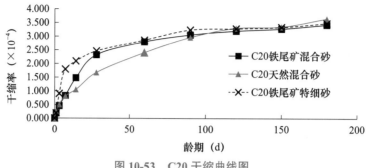

图 10-53 C20 干缩曲线图

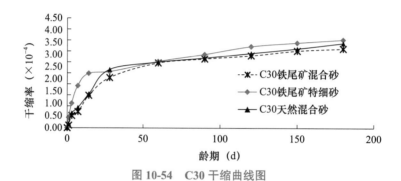

图 10-54 C30 干缩曲线图

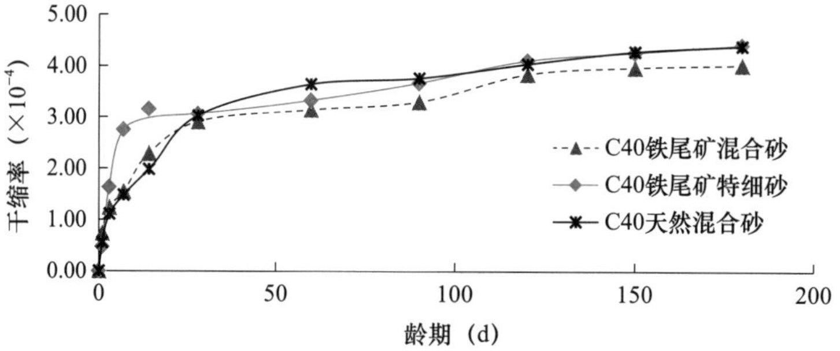

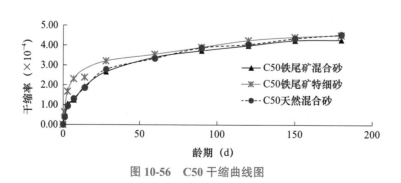

图 10-55 C40 干缩曲线图

图 10-56 C50 干缩曲线图

从反应机理分析，铁尾矿砂或铁尾矿混合砂基本不参与水化，对于混凝土的干缩变形基本无影响。干缩变形性能部分表征了混凝土的体积稳定性和干缩开裂趋势。试验研究表明铁尾矿混凝土和铁尾矿混合砂混凝土体积稳定性和干缩开裂趋势与天然混合砂混凝土相似，符合耐久性要求和工程实践的需要。

10.3.9　混凝土碱集料反应 AAR 判定

《普通混凝土用砂、石质量及检验方法标准》JGJ 52—2006 中砂的碱活性试验（砂浆棒法），用于鉴定硅质集料与水泥（混凝土）中的碱产生潜在反应的危害性。

按照标准规定在做一般集料活性鉴定时，应使用高碱水泥，含碱量为 1.2%；使用的水泥含碱量经过检测为 0.6%，通过掺加浓度为 10% 的 NaOH 溶液，将碱含量调整到水泥量的 1.2%。

制作规格为 25mm×25mm×280mm 的胶砂试件，放置在用不锈钢材料制成的养护筒中，筒内设有试验架，架下盛有水，试件垂直立于架上不与水接触。养护筒放入温度为（40±2）℃的碱集料养护箱中进行养护。

应在（20±2）℃的恒温干养室中使用测量范围 280~300mm、精度 0.01mm 的测长仪测量试件长度。

使用常用的天然中砂和天然细砂与铁尾矿砂进行细集料碱集料反应平行对比试验，如图 10-57 所示。试验龄期在达到 6 个月后适当延长到近 8 个月，从试验数据可以看出，铁尾矿 6 个月膨胀率为 0.0355%，天然中砂 6 个月膨胀率为 0.0474%，天然细砂 6 个月膨胀率为 0.0298%，并且曲线全部是持续到 233d 逐渐趋于平缓，6 个月膨胀率全部低于0.10%，判定碱骨料无潜在危害。

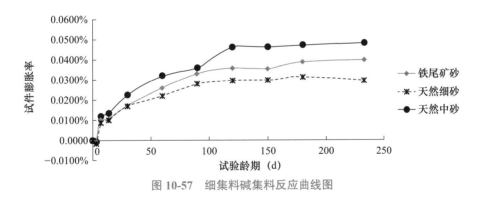

图 10-57　细集料碱集料反应曲线图

10.3.10　小结

从铁尾矿混凝土和铁尾矿混合砂混凝土拌合物性能、基本力学性能、长期性能和耐久性能等试验数据可以看出，铁尾矿配制的混凝土与常用的天然混合砂混凝土性能指标相近，因此采用铁尾矿配制混凝土只要配合比设计科学、合理，各项性能指标完全可以满足混凝土结构施工的基本要求，能达到普通混凝土相关性能指标。

10.4.1 铁尾矿混凝土界面结构与微观形貌分析

1. 试验目的

探讨铁尾矿（砂）作为细集料应用于砂浆时，砂浆微观形貌情况。

2. 试验方法

为了更容易分辨并找到某一种砂颗粒与水泥浆体的结合面，试件制备采取了单掺法，对只含天然细砂、只含天然中砂以及只含铁尾矿的砂浆微观形貌进行观察，特别对每种细集料颗粒及其与水泥浆体界面的结合情况进行对比分析，进而得出铁尾矿作为细集料应用于砂浆后，对砂浆微观形貌的影响。

试验采用荷兰 FEI 公司生产的 FEI Quanta 200 扫描电子显微镜，如图 10-58 所示。该仪器可在低真空和环境真空模式下对试验材料进行低、中、高倍形貌观察并成像；最大样品尺寸 200mm，放大率为 25～200000 倍，分辨率 3.5nm。

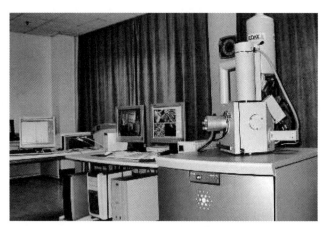

图 10-58　FEI Quanta 200 扫描电子显微镜

3. 试验原材料

试验采用北京金隅 42.5 级普通硅酸盐水泥，粉煤灰为山东德州一级粉煤灰，矿粉为首钢嘉华 S95，天然细砂产地为河北省三河市，天然中砂来自河北涿州，铁尾矿取自北京首钢密云矿山。

4. 试验配合比

砂浆试验配合比见表 10-53。

表 10-53

砂浆试验配合比

砂种类	强度等级	水胶比	水 (kg/m^3)	水泥 (kg/m^3)	粉煤灰 (kg/m^3)	矿粉 (kg/m^3)	铁尾矿砂 (kg/m^3)	天然细砂 (kg/m^3)	天然中砂 (kg/m^3)	砂率
天然细砂	C30	0.50	175	210	70	70	0	750	0	40%

续表

砂种类	强度等级	水胶比	水 （kg/m³）	水泥 （kg/m³）	粉煤灰 （kg/m³）	矿粉 （kg/m³）	铁尾矿砂 （kg/m³）	天然细砂 （kg/m³）	天然中砂 （kg/m³）	砂率
天然细砂	C50	0.35	170	291	97	97	0	624	0	35%
天然中砂	C30	0.50	175	210	70	70	0	0	881	47%
	C50	0.35	170	291	97	97	0	0	714	40%
铁尾矿砂	C30	0.50	175	210	70	70	750	0	0	40%
	C50	0.35	170	291	97	97	624	0	0	35%

5. 试验结果

（1）细集料颗粒微观形貌（图 10-59～图 10-62）

图 10-59　天然细砂颗粒微观形貌　　　　图 10-60　天然中砂颗粒微观形貌

图 10-61　铁尾矿颗粒微观形貌 1　　　　图 10-62　铁尾矿颗粒微观形貌 2

铁尾矿的微观形貌较其他两种天然砂更加复杂，这可能是由于其含有少量铁相矿物质，铁尾矿表面粗糙不规则、多棱角。

（2）细集料颗粒与水泥浆体 7d 龄期时的界面结合情况

由图 10-63 和图 10-64 可以看出，C30 砂浆中天然细砂颗粒与水泥浆体界面之间的结合程度不如 C50 砂浆紧密，这主要与水泥砂浆的水化程度有关，水胶比大（$W/B = 0.5$）的 C30 砂浆较水胶比小（$W/B = 0.35$）的 C50 砂浆的水化程度低，最终形成的 C-H-S 凝胶量少，与砂颗粒的结合不如 C50 砂浆牢固。

图 10-63　天然细砂与 C30 浆体界面结合情况
（7d 龄期）

图 10-64　天然细砂与 C50 浆体界面结合情况
（7d 龄期）

如图 10-65 和图 10-66 所示为天然中砂颗粒与水泥浆体界面结合情况。与天然砂相比，中砂颗粒棱角性更加明显，增加了水泥浆体握裹力，而且天然中砂作为细集料的砂浆，其中的 C-H-S 凝胶较天然砂浆更加均匀密实，蜂窝状孔隙不太明显。

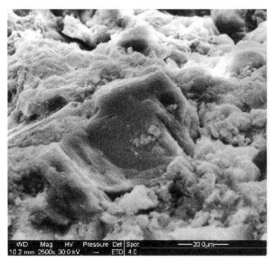
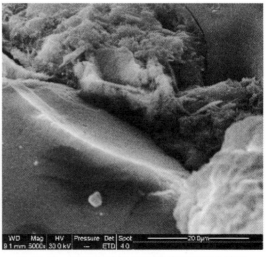

图 10-65　天然中砂与 C30 浆体界面结合情况
（7d 龄期）

图 10-66　天然中砂与 C50 浆体界面结合情况
（7d 龄期）

如图 10-67、图 10-68 所示为铁尾矿与水泥浆体界面结合情况，与图 10-65、图 10-66 相比，铁尾矿不存在十分明显的砂颗粒与水泥浆体的结合面，大部分铁尾矿颗粒被水泥凝胶包裹，牢固不易剥落，这是铁尾矿有利于提高水泥混凝土强度的原因之一。

图 10-67　铁尾矿与 C30 浆体界面结合情况（7d 龄期）

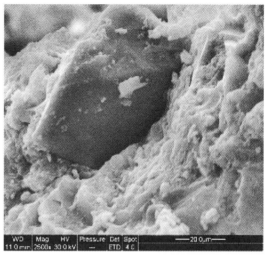

图 10-68　铁尾矿与 C50 浆体界面结合情况（7d 龄期）

（3）细集料颗粒与水泥浆体 28d 龄期时的界面结构情况

对比图 10-63 与图 10-69，图 10-64 与图 10-70 可以看出，28d 的天然砂颗粒与浆体界面的结合程度要明显优于 7d 龄期时，结合得更加紧密，破碎后清洗，颗粒剥落程度较 7d 龄期轻；且 C50 砂浆水泥水化程度明显优于 C30 砂浆。

从图 10-73 和图 10-74 发现，铁尾矿与水泥浆体结合得比较紧密，结合面不规则，没有明显的结合界限。

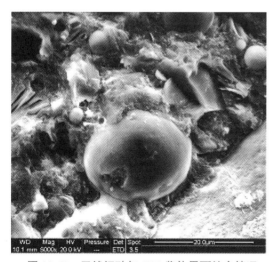

图 10-69　天然细砂与 C30 浆体界面结合情况（28d 龄期）

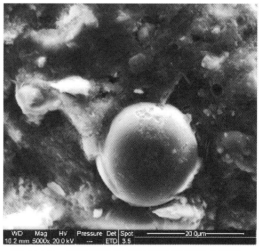

图 10-70　天然细砂与 C50 浆体界面结合情况（28d 龄期）

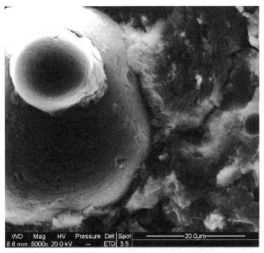

图 10-71　天然中砂与 C30 浆体界面结合情况
（28d 龄期）

图 10-72　天然中砂与 C50 浆体界面结合情况
（28d 龄期）

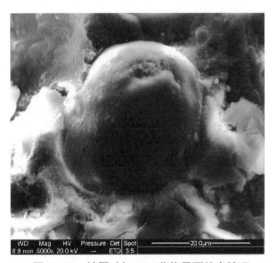

图 10-73　铁尾矿与 C30 浆体界面结合情况
（28d 龄期）

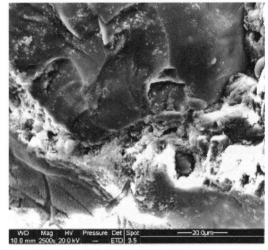

图 10-74　铁尾矿与 C50 浆体界面结合情况
（28d 龄期）

　　由图 10-69～图 10-74 可以看出，不同种类的砂浆细集料颗粒同各自浆体界面的结合状况不尽相同，铁尾矿颗粒与浆体的连接较天然细砂颗粒与浆体的连接更紧密。可能的原因是铁尾矿含有少量的铁相材料，微观形貌复杂，棱角多。这也是铁尾矿的掺入可以提高混凝土强度的原因之一。

　　6. 小结

　　本节用扫描电镜成像了天然细砂、天然中砂以及铁尾矿颗粒的微观形貌，得到了以这三种砂为细集料的砂浆细集料颗粒同水泥浆体界面的结合情况。铁尾矿比天然细砂多棱角，与水泥浆体结合得更紧密；高强度等级砂浆中的集料颗粒与浆体结合较低强度等级砂浆好；28d 龄期的颗粒与浆体结合面普遍比 7d 龄期的结合面紧密。

10.4.2 不同类型砂浆的微观孔结构试验研究

砂浆孔结构与混凝土孔结构存在一定联系，混凝土结构物的孔主要存在于除粗骨料之外的砂浆结构中，砂浆孔结构在一定程度上可以反映混凝土的孔结构，以砂浆为孔结构的研究对象，可以避免集料等因素对强度的影响，且当砂浆与混凝土水胶比相同、胶凝材料中掺合料掺量相同，则砂浆的孔结构对混凝土的孔结构具有一定代表性。因此，本书选用与水泥混凝土相同水胶比，相同胶凝材料掺量的砂浆作为微观孔结构的试验对象。

1. 试验目的

研究铁尾矿（砂）作为细集料应用于砂浆中，对砂浆微观孔结构的影响。

2. 试验方法

通过改变砂浆中的细集料，测得其微观孔构造特征参数，对比分析含天然细砂、天然中砂、铁尾矿、天然混合砂以及铁尾矿混合砂的砂浆微观孔构造特征参数，进而给出铁尾矿作为细集料应用于砂浆后，对砂浆孔结构的影响情况，从微观角度解释铁尾矿的掺加对砂浆抗压强度产生影响的原因。

本书中的微观孔径划分主要依据IO.M布特孔径分级方法，划分情况见表10-54。

IO.M布特孔径分级方法 表10-54

孔分类名称	孔直径（nm）
凝胶孔	＜10
过渡孔	10～100
毛细孔	100～1000
大孔	＞1000

在该分类中，似乎凝胶孔的尺寸偏大，但如把凝胶粒子之间的孔及凝胶粒子内的孔统称为凝胶孔，则这个尺度范围是可以的。过渡孔主要是指外部水化物之间的孔。另外，在这种分类中，大孔的含义不太明确。尽管如此，许多试验表明，这种简单的孔分类，可以把混凝土的某些宏观性能和孔的分布联系起来。

该试验采用麦克公司的Micromeritic AutoPore IV9510型全自动压汞测孔仪测定砂浆的孔结构，如图10-75所示。该仪器可测定的孔径范围为3～360000nm。

测定方法是将养护至规定龄期的试件破碎成3～5mm的颗粒，采用超声波清洗并逐级升温烘干后，再用压汞测孔仪测定试样的孔结构特征参数。

3. 试验原材料

试验采用P.O 42.5级普通硅酸盐水泥，粉煤灰为一级粉煤灰，矿粉为S95，天然细砂及机制砂产地为河北省三河市，天然中砂来自河北涿州，铁尾矿取自北京首钢密云矿山。

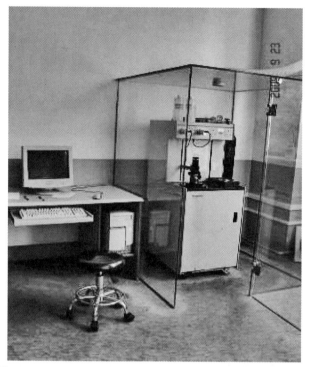

图 10-75 Micromeritic AutoPore IV9510 型全自动压汞测孔仪

4. 试验配合比

砂浆试验配合比如表 10-55 所示。

砂浆试验配合比

表 10-55

种类	强度等级	水胶比	水 (kg/m³)	水泥 (kg/m³)	粉煤灰 (kg/m³)	矿粉 (kg/m³)	铁尾矿砂 (kg/m³)	机制砂 (kg/m³)	天然细砂 (kg/m³)	天然中砂 (kg/m³)	砂率
天然细砂	C30	0.50	175	210	70	70	0	0	750	0	40%
	C50	0.35	170	291	97	97	0	0	624	0	35%
天然中砂	C30	0.50	175	210	70	70	0	0	0	881	47%
	C50	0.35	170	291	97	97	0	0	0	714	40%
铁尾矿砂	C30	0.50	175	210	70	70	750	0	0	0	40%
	C50	0.35	170	291	97	97	624	0	0	0	35%
天然混合砂	C30	0.50	175	210	70	70	0	353	528	0	47%
	C50	0.35	170	291	97	97	0	428	268	0	40%
铁尾矿混合砂	C30	0.50	175	210	70	70	528	353	0	0	47%
	C50	0.35	170	291	97	97	286	428	0	0	40%

5. 试验结果（表 10-56）

不同种类砂浆的孔结构特征参数 　　　　　　　表 10-56

砂种类	强度等级	龄期（d）	总孔隙量（mL/g）	总孔面积（m²/g）	中值孔径体积（nm³）	中值孔径面积（nm²）	平均孔径（nm）	孔隙率（%）
天然细砂	C30	14	0.1085	19.699	44.9	7.9	22	20.8183
天然中砂	C30	14	0.0799	14.936	50.7	6.1	21.4	16.4616
铁尾矿砂	C30	14	0.0945	21.303	40.2	6.1	17.7	19.1261
天然混合砂	C30	14	0.0967	17.802	47.5	6.6	21.7	19.1306
铁尾矿混合砂	C30	14	0.0915	15.841	50.8	7.4	23.1	18.453
天然细砂	C50	14	0.0922	15.039	45.3	8.3	24.5	18.0465
天然中砂	C50	14	0.0682	12.532	43.8	7.6	21.8	14.0067
铁尾矿砂	C50	14	0.0806	17.937	40.9	6	18	16.7261
天然混合砂	C50	14	0.0774	13.524	47	7.2	22.9	15.6615
铁尾矿混合砂	C50	14	0.0734	13.702	44.5	6.9	21.4	15.1967

6. 试验数据分析

（1）孔隙量参数与强度的关系

很多模型建立了强度与孔隙率的关系，均表明强度随总孔隙量和孔隙率的增加呈减小趋势。

如图 10-76 可以看出，铁尾矿砂的砂浆总孔隙量小于天然细砂砂浆的总孔隙量，且用铁尾矿混合砂作为细集料的砂浆，其总孔隙量小于天然细砂混合砂砂浆的总孔隙量。这说明，相比天然细砂在砂浆中的作用，铁尾矿砂的掺加可以降低砂浆的总孔隙量，总孔隙量的减少可以提高砂浆的抗压力学性能，这也说明了掺加铁尾矿砂后砂浆强度略有增加。

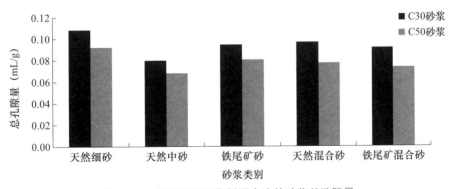

图 10-76　使用不同细集料配合比的砂浆总孔隙量

如图 10-77 所示，只含铁尾矿砂的砂浆总孔面积小于单掺天然细砂的砂浆总孔面积，铁尾矿混合砂砂浆的总孔面积小于天然混合砂砂浆的总孔面积，总孔面积越小砂浆的抗压强度越高，这也说明了铁尾矿砂有利于提高混凝土的抗压强度。

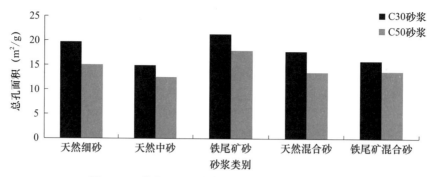

图 10-77 使用不同细集料配合比的砂浆总孔面积

从图 10-78 可以看出，在 C30 砂浆中，与其他四种配合比的砂浆相比较，只含铁尾矿的砂浆大孔含量最少，凝胶孔含量最多，而大孔少凝胶孔多正是其抗压强度高的微观表现，这就从微观角度证明了铁尾矿砂对提高 C30 混凝土的抗压强度是有利的。

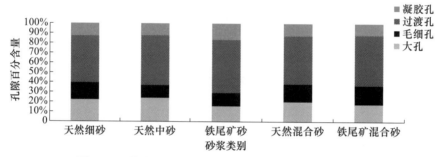

图 10-78 使用不同细集料配合比 C30 砂浆孔隙百分含量

如图 10-79 所示，在 C50 砂浆中，与含天然细砂的砂浆孔隙量相比，含铁尾矿的砂浆的大孔和毛细孔的含量少，凝胶孔含量多；铁尾矿混合砂砂浆的毛细孔和大孔的含量与天然混合砂砂浆相差不多，但凝胶孔含量明显多于天然混合砂砂浆，这符合实际孔隙量与抗压强度之间的关系。

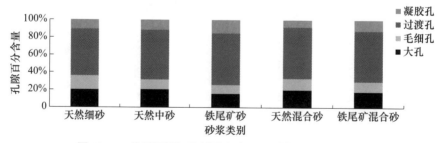

图 10-79 使用不同细集料配合比 C50 砂浆孔隙百分含量

P.K. Mehta 的试验表明：孔径小于 132nm 的孔对混凝土的强度没有影响。因此，不考虑凝胶孔含量和过渡孔含量，只考虑毛细孔和大孔含量。从图 10-80 可以看出，铁尾矿砂浆大于 100nm 的孔含量最少，其抗压强度较高，铁尾矿混合砂砂浆毛细孔＋大孔孔隙体积百分含量小于天然混合砂砂浆。这也从微观上解释了铁尾矿混合砂砂浆强度高于天然混合砂砂浆。

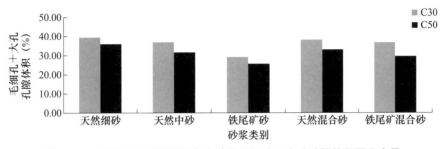

图 10-80　使用不同细集料配合比砂浆毛细孔＋大孔孔隙体积百分含量

从图 10-81 可以看出，铁尾矿砂砂浆小于 100nm 的孔的体积百分含量比天然砂砂浆多，铁尾矿混合砂小于 100nm 的孔的体积百分含量比天然混合砂多，小孔的增多有利于砂浆抗压强度的提高。这也从微观层面解释了掺加铁尾矿有助于增强砂浆抗压强度。

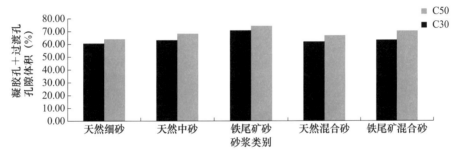

图 10-81　使用不同细集料配合比砂浆凝胶孔＋过渡孔孔隙体积百分含量

（2）孔径分布参数与强度的关系

混凝土的强度与孔径分布也存在密不可分的关系。1980 年，在第七届国际水泥化学会议上，J.Jamber 发表了《水泥水化产物总空隙率、孔径分布与混凝土强度之间关系》的文章，第一次提出了孔径分布也是混凝土强度的一个影响因素，并提出了不同水化产物，虽然空隙率相同，但强度有可能相差很大，原因是不同水化产物具有不同孔径分布。1986 年，J.Jamber 指出影响孔结构的因素主要有总孔体积、孔径分布和孔形等。

Backbone formation 分形维数（简称 BF 分形维数）是在低压状态下得到的，它主要反映的是影响抗压强度的大孔的形貌复杂程度，BF 分形维数越大，表明孔隙形貌越复杂，则对应的砂浆抗压强度越高。从图 10-82 可以看出，铁尾矿浆的 BF 分形维数比天然细砂砂浆要高，铁尾矿混合砂砂浆的 BF 分形维数基本高于天然混合砂砂浆的 BF 分形维数，这说明铁尾矿砂对提高砂浆的强度有积极作用。这就也从微观层面上解释了掺加铁尾矿砂后砂浆强度得到提高。

如图 10-83 所示，孔径分布微分曲线存在一个峰值，该峰值对应的孔径即为最可几孔径，最可几孔径均位于 10～100nm 的范围内。最可几孔径是指砂浆各孔径分布中，出现概率最大的孔径。如图 10-83 所示，在 C30 砂浆中，14d 龄期时，天然中砂砂浆的最可几孔径大于铁尾矿砂砂浆的最可几孔径，且大于天然细砂砂浆的最可几孔径，两种混合砂砂浆最可几孔径相差并不大。

如图 10-84 所示，在 C50 砂浆中，14d 龄期时，铁尾矿砂砂浆的最可几孔径与天然细砂砂浆的最可几孔径差别不大，铁尾矿混合砂的最可几孔径与天然混合砂的最可几孔径差别也不大，对比砂浆 14d 抗压强度，各配合比砂浆相差不大。

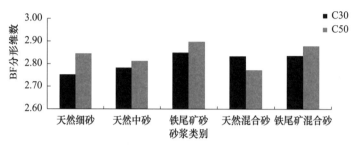

图 10-82 使用不同细集料配合比砂浆的 BF 分形维数

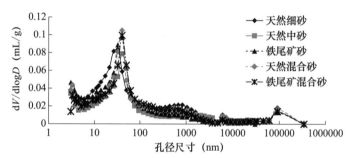

图 10-83 使用不同细集料配合比的 C30 砂浆孔径分布微分曲线

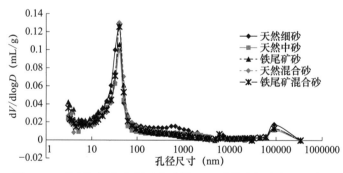

图 10-84 使用不同细集料配合比的 C50 砂浆孔径分布微分曲线

7. 小结

本节通过对不同配合比的砂浆孔构造特征参数的对比分析，得出在 14d 龄期时，铁尾矿砂作为细集料，较天然细砂，可以减小砂浆的总孔隙量及空隙率，减小孔径大于 100nm 的有害孔数量，增加孔径小于 100nm 的小孔数量，增大了 BF 分形维数，减小了最可几孔径。这些都从微观层面解释了铁尾矿作为细集料可以提高水泥砂浆抗压强度。

10.4.3　结论及展望

本书探讨了将铁尾矿砂全部替代及部分替代细集料使用时，对水泥砂浆或混凝土立方体抗压强度的影响；应用扫描电镜成像技术对不同细集料与其周围水泥浆体的结合情况进行了直观分析；另着重从砂浆微观孔构造角度出发，对比研究了铁尾矿砂部分或全部取代细集料后，对水泥砂浆 14d 微观孔结构的影响情况，具体结论汇总如下：

（1）铁尾矿砂全部取代细集料的做法更适用于低强度砂浆或混凝土，对于高强度砂浆或混凝土，用铁尾矿砂取代全部细集料的做法可能会降低砂浆或混凝土的抗压强度，达到相反的效果。

（2）用铁尾矿砂取代部分细集料可以提高砂浆或混凝土的抗压强度。

（3）铁尾矿砂比天然细砂多棱角，同水泥浆体结合得更紧密；高强度砂浆中的集料颗粒与浆体结合较低强度砂浆好；28d 龄期的颗粒与浆体结合面普遍比 7d 龄期的结合面紧密。

（4）铁尾矿砂作为细集料使用，较天然细砂而言，可以减小砂浆的总孔隙量及空隙率。

综上所述，与天然细砂相比，铁尾矿砂部分取代细集料可以提高低强度水泥砂浆或混凝土的立方体抗压强度，而这种提高作用可能还要受其取代细集料的比例影响，需要进一步研究；高龄期时水泥砂浆与颗粒之间的结合程度比低龄期时更加紧密；且由于铁尾矿多棱角性，与水泥浆体结合得更紧密；铁尾矿砂作为细集料，可以改变水泥砂浆的微观孔结构，进而对其宏观强度性能造成一定影响，然而铁尾矿砂的掺量变化对水泥砂浆或混凝土强度的影响程度需要今后进一步研究以期给予量化。

10.5　铁尾矿水泥混凝土的示范应用

10.5.1　概述

北京地区铁尾矿主要储存在北京密云、怀柔等北部地区，考虑到工程应用时运输距离产生的成本，对高强路新混凝土公司的铁尾矿混凝土开展工程应用研究。

10.5.2　铁尾矿质量情况

1. 批量检测

对每批进场的铁尾矿进行批量测试，收集分析试验数据，为铁尾矿混凝土配合比设计和施工质量控制提供技术参数。

2. 铁尾矿的细粉含量及亚甲蓝试验 *MB* 值试验分析

铁尾矿及其他种类砂的细粉含量检测试验结果见表 10-57、图 10-85、图 10-86。

砂细粉含量试验结果汇总　　　　　　　　表 10-57

统计项目	砂中细粉含量（0.075mm 以下）					
	铁尾矿			天然细砂	天然中砂	机制砂
	1～570	571～801	汇总			
组数	570	231	801	167	673	318
平均值	4.8%	6.7%	5.4%	5.0%	3.5%	5.4%
最大值	8.4%	15.5%	15.5%	15.0%	19.0%	17.0%
最小值	2.0%	1.7%	1.7%	1.5%	0.3%	1.0%
标准差	1.1%	2.2%	1.7%	2.3%	1.7%	1.7%
极差	6.4%	13.8%	13.8%	13.5%	18.7%	16.0%

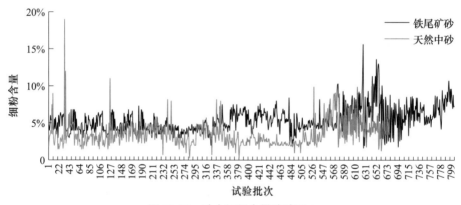

图 10-85　砂中细粉含量波动图 1

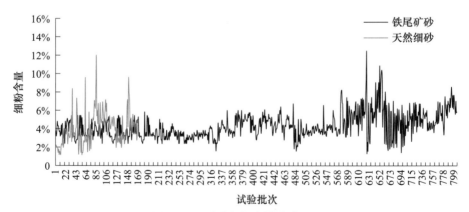

图 10-86　砂中细粉含量波动图 2

从铁尾矿砂与天然中砂和天然细砂的细粉含量试验数据分析，铁尾矿砂石粉含量在经过水洗工艺处理后大部分控制在 4%～8%，标准差为 1.1%，质量波动情况明显好于同期天然中砂和天然细砂的细粉含量波动情况。后期由于放宽石粉含量限制，铁尾矿砂石粉含量波动幅度较大，基本在3%～10%波动，甚至有时超过10%，最大达到15.5%。

经过亚甲蓝试验检测 MB 值，铁尾矿砂和机制砂的 MB 值均小于1.40，可以判定其中细粉颗粒大部分为石粉；天然中砂和天然细砂的 MB 值均远大于1.40，可以判定其中细粉颗粒大部分为泥粉。

3. 铁尾矿砂细度模数试验检测

通过铁尾矿砂细度模数进场检测，绘制铁尾矿砂细度模数波动图，如图10-87所示。

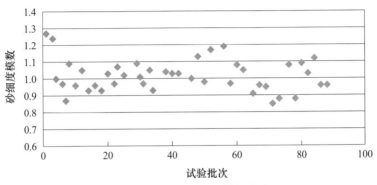

图 10-87　铁尾矿砂细度模数波动图

分析图10-93中数据可以看出，铁尾矿砂细度模数大部分在0.8～1.2波动，按照砂颗粒级配分析铁尾矿砂属于特细砂，细度模数波动比较稳定。

综上所述，大量进场检测试验数据表明，铁尾矿砂属于特细砂，细度模数大部分在0.8～1.2范围内，判定细粉颗粒大部分为石粉；石粉含量情况分为前后两个阶段，前期铁尾矿砂细粉含量限制比较严格，平均值为4.8%；后期随着工程应用经验积累，发现在当时配合比条件下铁尾矿砂用量较小，石粉含量对混凝土强度及其他各项性能影响不是特别显著，因此适当放宽了铁尾矿砂的石粉含量限制，细粉含量平均值为6.4%，每批次波动幅度较大。

10.5.3　配合比设计

根据已有的铁尾矿混凝土技术研究成果和高强路新混凝土公司的原材料应用情况，确定了铁尾矿混凝土配合比设计思路和应用方案。

1. 原材料情况

（1）水泥：金隅 P.O42.5 水泥（北京水泥厂），各项指标合格；

（2）粉煤灰：山东德州粉煤灰 F 类 I 级，各项指标合格；

（3）磨细矿渣粉：北京首钢嘉华 S95 级，各项指标合格；

（4）细集料：

1）天然中砂：涿州天然砂，5mm 以上含石率波动较大，颗粒级配分析属于中粗砂；

2）铁尾矿砂：北京首云铁尾矿砂、密云放马峪铁尾矿砂，属于特细砂；

3）天然细砂：河北三河天然砂，细度模数在 0.8～1.4，细粉大部分为泥粉，质量波动较大；

4）机制砂：密云废石破碎，细度模数在 3.4 以上内，石粉含量平均在 5.0%，质量比较稳定。

（5）粗集料：

1）碎卵石：河北涿州 5～25mm 连续级配，各项指标合格，主要用于普通民用建筑的中低强度等级混凝土中；

2）山碎石：密云废石 5～25mm 连续级配，各项指标合格，主要用于地铁工程、市政工程以及较高强度等级混凝土中。

（6）水：地下水，符合混凝土用水标准要求；

（7）外加剂：

1）天津雍阳萘系减水剂，推荐掺量 2.0%，各项指标优良；

2）北京方兴聚羧酸高性能减水剂，推荐掺量 2.0%，各项指标优良。

2. 配合比设计原则

细集料主要采用铁尾矿砂与天然砂、机制砂等中粗砂组成混合砂，生产混凝土时采取铁尾矿砂与天然砂或机制砂分别计量上料，与其他原材料在搅拌机内混合搅拌。

（1）铁尾矿砂与机制砂组成混合砂

机制砂由于其细度模数多在 3.4 以上，石粉含量较少，机制砂颗粒偏粗，颗粒体系中细粉含量较低，在配制中低胶凝材料的混凝土时非常困难，需要与细砂或特细砂混合组成混合砂。铁尾矿砂质量稳定、细粉大多是石粉，而天然细砂含泥量较高、质量波动大，因此铁尾矿混合砂混凝土性能明显优于天然混合砂混凝土。

表 10-58 为铁尾矿砂与机制砂按照不同比例混合后对于铁尾矿混合砂的细度模数测算，可作为配合比设计和试配调整的参考依据。

铁尾矿砂与机制砂混合比例及细度模数计算　　　表 10-58

铁尾矿砂占比	55%	50%	45%	40%	35%	30%	25%	20%
混合砂细度模数	2.37	2.45	2.54	2.63	2.72	2.80	2.89	2.98

（2）铁尾矿砂与天然中粗砂组成混合砂

根据大量试验研究分析和高强路新混凝土公司料仓存储和计量情况，确定了各强度等级混凝土中铁尾矿砂取代天然砂、机制砂的比例，见表 10-59。

铁尾矿砂取代天然砂、机制砂的比例　　　表 10-59

混凝土强度等级	C15	C20	C25	C30	C35	C40	C45	C50
取代天然砂的比例	40%	40%	35%	30%	30%	20%	20%	15%
取代机制砂的比例	55%	50%	50%	50%	45%	40%	35%	35%

3. 普通混凝土 C15～C50 混凝土配合比（表 10-60）

普通混凝土 C15～C50 常用配合比　　　　　　　表 10-60

强度等级	水胶比	砂率	水泥（kg/m³）	矿粉（kg/m³）	粉煤灰（kg/m³）	混合砂（kg/m³）		石（kg/m³）
						铁尾矿砂	天然砂 / 机制砂	
C15	0.67	47%	161	54	59	365	537	1009
		46%				484	399	1040
C20	0.60	45%	204	44	48	348	512	1041
		45%				428	431	1053
C25	0.55	45%	216	46	51	304	554	1039
		44%				417	421	1072
C30	0.50	45%	238	51	61	256	586	1021
		44%				410	413	1052
C35	0.44	44%	251	77	70	244	558	1015
		43%				352	434	1044
C40	0.40	43%	276	85	70	156	614	1017
		43%				308	465	1029
C45	0.38	43%	291	89	77	154	605	1003
		42%				259	485	1032
C50	0.35	42%	316	97	80	111	617	1002
		41%				213	502	1030

注：使用天然细砂取代天然砂或机制砂的比例与铁尾矿砂相同，只是由于铁尾矿砂的表观密度要大于天然砂，混凝土重度要适当提高。

10.5.4　工程应用及分析

铁尾矿混凝土先后用于民建工程、市政工程、地铁工程以及一些特殊混凝土领域。在此基础上实现了规模化的应用，从 2008 年 12 月开始，历经 3 年时间，高强路新混凝土公司使用铁尾矿约 42 万 t，共生产 140 万 m³ 各强度等级混凝土，配制的铁尾矿混凝土经过冬期施工、常温施工和高温酷暑施工等，工程应用总体效果良好。具体应用情况如表 10-61 所示。

铁尾矿应用情况统计　　　　　　　　　　　　　　　表 10-61

时间	铁尾矿用量（t）	铁尾矿混凝土数量（m³）	混凝土中铁尾矿平均用量（kg/m³）
2008.12～2010.2	120696	502900	240
2010.2～2010.12	179640	499000	360
2010.12～2011.8	120300	401000	300

1. 民建工程

铁尾矿混凝土应用的主要民建工程有：居易园 A 区、橡树湾、蒋台商务中心、上奥世纪中心、平房乡姚家园新村、东直门交通枢纽、北京林业大学教工住宅、大西洋新城、莱太大厦、北京金宝花园、泛海国际居住区、小汤山龙脉温泉庄园西区、太平洋城住宅楼、海淀唐家岭新城等。

铁尾矿混凝土主要用于民建工程的墙、板、柱、楼梯及基础垫层、底板等各类结构中，结构混凝土外观质量优良，混凝土各项力学性能质量优良，整体结构验收合格。

民建工程混凝土强度统计评定情况详见表 10-62、表 10-63。

铁尾矿砂混凝土民建工程强度统计评定汇总表　　　　　　　表 10-62

强度等级		C15	C20	C25	C30	C35	C40	C45	C50
组数 n		366	628	1284	1773	418	277	50	28
标准差 σ		5.3	5.9	5.5	5.9	6.1	6.2	5.1	6.0
平均值（MPa）		22.2	29.3	33.8	39.1	43.5	49.4	51.6	66.6
最大值（MPa）		48.7	70.6	61.0	71.4	66.3	71.4	63.3	77.8
最小值（MPa）		15.4	20.1	25.0	30.0	35.0	40.2	45.1	53.9
极差（MPa）		33.3	50.5	36.0	41.4	31.3	31.2	18.2	23.9
不合格组数		1 组	0 组	0 组	0 组	0 组	0 组	0 组	0 组
合格组数		365 组	628 组	1284 组	1773 组	418 组	277 组	50 组	28 组
统计评定	$\mu f_{cu} - \lambda_1 \sigma f_{cu} \geq 0.9 f_{cu,k}$	13.7>13.5	19.8>18	24.9>22.5	29.6>27	33.7>31.5	39.4>36	43.3>40.5	56.9>45
	$f_{cu,\ min} \geq \lambda_2 f_{cu,k}$	15.3>12.7	20.1>17	25>21.2	30>25.5	35>29.7	40.2>34	45.1>38.2	53.9>42.5
	结论	合格	合格	合格	合格	合格	合格	合格	合格

天然砂混凝土民建工程强度统计评定汇总表　　　　　　　表 10-63

强度等级	C15	C20	C25	C30	C35	C40	C45	C50
组数 n	86	192	210	295	19	35	14	28
标准差 σ	5.7	6.0	5.5	6.7	3.4	7.3	3.3	6.0
平均值（MPa）	25.4	31.8	32.8	38.1	42.6	49.4	49.6	66.6

续表

最大值（MPa）	39.5	44.5	49.1	69.7	48.0	71.4	53.0	77.8
最小值（MPa）	14.4	17.5	21.4	27.1	36.6	40.5	45.1	53.9
极差（MPa）	25.1	27.0	27.7	42.6	11.4	30.9	7.9	23.9
不合格组数	1组	3组	13组	34组	0组	0组	0组	0组
合格组数	85组	189组	197组	261组	19组	35组	14组	28组
统计评定 $\mu f_{cu} - \lambda_1 \sigma f_{cu} \geq 0.9 f_{cu,k}$	16.2＞13.5	22.2＞18	24.0＞22.5	27.3＞27	36.8＞31.5	37.7＞36	43.9＞40.5	56.9＞45
$f_{cu,min} \geq \lambda_2 f_{cu,k}$	14.4＞12.7	17.5＞17	21.3＞21.2	27.1＞25.5	36.6＞31.5	40.5＞34	45.1＞40.5	53.9＞42.5
结论	合格	合格	合格	合格	合格	合格	合格	合格

铁尾矿混凝土拌合物和易性良好，生产工艺和生产控制与普通混凝土无差异；从混凝土实体结构和混凝土试块强度评定情况分析，混凝土结构表面光洁平整，力学性能达到设计要求。

2. 市政工程

铁尾矿混凝土主要应用的市政工程有：太阳宫热电厂接入孙河工程、清河污水处理厂（二期）、西二旗再生水厂大修改造工程、北京市 2009 年疏堵工程第三标段（北小河跨河桥）、望京 220kV 变电站工程、北京市轨道交通首都机场线东直门航空服务楼、北小河污水处理厂改扩建及再生水利用工程、北京第九水厂应急改造工程、地铁 15 号线顺义段沿线电力隧道穿越工程、二环辅路（西直门－小街桥）道路大修工程、孙河大桥大修改造工程等。

（1）代表性工程：北京市 2009 年疏堵工程第三标段（北小河跨河桥）

北京易成市政工程有限责任公司承建的北京市 2009 年疏堵工程第三标段，属于水利工程结构，包含有抗冻融混凝土、抗水渗混凝土等特殊混凝土。

（2）工程部位及强度等级

梯道墩柱 C40P6F250、盖梁 C40P6、简支梁悬臂端 C50P6。

（3）技术要求

混凝土早期强度发展快，3d 达到 80% 以上理论强度，其他满足设计要求。

（4）技术措施

采用聚羧酸高性能早强型减水剂，适当提高胶凝材料用量、降低水胶比，满足耐久性要求；对于冻融混凝土掺用优质的引气剂，保证含气量在 4%～5%；其中 C40P6F250、C40P6 均掺加 40% 的铁尾矿，C50P6 掺加 30% 的铁尾矿。

（5）混凝土性能

混凝土和易性良好，3d 强度可达到 80% 以上理论强度，28d 强度达到 150% 理论强度。

（6）外观质量

实体力学性能优良，结构外观良好，未发现裂缝、麻面等明显缺陷。

（7）小结

对于抗冻融混凝土和抗渗混凝土等水利工程混凝土，通过调整混凝土设计参数，降低水胶比和适当引气等技术措施，增加混凝土耐久性；同时掺用 30%～40% 铁尾矿调整混凝土整体颗粒级配，增加混凝土密实度，提高混凝土力学性能和耐久性能。

3. 轨道交通工程

高强路新混凝土公司于 2009 年承接了北京轨道交通 15 号线一期工程部分标段的商品混凝土供应，部分箱梁、墩柱、板墙柱结构中使用了铁尾矿砂与机制砂混合而成的铁尾矿混合砂配制的混凝土。

该工程的混凝土配合比情况见表 10-64。

混凝土工程配合比　　　　　　　　　表 10-64

强度等级	水胶比	砂率	水泥 （kg/m³）	矿粉 （kg/m³）	粉煤灰 （kg/m³）	混合砂（kg/m³）		天然砂 （kg/m³）	石子 （kg/m³）	外加剂
						铁尾矿砂	机制砂			
C50 箱梁	0.34	42%	350	62	80	0	0	733	1012	2.3%
	0.34	42%	350	62	80	229	525	0	995	2.2%
C40F300 墩柱	0.36	42%	307	69	91	0	0	759	1048	1.9%
	0.36	42%	307	69	91	270	493	0	1046	1.9%
C40 中板	0.40	43%	248	83	91	0	0	784	1039	1.8%
	0.40	43%	248	83	91	315	464	0	1039	1.8%

混凝土拌合物见图 10-88。

混凝土拌合物和易性良好，坍落度损失情况良好，泵送性能和施工抹面性能优良。

图 10-88　混凝土拌合物

混凝土强度统计评定情况见表 10-65。

混凝土强度统计评定情况 表 10-65

混凝土类型		C40 天然砂＋铁尾矿砂	C40 机制砂＋铁尾矿砂	C40F300 天然砂＋铁尾矿砂	C40F300 机制砂＋铁尾矿砂	C50 天然砂	C50 机制砂＋铁尾矿砂
组数 n		16	2	120	2	524	10
标准差 σ		4.2	非统计评定	4.9	非统计评定	4.9	4.3
平均值（MPa）		52.9	52.3	55.6	63.1	68.1	65.7
最大值（MPa）		60.5	53.6	64.5	63.8	79.7	73.2
最小值（MPa）		46.1	51.0	46.5	62.3	57.8	58.3
极差（MPa）		14.4	2.6	18.0	1.5	21.9	14.9
统计评定	$\mu f_{cu} - \lambda_1 \sigma f_{cu} \geq 0.9 f_{cu,k}$	45.9 > 36	52.3 > 46	47.7 > 36	63.0 > 46	60.3 > 45	62.0 > 45
	$f_{cu,min} \geq \lambda_2 f_{cu,k}$	46.1 > 34	51 > 38	46.5 > 34	62.3 > 38	57.8 > 42.5	58.3 > 45
结论		合格	合格	合格	合格	合格	合格

铁尾矿砂混凝土强度评定结果合格，满足设计要求；通过对比分析 C50 铁尾矿混凝土与天然砂混凝土强度，铁尾矿混凝土强度标准差和极差明显小于天然砂混凝土，质量水平明显提高。

混凝土结构外观情况见图 10-89～图 10-91。

图 10-89　C50 铁尾矿混凝土生产的箱梁

图 10-90　C50 天然砂混凝土生产的箱梁

图 10-91　北京轨道交通 15 号线一期工程 C40 铁尾矿混凝土车站中板

小结：地铁结构混凝土质量设计标准比普通混凝土结构要严格，施工质量控制和各项技术措施都比较周密，混凝土结构整体质量水平较高；将铁尾矿砂掺入天然砂或机制砂中，混合组成铁尾矿混合砂，其能够充分满足地铁工程中对于混凝土用砂质量的要求，铁尾矿砂可优化混凝土体系颗粒级配，填充混凝土内部孔隙，使混凝土更加密实，耐久性得到显著提高；同时由于铁尾矿砂质量比较稳定、细粉含量大部分是石粉，可以降低天然砂中含石量、含泥量波动对于混凝土拌合物性能、力学性能等的不利影响，提高混凝土整体质量水平。

4. 工程应用总结

（1）铁尾矿质量波动水平

由于铁尾矿是铁矿石提炼铁精粉后剩余的废渣，属于矿山工业副产品，颗粒形态比较均匀，整体质量水平比较稳定，是一种稳定的混凝土用砂材料。实际监测数据也表明铁尾矿质量比较稳定。

（2）对生产工艺的影响

1）铁尾矿砂在料仓存储时，料仓应覆盖有大棚，由于铁尾矿属于特细砂，含水率较大时会呈现流态化，料仓下部或周边应有良好的排水系统。

2）由于铁尾矿砂与天然砂是在混凝土搅拌机搅拌过程中实现混合，上料系统和计量系统应有分步计量系统。

3）铁尾矿砂对与之混合的中粗砂颗粒级配有很大选择性，如果中粗砂颗粒级配发生变化，需要及时调整两者混合比例，保证混凝土拌合物整体质量水平，需要及时检测铁尾矿砂和中粗砂的颗粒级配波动情况。

（3）对混凝土拌合物性能影响

铁尾矿砂属于特细砂，石粉含量偏高，适量掺入铁尾矿砂可以改善混凝土整体级配，增加混凝土中浆体体积，提高混凝土拌合物黏聚性，使混凝土坍落度和扩展度有所提高，混凝土和易性也有一定改善。

（4）对混凝土初凝、终凝时间无明显影响

聚羧酸减水剂对于铁尾矿砂中石粉含量不敏感，配制铁尾矿混凝土可优先使用聚羧酸减水剂。工程实践中发现掺铁尾矿砂的混凝土在大风、大面积板式结构中较天然砂混凝土易失水，引起早期收缩开裂；同等条件下采取覆盖、挡风等养护措施后铁尾矿混凝土早期收缩开裂趋势下降。

（5）对混凝土力学性能影响

由于铁尾矿砂掺入混凝土中代替天然砂的比例较小，铁尾矿砂中石粉含量波动对于混凝土力学性能影响较小。

1）不同强度等级混凝土使用特点

铁尾矿砂代替天然砂的比例随着强度等级降低而增加，对于C20以下强度等级混凝土该比例可以达到50%，但不宜超过60%；C20混凝土该比例一般在40%左右；C30混凝土该比例一般都在30%左右；C35～C50混凝土中酌情降低掺入比例，由于计量砂石秤的最小计量精度原因，当低于 $100kg/m^3$ 用量时无法使用铁尾矿砂。

实际工程应用中铁尾矿砂掺入比例主要由铁尾矿砂和与之混合的中粗砂的颗粒级配情况、混凝土强度等级两个关键参数确定。

2）不同工程结构部位的使用特点

随工程结构部位不同铁尾矿砂的使用特点有所不同。

① 各类 C20 以下低强度等级混凝土的垫层、临时结构以及各类桩（包括灌注桩、CFG 桩、护坡桩）中推荐使用铁尾矿砂。

② 非特别薄的墙、板、柱结构以及底板均可以使用铁尾矿砂，对结构没有明显不利影响。

③ 普通民建结构中楼板、顶板及薄壁结构不宜使用铁尾矿砂，易造成开裂，经过分析发现，其主要受环境温湿度变化影响较大，在春秋季大风、干燥季节易开裂；经过加强养护措施，可以显著降低开裂收缩趋势。

④ 有耐磨要求的部位如工业载重地面不宜使用铁尾矿砂，如必须使用，需要通过合理调整掺入比例和经磨耗试验确定。

10.5.5 经济效益与社会效益分析

1. 社会效益

铁尾矿的回收利用是矿山实现尾矿资源化、无害化的发展方向。开发利用铁尾矿不仅可以使矿产资源得到充分利用，解决环境污染问题，还可以使企业实现可持续发展、产生可观的经济效益。如果铁尾矿继续向尾矿库超量排放，将形成巨大安全隐患；如果新建尾矿库，库容在 1000 万 t 的尾矿库占地 1000 亩，需投资 3500 万～4000 万元，更关键的是征地存在很大难度，铁矿开采者有很大积极性对尾矿大规模利用进行投资，消纳全部或部分尾矿，使其不进入尾矿库。在可预见的未来，矿山尾矿作为建筑原材料进行整体开发利用，成为经济、实用的新矿产资源，不但可使原来资源枯竭或资源不足的矿山重新成为新资源基地恢复或扩展生产，充分利用不可再生的矿产资源和原有的矿山设施，发挥矿山潜力，使国家、企业不必大量投资就获得大量已加工成细颗粒原料的矿产，而且可以容纳人员就业，繁荣矿业和矿山城镇，解决环境污染，改善生态环境，具有巨大经济、社会、环境效益。开发铁尾矿在环境保护上的意义就更为明显，它不仅减少了开采天然砂对生态环境的破坏，而且减少了铁尾矿本身对环境的破坏，变废为宝，实现资源二次利用。

2. 经济效益

（1）原材料价格（表 10-66）

混凝土原材料价格 表 10-66

时间	材料单价（元/t）						
	水泥	矿渣粉	粉煤灰	铁尾矿	天然中砂	碎石	聚羧酸减水剂
2009	360	191	159	43	46	57	4400

续表

时间	材料单价（元/t）						
	水泥	矿渣粉	粉煤灰	铁尾矿	天然中砂	碎石	聚羧酸减水剂
2010	391	205	183	51	58	50	2944
2011	393	218	165	45	62	53	2767

（2）主材成本对比分析

根据高强路新混凝土公司 2009 年、2010 年、2011 年（1～8 月）平均混凝土强度等级统计，混凝土强度等级接近 C30。为了方便统计，采用常用的 C30 混凝土配合比，按照铁尾矿混凝土实际数量进行核算。

根据北京市铁尾矿到场价格统计，北京密云距离铁尾矿矿点 30～40km 的混凝土搅拌站铁尾矿到场价格约为 40 元/t，距离 75～110km 的高强路新混凝土公司铁尾矿到场价格约为 45 元/t，距离南五环某混凝土搅拌站 120km 的铁尾矿到场价格约 50 元/t；同时根据部分唐山地区铁尾矿进京的统计情况分析，运距在 180～220km 范围内铁尾矿到场价格在 40～50 元/t。而北京市天然细砂的价格在 45～55 元/t。综合分析可以看出，铁尾矿可在北京市大范围应用，运距在 30～200km 的北京大部分地区内，其价格保持在 40～50 元/t，比天然细砂价格稍低，完全可以替代天然细砂，与机制砂等中粗砂组成混合砂，配制混合砂混凝土。

（3）总体经济效益分析

2009 年 1 月至 2011 年 8 月，高强路新混凝土公司共使用铁尾矿 42 万 t，生产出铁尾矿混凝土 140 万 m³，共降低成本 302.9 万元。

10.6 铁尾矿水泥混凝土应用技术指南

10.6.1 铁尾矿原材料质量要求

1. 铁尾矿的颗粒级配要求

铁尾矿砂属于特细砂，细度模数应在 0.8～1.5 范围内；特细砂的颗粒级配应符合表 10-67 的要求。

特细砂的颗粒级配 　　　　　　　　　　表 10-67

砂的公称粒径（mm）	5.00	2.50	1.25	0.630	0.315	0.160
方孔筛筛孔边长（mm）	4.75	2.36	1.18	0.600	0.300	0.150
累计筛余（%）	0～5	0～10	0～15	5～20	20～50	40～85

与表 10-67 中累计筛余相比，铁尾矿砂的实际颗粒级配公称粒径的累计筛余可超出表

中限定范围，但超出量不应大于 5%。

2. 铁尾矿混合砂的颗粒级配要求

铁尾矿砂与中粗砂等组成铁尾矿混合砂时，颗粒级配应优先符合Ⅱ区砂颗粒级配，见表 10-68。

Ⅱ区砂的颗粒级配　　　　　　　　　表 10-68

砂的公称粒径（mm）	5.00	2.50	1.25	0.630	0.315	0.160
方孔筛筛孔边长（mm）	4.75	2.36	1.18	0.600	0.300	0.150
累计筛余（%）	0～10	0～25	10～50	41～70	70～92	90～100

与表 10-68 中累计筛余相比，铁尾矿混合砂的实际颗粒级配除公称粒径为 5.00mm 和 0.630mm 的累计筛余外，其余公称粒径的累计筛余可超出表中限定范围，但超出量不应大于 5%。

当铁尾矿砂或铁尾矿混合砂的实际颗粒级配不符合表 10-67、表 10-68 的规定时，宜采取相应的技术措施，并经试验证明能确保混凝土质量后方可使用。

3. 石粉含量的限定

（1）铁尾矿的石粉含量应符合表 10-69 中的技术要求。

铁尾矿的石粉含量　　　　　　　　　表 10-69

混凝土强度等级		C30～C50	≤ C25
石粉含量（%）	$MB < 1.4$	≤ 15.0	≤ 18.0
	$MB \geqslant 1.4$	≤ 3.0	≤ 5.0

（2）当铁尾矿砂与中粗砂等组成铁尾矿混合砂时，其石粉含量应符合表 10-70 中的要求。

铁尾矿混合砂的石粉含量　　　　　　　　　表 10-70

混凝土强度等级		C30～C50	≤ C25
石粉含量（%）	$MB < 1.4$	≤ 7.0	≤ 10.0
	$MB \geqslant 1.4$	≤ 3.0	≤ 5.0

（3）铁尾矿其他指标规定。

铁尾矿砂及铁尾矿混合砂的氯离子含量、碱活性、泥块含量、坚固性、压碎值和有害物质含量应符合现行行业标准《普通混凝土用砂、石质量及检验方法标准》JGJ 52—2006 的规定。

（4）验收批次的规定。

铁尾矿砂应以 400m³ 或 600t 为一验收批；当质量比较稳定、用量较大时，可按 1000t 为一验收批或 7d 作为一个试验周期。

10.6.2 铁尾矿水泥混凝土配合比设计

无论配制铁尾矿混凝土采用低砂率、提高矿物掺合料掺量等技术措施或者铁尾矿与机制砂按照掺配比例组成最佳级配以配制铁尾矿混合砂混凝土，实际上都存在一个是否符合最佳颗粒级配理论的问题。铁尾矿用于混凝土中的配合比设计按照整个混凝土体系考虑，水泥、矿物掺合料、细骨料、粗骨料等各个粒级组成体系应当符合最佳级配理论曲线，其中水泥、矿物掺合料以及水胶比主要受强度等级要求和相应耐久性要求的限制，存在最大水胶比和最小水泥用量指标等方面限制，出于经济性考虑，水胶比和胶凝材料用量的设计只是为了满足工作性能、力学性能和耐久性能的要求，对于通过调整用量来单纯满足颗粒级配要求不可行。由于集料相对于胶凝材料来说价格比较低廉，如果通过调整粗细集料用量和比例关系可以优化颗粒级配，降低空隙率，从而减少水泥等胶凝材料用量，同时又能提高混凝土整体性能，则在配合比设计实践中具有很大可行性。

铁尾矿的应用对于需要经常设计不同使用要求的混凝土配合比设计者来说，无疑增加了更大的调整余地、更大的自由选择的空间。铁尾矿砂作为一种质量相对稳定的特细砂，既可单独当作特细砂使用，又可与机制砂搭配，通过改变搭配比例来改变粗细集料的级配颗粒分布，使集料颗粒级配乃至混凝土整体体系颗粒级配更加接近理想最优颗粒级配，具有很大的可操作性和自由度，满足多样复杂的配制要求。

经过试验证明，不同强度等级混凝土细集料级配符合 Fuller 曲线；粗细集料级配基本符合 Fuller 曲线；混凝土体系全级配基本符合 Bolomey 曲线。

首先根据已知的原材料粒度分析结果和最佳细集料级配、最佳粗细集料级配，通过适当调整铁尾矿、机制砂（或天然砂）、级配碎石的比例和用量，以接近最优颗粒级配曲线；然后参照美国 ACI 标准方法根据细集料颗粒级配与粗集料用量的关系，确定几个粗集料用量，通过试验来选择性能最优的粗集料用量，作为最终的粗集料用量，同时根据相应的对应关系确定铁尾矿砂与机制砂的比例关系和用量。水泥、矿物掺合料以及水胶比可以依据水胶比公式参照强度等级要求和耐久性要求选定，通过不同比例进行试配确定。

《普通混凝土配合比设计规程》JGJ 55—2011 规定的配合比设计方法中用水量、砂率等参数多是根据以往工程实践经验推导而来，随着近年水泥的细度和强度等品质指标变化、多种矿物掺合料的应用以及符合原有规范要求的粗细集料的匮乏，选择的参数已经出现了适应性不良等问题；加之规范中参数选择只是基于当时材料波动范围内得出的普遍经验值，并没有建立原材料品质变化与相关参数的关系，造成配合比设计与试验确定的配合比出现较大偏差，粗细集料用量以及砂率选择出现极大随意性，配合比设计实际上成为一种经验技术和试验技术，随配合比设计者的经验水平不同而波动。

根据不完全统计，由于砂石资源匮乏，砂石原材料品质波动较大，很难购买到满足现行规范要求的天然砂石，主要表现为天然砂中含石率较高（一般在 10%~40%），并且含泥量严重超出标准，颗粒级配分布呈现两头多中间少，级配十分不合理；5～25mm连续级配碎（卵）石中普遍缺少5～10mm部分颗粒，针片状颗粒含量较高，空隙率较大。同时现代施工又多要求大流动度、泵送施工，对于工作性要求较高，因此造成配合比设计实践中普遍采用大砂率。

综上所述，铁尾矿细粉主要是石粉，石粉含量在0～15%范围内波动对于外加剂掺量和混凝土性能影响较小，质量控制时尽可能控制在一个稳定的较小范围内，可以为混凝土提供更稳定的原材料。尤其对于需要更多粉料的自密实混凝土，可以考虑订购更大石粉含量的铁尾矿，具体石粉含量需要通过试验确定。铁尾矿应用于混凝土中可以增大配合比参数的调整范围，为配合比设计增加自由度，应用优化颗粒级配思路配制出的混凝土明显优于目前常规配合比设计的天然砂混凝土。

1. 铁尾矿特细砂混凝土配合比设计

铁尾矿特细砂混凝土的砂率应低于中砂混凝土的砂率，砂率宜以40%作为基准，根据强度等级和原材料的级配情况适当调整，推荐使用砂石最大松散堆积重度法确定砂率。铁尾矿混合砂的砂率按照现行行业标准《普通混凝土配合比设计规程》JGJ 55—2011规定执行。

2. 铁尾矿混合砂混凝土配合比设计

铁尾矿混合砂混凝土配合比设计时可以根据不同强度等级适当调整铁尾矿掺入比例等参数，按现行行业标准《普通混凝土配合比设计规程》JGJ 55—2011的规定进行试配、调整。铁尾矿砂与细度模数为2.8～3.4的中粗砂按比例组成混合砂时，铁尾矿砂掺入比例可按照表10-71选取，并经试验确定。

不同强度等级铁尾矿混合砂中铁尾矿砂掺入比例　　　　表 10-71

混凝土强度等级	≤ C20	C25～C30	C35～C40	C45～C50
铁尾矿砂占混合砂的比例	60%～80%	50%～60%	40%～50%	30%～40%

10.6.3 研究结论及展望

1. 研究结论

铁尾矿砂按照级配分析属于特细砂，通过单独使用或与机制砂按照一定比例合理搭配组成混合砂，材料各项指标按照现行国家标准和行业标准进行试验，符合混凝土中细集料的各项指标要求。铁尾矿应用于混凝土中的主要途径如下：

（1）铁尾矿砂单独作为细集料用于混凝土，按照特细砂混凝土配制原则采取低砂率、足够胶凝材料体系，适当引入微量气泡增加和易性等技术措施，可以配制出和易性和力学性能满足使用要求的混凝土。

（2）与机制砂组成混合砂：机制砂偏粗，在配制中低强度等级混凝土时比较困难，需要与细砂或特细砂搭配组成混合砂，完善优化颗粒级配，配制出和易性和力学性能满足使用要求的混凝土。

（3）与天然中粗砂组成混合砂：目前北京地区天然砂主要来自河北等周边地区，优质的天然砂日益匮乏，往往市场上能稳定供应的多是接近标准要求中砂的中粗砂，级配不是很合理，需要使用细砂或特细砂来搭配组成混合砂，优化颗粒级配。铁尾矿砂与机制砂或天然砂组成混合砂作细集料用于配制混凝土，通过适当调整二者混合比例搭配成级配合理的混合砂，可以配制出和易性和力学性能满足使用要求的混凝土。

通过混凝土和易性、力学性能以及干燥收缩、快速碳化、快速冻融、氯离子渗透性能等耐久性试验证明，铁尾矿砂配制的混凝土各项指标基本满足混凝土 C15～C50 的施工需要。对于高强度等级混凝土，通过合理搭配混合砂比例使用优质矿物掺合料和聚羧酸减水剂可以配制出 28d 抗压强度达到 88MPa 的混凝土，证明了铁尾矿可以应用于高强度等级混凝土中。采用铁尾矿配制自密实混凝土的试验研究表明铁尾矿细集料可以调整砂石集料颗粒级配，优化混凝土体系，满足自密实混凝土中细集料的技术要求。通过一系列对比试验研究，铁尾矿特细砂混凝土和铁尾矿混合砂混凝土在拌合物性能、力学性能和耐久性能上都与天然混合砂混凝土各项指标相近甚至更优。

微观分析研究表明铁尾矿具有多棱角性，应用扫描电镜成像技术直观分析铁尾矿与水泥浆体界面结合情况，发现铁尾矿与水泥浆体结合更加紧密；较天然细砂而言，铁尾矿作为细集料掺入后，可以减小砂浆的总孔隙量及空隙率，减小孔径大于 100nm 的有害孔数量，增加小于 100nm 的小孔数量，增大了 BF 分形维数，减小了最可几孔径，改善了水泥砂浆的微观孔结构，进而改善了其宏观强度性能。

铁尾矿的细粉含量主要是石粉，通过混凝土试验分析，石粉相对于泥粉来说对于混凝土外加剂掺量的影响要明显小得多；细粉含量在 0～15% 范围内的铁尾矿完全可以不采用水洗处理工艺。

2. 展望

为科学严谨起见，采用铁尾矿配制的混凝土应用于结构工程中是否存在其他力学、耐久性等问题，还需通过系统、广泛工程实践检验，进行大量的分析研究工作。

通过铁尾矿在混凝土中资源化利用的试验研究表明，在混凝土中利用铁尾矿的困难除了以往缺乏对于铁尾矿在混凝土中的系统化试验研究，还存在以下误区：

（1）长久以来，混凝土行业对于天然资源的依赖和由此产生惯性思维，对于如铁尾矿等现存的矿山废弃物的加工再利用方面重视不足，循环利用的意识不强。

（2）矿山废弃物的生产企业长久以来将这些所谓的矿山废弃物只是作为废弃物进行堆积、掩埋等简单处理，没有主动变废为宝的意识。

（3）在建筑行业，从建筑设计、施工到预拌混凝土生产和原材料加工等环节对于矿山废弃物的利用存在一个逐渐认可的过程，铁尾矿在混凝土中的应用也存在一个循序渐进的过程。

天然砂资源的匮乏以及铁尾矿等矿山废弃物对环境的压力已经得到北京市政府主管部门的重视，市科委通过重大科研项目立项推动铁尾矿等矿山废弃物的资源循环再利用，旨在通过科学研究、示范工程效应、大规模推广模式，最终实现整体消纳矿山废弃物。

伴随着砂石资源逐渐稀少和水土保持需要，天然砂资源开采与应用必然受到极大限制，混凝土行业如何实现绿色、环保、持续的低碳经济发展模式，是我们面临的重大课题；大量利用工业、矿山废渣，变废为宝，不失为一条经济、快速发展的捷径。实现可持续发展和低碳环保，不仅是降低水泥用量和外加剂技术发展，以往不受重视的骨料问题尤其是级配问题也必须引起足够重视，必须认识到良好的骨料级配才是配制出高性能、低成本混凝土的前提和保证。

铁尾矿存量巨大并且持续增长，在混凝土行业大量消纳铁尾矿，可从根本上解决铁尾矿库库满为患的现状，为我国其他类似矿山废弃物的开发利用借鉴经验，实现更大范围持续、科学的协调发展。

第 11 章　煤矸石矿物掺合料水泥混凝土及工程应用

11.1　概述

　　矿物掺合料是指以硅、铝、钙等一种或多种氧化物为主要成分，具有规定细度，掺入混凝土中能改善混凝土性能的粉体材料。矿物掺合料被称为混凝土的第六组分，常用的矿物掺合料有粉煤灰、矿渣粉、硅灰等。矿物掺合料在混凝土中的作用机理可以归纳为四大效应，包括：火山灰效应、形态效应、微集料效应和界面效应，并通过四大效应提高混凝土后期强度，改善混凝土耐久性。在混凝土中矿物掺合料的作用主要有：① 替代部分水泥，降低成本的同时，起到节能减排作用；② 减少混凝土水化热，降低混凝土开裂风险；③ 改善混凝土工作性（和易性），有利于混凝土浇筑成型；④ 改善混凝土泵送性能，有利于混凝土泵送施工；⑤ 提高混凝土后期强度，改善混凝土耐久性；⑥ 抑制碱骨料反应。

　　矿物掺合料已经成为混凝土中不可或缺的功能材料。粉煤灰和矿粉在相当长的一段时间内，将是预拌混凝土矿物掺合料的主流品种，需求量很大。受限制火力发电、钢铁去产能和产业集中度加大等政策的影响，粉煤灰和矿渣粉的产能有下滑趋势。扩大矿物掺合料来源，寻找新的替代品将成为混凝土行业未来发展方向。矿物掺合料将逐渐从工业固废转向冶金固废、天然固废和建筑固废。通过深加工，提高产品附加值，深入挖掘产品的使用功能，以及发挥掺合料的叠加使用效应是矿物掺合料在混凝土中应用技术发展的重要趋势。

11.2　煤矸石矿物掺合料制备及水泥混凝土研究

　　北京市政路桥建材集团有限公司通过大量深入的理论分析和试验研究，提出破碎煤矸石大块（5～20mm）作为集料，这是大量利用煤矸石的一种有效途径。但是破碎过程小于 5mm 的软质煤矸占总量的 25% 左右，如不充分利用，将会形成二次废弃。中国矿业大学（北京）混凝土与环境材料研究所根据长期对煤矸石的研究和对固体废弃物的处理经验，提出将小于 5mm 的煤矸石煅烧后用作混凝土矿物掺合料。如此不仅高质量利用了软质煤矸，同时也可以缓解北京矿物掺合料资源紧张的局面。北京年消耗掺合料 850 万 t

左右，约50%需要从外地购买。

经过分析，小于5mm的煤矸石颗粒60%～70%是黏土矿物，一次破碎热值800～900kcal/kg，二次破碎热值200～300kcal/kg，经过一定温度的煅烧、粉磨后，可以作为较好的辅助胶凝材料。由于煤矸石本身成分的复杂多变，煤矸石煅烧作矿物掺合料还需要大力研究。

11.2.1 煤矸石作混凝土矿物掺合料制备工艺研究

1. 煤矸石活化原理

矸石中多数矿物的晶格质点常以离子键或共价键结合，断裂后自由能未被迭补，因此具有一定的化学活性。煤矸石的活化方式通常有物理活化、热活化、化学活化和微波辐照活化。这里主要介绍前三种活化方式。

（1）物理活化

物理活化主要是利用破碎设备、粉磨设备将煤矸石磨成具有一定细度的颗粒，来提高其活性。煤矸石的颗粒大小直接关系着其水化反应的快慢和水化完全的程度。煤矸石经过机械研磨，其颗粒表面出现错位、点缺陷和结构缺陷，氧化硅和氧化铝的无定形程度增加，颗粒表面自由能增加，它可以极快的速度消耗氢氧化钙和石膏，使生成的水化产物增加。超细的煤矸石还可填充硬化结构的毛细孔，起到密实的作用。

（2）热活化

热活化主要是对煤矸石进行煅烧。煅烧煤矸石的作用主要有两方面：一是由于煤矸石是夹在煤层中的，不同程度地含有碳；由于碳对混凝土的强度、需水量、耐久性等都会有影响，因此对于未自燃过的煤矸石必须通过煅烧除去碳后才可以利用。二是通过煅烧，煤矸石中的高岭土组分在一定温度下发生脱水和分解，生成偏高岭石和无定形的二氧化硅及氧化铝。

（3）化学活化

化学活化煤矸石的作用原理与低钙粉煤灰的化学活化作用相似，都是通过引入少量的激发剂，参与并加速煤矸石与水泥水化产物的二次反应。煤矸石水泥拌水后，水泥熟料进行水化反应产生$Ca(OH)_2$，在激发剂的作用下与煤矸石中活性SiO_2和Al_2O_3进行二次反应，形成稳定的、不溶于水的水化硅酸钙凝胶和水化铝酸钙。二次水化产物交叉、联生、相互充填，使水化产物的空隙率减少，后期强度不断增加。

2. 煤矸石活化工艺试验研究

试验主要运用热活化、物理活化和化学活化等方式激发煤矸石中潜在的火山灰活性。分析煅烧温度、保温时间、粉磨时间和增钙煅烧等对煅烧煤矸石活性的影响，确定实验室制备煤矸石矿物掺合料的最佳工艺参数。

（1）试验原材料

水泥：试验采用的水泥熟料是北京金隅水泥。水泥熟料化学组成、矿物组成及物理性能见表11-1～表11-3、图11-1。

水泥熟料的化学组成（%）　　　　　　　　表 11-1

SiO₂	Al₂O₃	Fe₂O₃	CaO	MgO	K₂O	Na₂O	SO₃	P₂O₅
22.27	5.12	3.47	64.87	2.58	0.73	0.18	0.48	0.114

水泥熟料的矿物组成（%）　　　　　　　　表 11-2

C_3S	C_2S	C_3A	C_4AF	R_2O
55.44	22.07	7.69	10.57	0.66

水泥的物理性能　　　　　　　　表 11-3

材料	比表面积（m²/kg）	标准稠度（%）	凝结时间（h：min）		抗折强度（MPa）		抗压强度（MPa）	
			初凝	终凝	3d	28d	3d	28d
水泥	350	28.0	1：58	2：50	6.5	9.3	29.6	57.5

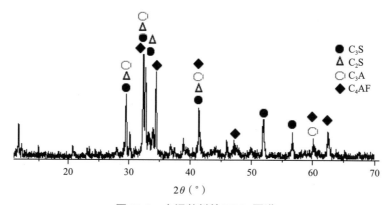

图 11-1　水泥熟料的 XRD 图谱

　　煤矸石：试验用的煤矸石来自北京房山区南窖乡，两次破碎后取粒径小于 5mm 的试样作试验样品，其化学组成见表 11-4。

煤矸石的化学组成（%）　　　　　　　　表 11-4

材料	SiO₂	Al₂O₃	Fe₂O₃	CaO	MgO	K₂O	Na₂O	SO₃	其他	合计
一次破碎	50.05	23.52	4.86	2.02	1.03	0.84	0.75	0.45	15.52	99.04
二次破碎	52.40	20.49	5.23	2.87	1.26	1.53	0.60	0.56	13.32	98.26

　　图 11-2 是取自房山区的煤矸石的 XRD 图谱，北京煤矸石的主要矿物为石英、高岭石、绿泥石、云母等。研究认为，煤矸石的主要矿物组分黏土矿物（如高岭石、绿泥石等）的受热分解和玻璃化是煤矸石活性的主要来源，可见北京煤矸石具有潜在的活性，而且根据 XRD 定量分析，黏土矿物总量大于 56.9%。

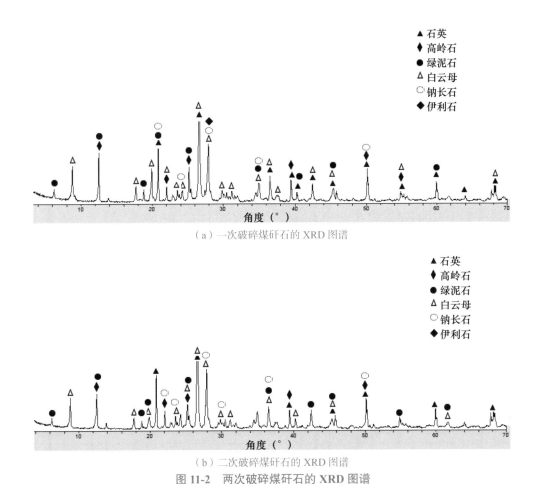

（a）一次破碎煤矸石的 XRD 图谱

（b）二次破碎煤矸石的 XRD 图谱

图 11-2　两次破碎煤矸石的 XRD 图谱

一次破碎与二次破碎煤矸石在成分上并没有明显的差别，只是在某些矿物的含量上存在微小的差异。对一次破碎与二次破碎煤矸石做强度对比分析。试验采用添加煅烧辅料，900℃煅烧，保温 2 小时，粉磨 15 分钟，试验配合比及结果见表 11-5。

一次破碎与二次破碎煤矸石活性的对比　　　　　　　　　　　表 11-5

样品	配合比（%）			强度（MPa）				28d 强度比（%）
				抗折		抗压		
	熟料	石膏	煤矸石	3d	28d	3d	28d	
水泥	95	5	0	6.5	9.3	29.6	57.5	100
一次破碎煤矸石	65	5	30	5.3	8.5	24.6	51.7	90
二次破碎煤矸石	65	5	30	5.1	8.4	24.1	50.0	87

注：28d 强度比为混合料 28d 强度值与纯水泥试样 28d 强度值的比值。

从整体上看，一次破碎煤矸石与二次破碎煤矸石的活性没有明显的差别，一次破碎后由于某些黏土矿物的含量比二次破碎多一些，所以 3d、28d 的强度都比二次破碎高，而在实验室马弗炉中煅烧煤矸石时，由于一次破碎煤矸石含有较多的粉末，在相同的条件下二次破碎煤矸石煅烧比一次破碎煤矸石更充分，这一点从煅烧完后的颜色和磨完后的颜色可以区别。尽管一次破碎煤矸石煅烧磨细后的颜色比二次破碎煤矸石深，但是其活性表现仍比二次破碎煤矸石好。基于此，在沸腾炉中大量煅烧，一次破碎煤矸石应该能充分煅烧，其活性可以保证。实际生产中，一次破碎煤矸石和二次破碎煤矸石混合堆放，所以主要以混合料为原料来研究。

考虑工业生产时煤矸石的热值以及在煅烧设备里燃烧的状态，为后期量化生产提供指导依据，所以对煤矸石的热值与灰熔点进行了测试。测试按照《煤灰熔融性的测定方法》GB/T 219—2008 的试验方法进行，试验结果见表 11-6、表 11-7。

热值测试结果　　　　　　　　　　　表 11-6

样品	水分（%）	弹筒发热量（kcal/kg）	元素分析			全硫含量（%）
			N（%）	C（%）	H（%）	
一次破碎煤矸石	0.60	817.20	0.146	12.115	0.6445	0.120
二次破碎煤矸石	0.29	133.50	0.143	4.956	0.5165	0.065
天津煤	1.81	1374.45	0.344	15.620	1.4865	2.220

煤矸石的灰熔点测试结果　　　　　　　　　　　表 11-7

变形温度（DT）	1360℃
软化温度（ST）	1430℃
半球温度（HT）	1490℃
流动温度（FT）	1550℃

升温速度：900℃以下，15～20℃/min；900℃以上，5℃/min

由以上的试验结果可以看出，煤矸石煅烧到超过 1300℃才会变形，而本书采用低温活化方式（不超过 950℃煅烧），所以低温下煅烧活化煤矸石不存在上述考虑的炉内结块等问题。

试验用到的其他矿物掺合料和石膏的化学组成见表 11-8，主要材料对应的 XRD 图谱如图 11-3 所示。从化学组成可以看出，常用的混凝土矿物掺合料都是以 SiO_2 和 Al_2O_3 为主，和粉煤灰一样都是低钙的；从几种材料的 XRD 图谱可以看出，都存在大量弥散的峰，说明矿物组成是以非晶体为主，这也是其活性的来源。

其他矿物掺合料和石膏的化学组成（%）　　　　　　　　　　　表 11-8

项目	SiO_2	Al_2O_3	Fe_2O_3	CaO	MgO	SO_3	烧失量
磨细矿渣	33.24	15.86	0.17	35.53	7.27	—	0.05

续表

粉煤灰	36.44	13.59	10.64	15.98	13.09	—	1.38
偏高岭土	57.25	35.81	1.52	0.32	0.81	—	3.84
二水石膏	4.47	0.96	0.38	32.8	1.23	36.11	22.11

如图 11-4 所示粉煤灰和矿渣粉的粒径分布相似，集中分布在 2～30μm。

标准砂：符合 ISO 标准。

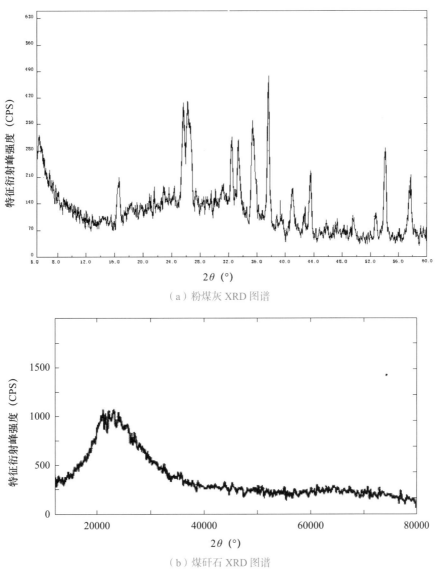

（a）粉煤灰 XRD 图谱

（b）煤矸石 XRD 图谱

图 11-3　几种矿物掺合料的 XRD 图谱

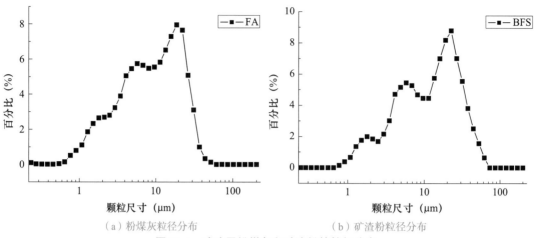

（a）粉煤灰粒径分布　　　　　　　　　（b）矿渣粉粒径分布

图 11-4　试验用粉煤灰和矿渣粉的粒径分布

（2）试验方法

试验采用热活化、物理活化、化学活化三种方式处理煤矸石。将煤矸石用马弗炉在不同温度下煅烧并保温一定时间后取出快速冷却，然后用小型球磨机粉磨不同的时间备用。利用勃氏比表面仪测磨细煤矸石比表面积；按照《水泥胶砂强度检验方法（ISO 法）》GB/T 17671—2021 的胶砂强度试验评价活化后的煤矸石活性指数，由此确定煤矸石制备矿物掺合料的活化工艺。

（3）试验结果及分析

1）热活化性能分析

将煤矸石分别在 6 个温度（500℃、600℃、700℃、800℃、900℃、1000℃）下煅烧，保温 2h 后用取出快速冷却，用球磨粉磨至比表面积为 550m² /kg。不同温度下热活化煤矸石的 XRD 图谱如图 11-5 所示。

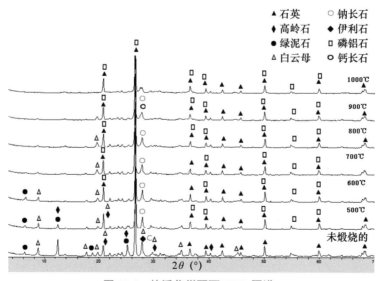

图 11-5　热活化煤矸石 XRD 图谱

由图 11-5 可知，经 500℃煅烧高岭石衍射峰大幅降低，表明伴随着结构水 OH¯ 的脱出，高岭石结构产生破坏，转变成非晶质的偏高岭石，与之同时，绿泥石、钠（钙）长石、钙长石、白云母的衍射峰强度也有所下降，而石英的衍射峰强度增加，这主要是煤矸石中残留的煤燃烧以及部分黏土矿物结构水脱除等原因，造成各煅烧样中 SiO_2 含量相对提高；而经过 600℃、700℃煅烧，高岭石、绿泥石衍射峰全部消失，而石英的强度进一步增加。从 800℃煅烧样的 XRD 图谱可看出，与前几种低温的 XRD 相比，白云母、钠（钙）长石的衍射峰还存在。900℃时黏土矿物几乎完全分解，可见少量白云母的衍射峰，到 1000℃已经可见莫来石的衍射峰，石英和莫来石成为主要的矿物。

将未煅烧煤矸石和煅烧后的煤矸石粉磨至 550m^2/kg，以 30% 的掺量分别与北京水泥厂的水泥熟料混合，试验配合比和试验结果如表 11-9 所示。

试验配合比和试验结果

表 11-9

煅烧温度（℃）	配合比（%）			抗折强度（MPa）		抗压强度（MPa）		28d 抗压强度比（%）
	熟料	石膏	煤矸石	3d	28d	3d	28d	
熟料	95	5	0	6.5	9.3	29.6	57.5	100
未煅烧	65	5	30	4.3	6.6	20.6	35.1	61.0
500	65	5	30	5.5	7.8	21.0	42.8	74.4
600	65	5	30	5.6	8.0	23.2	43.1	75.0
700	65	5	30	5.7	8.0	25.4	45.1	78.4
800	65	5	30	5.9	8.5	26.0	46.7	81.2
900	65	5	30	6.1	8.8	26.2	49.9	86.8
1000	65	5	30	5.5	8.3	21.2	46.2	80.3

注：28d 抗压强度比为混合试样 28d 抗压强度值与纯水泥试样 28d 抗压强度值的比值。

由表 11-9 可知，北京煤矸石煅烧温度为 900℃时，其活性指数最高，28d 抗压强度 49.9MPa，约为纯熟料水泥的 87%；抗折强度 8.8MPa，约为纯熟料水泥的 95%。

2）保温时间的影响

煅烧活化煤矸石在炉内停留时间太短可能会使煤矸石中的碳未烧尽，同时煤矸石中的高岭石的黏土矿物组分也可能不完全分解，减少了活性组分的产生；当煅烧时间过长时，会使本来已经产生活性的 SiO_2 及 Al_2O_3 又生成莫来石而失去活性。在 900℃温度分别煅烧 30min、60min、120min、180min，以考察煅烧温度对活性的影响情况。熟料细度控制在 350m^2/kg，煤矸石细度控制在 450m^2/kg。煅烧时间对煤矸石抗折、抗压强度影响如图 11-6 所示。

经过 120min 煅烧的煤矸石的活性最高。煅烧时间从 30min 到 60min，活性增长并不明显，而从 60min 到 120min 活性增长显著，当时间进一步延长到 180min 时活性下降到 60min。试验中采用马弗炉煅烧，所以时间相对较长，实际工业生产时需要的煅烧时间可能远远小于这个时间，但是这个研究对实验室制备出性能优良的掺合料具有很好的指导意义。

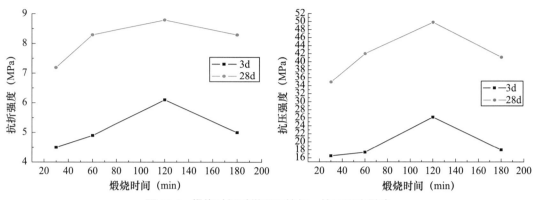

图 11-6 煅烧时间对煤矸石抗折、抗压强度影响

3）添加煅烧辅助材料的研究

从煤矸石的化学组成可以看出，煤矸石的 CaO 含量很低。由相关文献可知，煤矸石中加入一定量的石灰石，煅烧分解出 CaO 和活性 SiO_2、Al_2O_3，生成具有水硬性的物质 $C_{12}A_7$ 和 C_2S，它们有利于改善煤矸石的活性。煤矸石煅烧时掺入萤石、石膏作为矿化剂。矿化剂可以降低反应物质间的键能，提高其化学活性，促进固相反应，加速 $CaCO_3$ 的分解，强化了 SiO_2 与 CaO 的反应能力。同时矿化剂还可以改变液相性质，降低液相的黏度和表面张力。

但是文献采用的试验方法不具有实际工业生产的操作性，程序复杂，能耗较高。本试验尝试将磨细的石灰石和矿化剂直接与煤矸石混合后煅烧磨细，而且考虑到煤矸石本身最佳的煅烧温度及可能生成的水硬性物质，煅烧温度控制在 850～1050℃并掺萤石和石膏作为矿化剂，冷却后以 30% 的掺量和熟料混合进行强度试验，其试验结果见表 11-10。

增钙煅烧的配合比及试验结果 表 11-10

温度（℃）	煅烧时添加石灰石（%）	配合比（%）			抗折强度（MPa）		抗压强度（MPa）		28d 抗压强度比（%）
		熟料	石膏	煤矸石	3d	28d	3d	28d	
850	10	65	5	30	5.9	8.5	24.8	49.2	85.6
850	20	65	5	30	5.7	8.6	24.3	48.5	84.3
950	10	65	5	30	5.7	8.5	22.3	51.7	90.0
950	20	65	5	30	5.6	8.4	21.4	51.2	89.0
1050	10	65	5	30	5.4	8.3	20.9	50.9	88.5
1050	20	65	5	30	5.3	8.3	20.8	50.0	87.0

注：28d 抗压强度比为混合试样 28d 抗压强度值与纯水泥试样 28d 抗压强度值的比值。

从表 11-10 可以看出，采用此方法进行增钙煅烧，其早期活性与普通煅烧差别不大，而后期强度有一定提高，这对于煤矸石的大量利用具有较大意义。对增钙煅烧过程形成的矿物以及在水化过程中的作用进行研究，这对该方法的实际使用是很有必要的。

4）粉磨时间对煤矸石活性的影响

选取最有代表性的 900℃煅烧煤矸石样品进行试验，粉磨 10min、15min、25min、35min、

45min 五个时间后测比表面积，并用激光粒度仪测试颗粒分布情况。粉磨时间变化引起的比表面积及强度的变化见表 11-11。

不同粉磨时间对强度的影响　　　　　　　　　表 11-11

煤矸石			熟料 （%）	石膏 （%）	抗折强度（MPa）		抗压强度（MPa）	
粉磨时间 （min）	比表面积 （m²/kg）	掺量（%）			3d	28d	3d	28d
10	406.8	30	65	5	4.9	7.8	20.1	40.6
15	560.7	30	65	5	5.5	8.0	23.3	45.1
25	721.6	30	65	5	5.5	8.0	25.6	48.4
35	767.5	30	65	5	5.6	8.2	25.9	50.0
45	780.6	30	65	5	6.0	8.3	27.3	54.0

分析表 11-11 可知，煅烧煤矸石更容易磨，随着粉磨时间的延长比表面积不断增加，煅烧磨细煤矸石的活性也不断增加。粉磨时间增加到 25 分钟以后比表面积变化较小，这是因为颗粒达到一定的细度粉磨效率下降。由煤矸石活性结果综合考虑粉磨能耗，粉磨 15 分钟，比表面积在 500m²/kg 左右时，可以满足实际使用活性要求。对经过不同时间粉磨的样品做激光粒度分析，粒度分布如图 11-7 所示。

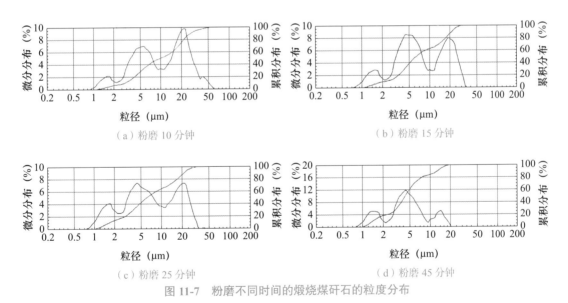

（a）粉磨 10 分钟　　　　　　　　　（b）粉磨 15 分钟
（c）粉磨 25 分钟　　　　　　　　　（d）粉磨 45 分钟

图 11-7　粉磨不同时间的煅烧煤矸石的粒度分布

由图 11-7 分析得：粉磨 10 分钟，颗粒分布在 0.85～52μm，小于 9.76μm 的颗粒占 50%，小于 20μm 的颗粒占 75%。粉磨 15 分钟，颗粒分布在 0.67～31.3μm，小于 6.33μm 的颗粒占 50%，小于 14.95μm 的颗粒占 75%。与粉磨 15 分钟相比，粉磨 25 分钟的颗粒分布变化不大，颗粒略细。粉磨 45 分钟，颗粒分布在 0.67～22.4μm，小于 4.21μm 的颗粒占 50%，小于 6.46μm 的颗粒占 75%，小于 12.27μm 的颗粒占 90%。由以上数据可知，各粉磨时间的最小粒径变化很小，最大粒径由 52μm 减小到 22.4μm，而其他粒径分布变化也较大。可以得出结论：煅烧煤矸石易磨，大部分颗粒磨到 10μm 以下需要的能耗不高，粉磨 15 分钟后，3～30μm 的活性颗粒占 90% 以上。

5）与其他矿物掺合料的比较研究

在以上研究的基础上，将煤矸石分为两类煅烧方式，一类直接煅烧，另一类添加辅助材料煅烧，温度控制在 900℃，保温 2 小时，冷却后粉磨 15 分钟，比表面积控制在 500m²/kg。对几种矿物掺合料 30% 掺量下的物理力学性能进行比较，见表 11-12。

几种矿物掺合料物理力学性能的比较　　　　　表 11-12

矿物掺合料种类	密度（g/cm³）	标稠需水量（mL）	初凝/终凝（min）	强度（MPa）				28d 抗压强度比（%）
				抗折		抗压		
				3d	28d	3d	28d	
水泥	3.15	135	110/150	6.5	9.0	29.6	57.5	100
煤矸石 900℃煅烧	2.52	144	135/165	5.8	8.6	23.0	50.3	87.5
增钙煤矸石	2.53	142	120/160	5.7	8.5	22.3	51.7	90.0
偏高岭土	2.55	140	125/170	5.2	8.3	18.8	49.2	85.6
粉煤灰	2.05	131	140/180	5.0	7.9	12.6	43.6	75.8
矿粉	2.74	138	120/160	5.2	8.2	18.8	59.4	103

注：28d 抗压强度比为混合试样 28d 抗压强度值与纯水泥试样 28d 抗压强度值的比值。

煅烧磨细煤矸石的密度在 2.52g/cm³ 左右，其标准稠度需水量相对于其他几种矿物掺合料来说略高，原因是煅烧使煤矸石结构疏松多孔，因此，煅烧煤矸石易磨；煅烧磨细煤矸石对胶凝凝结时间影响不大，随掺量增加，凝结时间会延长。从几种常用矿物掺合料 3d、28d 抗压强度的对比可以看出煅烧煤矸石的抗压强度与偏高岭土比较接近。综合前面试验研究结论，从活性指数比较，实验室煅烧磨细煤矸石矿物掺合料的活性低于矿粉，但高于粉煤灰。

11.2.2　煤矸石作矿物掺合料水泥混凝土基本性能研究

1. 试验原材料

水泥：北京琉璃河水泥、普通硅酸盐水泥（P.O42.5），其物理性能指标见表 11-13。

水泥物理性能指标　　　　　表 11-13

相对密度	标稠用水量（%）	比表面积（m²/kg）	初凝（min）	终凝（min）	抗折强度（MPa）		抗压强度（MPa）	
					3d	28d	3d	28d
3.02	28	392	160	195	5.4	8.3	28.7	47.8

粉煤灰：天津电厂 Ⅱ 级低钙粉煤灰，其物理性能指标见表 11-14。

等级	细度（45μm 筛余）（%）	需水量比（%）	烧失量（%）	安定性
Ⅱ级低钙	10.2	97.3	3.0	合格

矿粉：北京首钢 S95 级磨细矿渣粉，其物理性能指标见表 11-15。

磨细矿渣粉性能检测数据   表 11-15

密度（g/cm³）	比表面积（m²/kg）	活性指数（%）		流动度比（%）	烧失量（%）
		7d	28d		
2.92	435	76	103	98	0.3

活化煤矸石：按照前期试验制定的活化工艺，采用沸腾炉煅烧煤矸石，煅烧选取在天津冀东水泥厂进行，试验采取连续煅烧、间断出渣方式，温度控制在 800～900℃，煤矸石入炉 1 小时后开始取渣，每 20 分钟记录一次炉温。煅烧空冷后利用球磨机将煤矸石磨细。磨细煤矸石物理性能见表 11-16。

活化煤矸石物理性能检测数据   表 11-16

密度（g/cm³）	细度（45μm 筛余）（%）	比表面积（m²/kg）	需水量比（%）	烧失量（%）
2.53	16.8	454	103.5	3.5

外加剂：天津雍阳减水剂厂的聚羧酸高效减水剂。

砂石：混凝土粗、细集料分别采用河北产 5～25mm 的卵碎石和天然河砂，其主要性能见表 11-17。

砂石性能指标   表 11-17

名称	级配	含泥量（%）	表观密度（kg/m³）	堆积密度（kg/m³）	细度模数	碱活性指标
卵碎石	连续	0.72	2760	1523	—	低碱活性
河砂	中砂	4.96	2698	1544	2.78	低碱活性

2. 活化煤矸石做矿物掺合料混凝土试验研究

参照《普通混凝土配合比设计规程》JGJ 55—2011 及已有的文献技术资料，设计混凝土配合比。使用活化煤矸石作为矿物掺合料，试验时其掺量变化从 10% 到 50%，根据混凝土工作性能和力学性能选择最佳掺量。用水量和外加剂掺量参照普通混凝土配合比设计经验设计，试验时适当调整，保证达到最佳的工作性和和易性，研究混凝土工作性能和力学性能随活化煤矸石掺量变化的变化情况。试验采用全计算法设计配合比，同时配置常用的矿物掺合料混凝土，对比研究混凝土工作性和力学性能的差异，总结活化煤矸石混凝土在预拌混凝土中的应用技术。混凝土配合比设计见表 11-18。

混凝土配合比设计 表 11-18

编号	强度等级	水胶比	用水量（kg/m³）	胶材总量（kg/m³）	砂率	砂石总量（kg/m³）	外加剂（%）
AN	C20	0.60	180	300	50%	1906	0.8
BN	C30	0.49	175	360	47%	1855	0.95
CN	C40	0.40	175	438	46%	1785	1.15
DN	C50	0.35	170	485	40%	1776	1.34
EN	C60	0.30	160	530	38%	1750	1.4

（1）高水胶比单掺煤矸石作混凝土掺合料试验

试验水胶比设定为 0.49，用水量为 175kg/m³，胶凝材料总量为 360kg/m³，砂石总量为 1855kg/m³，砂率为 47%，混凝土基本配合比为：水泥：水：砂：石＝1：0.49：2.48：2.78，按此基本配合比，将煤矸石以 10%～50% 掺量取代水泥，调整外加剂用量，混凝土出机坍落度控制在（200±10）mm，其工作性能和力学性能见表 11-19、表 11-20。

高水胶比单掺煤矸石混凝土工作性能 表 11-19

煤矸石掺量（%）	外加剂掺量（%）	坍落度/扩展度（mm）	含气量（%）	1h后坍落度/扩展度（mm）	和易性
0	0.95	195/460	3.7	100/240	和易性较好、坍损快
10	0.98	200/480	3.6	145/380	和易性好
20	1.01	195/465	4.0	155/410	和易性好
30	1.06	195/450	3.6	120/350	和易性较好
40	1.11	190/450	3.9	90/—	和易性差、黏稠、坍损快
50	1.14	190/430	3.8	70/—	干稠、坍损严重

高水胶比单掺煤矸石混凝土力学性能 表 11-20

煤矸石掺量（%）	抗压强度（MPa）					抗压强度比（%）		
	3d	7d	28d	60d	90d	3d	28d	90d
0	28.4	39.1	48.9	49.6	52.5	100.0	100.0	100.0
10	28.5	38.9	48.8	55.0	56.6	100.4	99.8	107.8
20	26.4	38.7	50.4	52.4	57.7	93.0	103.1	109.9
30	23.4	35.3	49.8	53.6	58.0	82.4	101.8	110.5
40	19.0	28.9	40.6	48.2	51.8	66.9	83.0	98.7
50	17.5	24.7	39.9	45.8	48.9	61.6	81.6	93.1

注：抗压强度比为混合试样抗压强度值与纯水泥试样抗压强度值的比值。

从表 11-19、表 11-20 可以看出，对于高水胶比煤矸石混凝土，当固定水胶比，控制出机坍落度时，外加剂的掺量随煤矸石粉掺量的增加而增加，说明掺入煤矸石后，混凝土的需水量增加。当煤矸石掺量为 20% 时，混凝土含气量高，坍损小，和易性最好，各龄期抗压强度较高，与基准试验对比，3d 强度可达到基准试样的 93%，28d 强度是基准试样的 103%，90d 后抗压强度与理论抗压强度之比可达到 109.9%。综合分析试验结果，由于活化煤矸石属于脱水产物，煅烧后煤矸石都呈疏松状态，结构中微孔较多，内比表面积较大，需要更多的水润湿表面和填充孔隙，从而使混凝土的流动性变差，需水量增加。另一方面，掺入活化煤矸石代替部分水泥后，细颗粒填充于水泥粗颗粒之间的空隙中，颗粒分布更加致密，排挤出空隙中的部分水分，润滑颗粒，同时微孔中所带入的空气可改善预拌混凝土中的含气量，有助于改善混凝土的流动性和坍损。当煤矸石的掺量为 20%～30%时，工作性能的各项指标达到最优，和易性最好。由图 11-8 可以看出，煤矸石掺量在 20%以下时，其早期的混凝土强度较高，甚至高于基准试样；煤矸石掺量在 30% 时，90d 的抗压强度为纯水泥时的 110%。用煤矸石替代部分水泥后，早期煤矸石的细颗粒填充于水泥颗粒之间的空隙中，使水泥的水化更加均匀，结构更加致密，同时水泥水化后的碱性环境又促进了煤矸石的水化，使得早期混凝土强度较高；水化后期，煤矸石的火山灰活性有了较大发挥，因此 90d 后混凝土的强度仍有较大增长。当掺量较大时，由于煤矸石对复合胶凝材料的负作用，即减缓水化进程，使得混凝土各龄期强度有所降低。综上所述，高水胶比下，混凝土中煤矸石的掺量为 20%～30% 时，其工作性能和各龄期力学性能最佳。

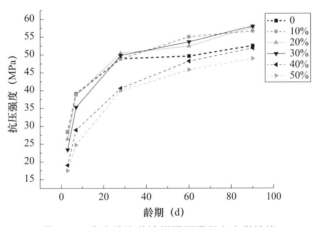

图 11-8　高水胶比单掺煤矸石混凝土力学性能

（2）低水胶比单掺煤矸石作混凝土掺合料试验

试验水胶比为 0.35，用水量为 170kg/m³，胶凝材料总量为 485kg/m³，砂石总量为 1776kg/m³，砂率为 40%，混凝土基本配合比为：水泥∶水∶砂∶石＝1∶0.35∶1.46∶2.20，按此基本配合比，将煤矸石以 10%～50% 掺量取代水泥，调整外加剂用量，混凝土出机坍落度控制在（200±10）mm，混凝土的工作性能和力学性能见表 11-21、表 11-22。

低水胶比单掺煤矸石混凝土工作性能　　　　　　　　　　表 11-21

煤矸石掺量（%）	外加剂掺量（%）	坍落度／扩展度（mm）	含气量（%）	1h 后坍落度／扩展度（mm）	和易性
0	1.34	210/480	3.4	155/400	和易性较好
10	1.40	200/480	3.1	160/380	和易性好

续表

煤矸石掺量（%）	外加剂掺量（%）	坍落度/扩展度（mm）	含气量（%）	1h后坍落度/扩展度（mm）	和易性
20	1.48	205/470	3.3	170/410	和易性好
30	1.54	210/490	3.6	180/420	和易性好
40	1.56	190/460	2.7	140/330	和易性差、黏稠、坍损快
50	1.59	190/440	3.0	100/—	干稠、坍损严重

低水胶比单掺矸石混凝土力学性能　　　　表 11-22

煤矸石掺量（%）	抗压强度（MPa）					抗压强度比（%）		
	3d	7d	28d	60d	90d	3d	28d	90d
0	49.9	61.5	76.1	78.2	79.5	100.0	100.0	100.0
10	47.6	63.1	74.4	78.9	85.6	95.4	97.8	107.7
20	45.0	59.2	74.3	78.8	84.1	90.2	97.6	105.8
30	37.1	53.6	67.2	74.0	76.6	74.3	88.3	96.4
40	32.9	48.3	62.8	70.2	75.9	65.9	82.5	95.5
50	27.9	40.9	57.1	63.4	69.2	55.9	75.0	87.0

注：抗压强度比为混合试样抗压强度值与纯水泥试样抗压强度值的比值。

　　低水胶比煤矸石混凝土，控制出机坍落度时，外加剂的掺量随煤矸石掺量的增加而增加。当煤矸石掺量为20%～30%时，混凝土和易性较好。掺量继续增加，混凝土需水量加大，和易性变差，变得干稠，具体为外加剂用量增多，1h后的坍损严重，混凝土成型能力较差，抗压强度低。这与高水胶比下煤矸石混凝土的性能是一致的。由图 11-9 可以看出，低水胶比煤矸石混凝土的强度增长规律与高水胶比是一致的，不同之处是为获得较好的力学性能，煤矸石的掺量应适当降低。这是因为混凝土的强度依赖于活性胶凝材料的水化程度。当煤矸石加入后，其水化速度较水泥缓慢，混凝土整体强度较低，并且随煤矸石掺量的增加其强度下降。在该试验所确定的水胶比下，煤矸石的最佳掺量为20%，3d抗压强度达到基准试样的90%，28d强度是基准试样的97%，90d混凝土强度为基准试样的105.8%。

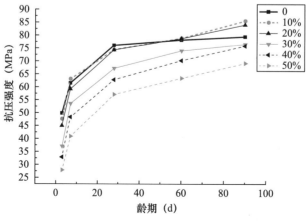

图 11-9　低水胶比单掺煤矸石混凝土力学性能

（3）不同水胶比同掺量煤矸石作混凝土掺合料试验

试验固定煤矸石掺量30%，水胶比为0.30～0.60，相应的胶结材料总量为300～530kg/m³，砂率为38%～50%。不同水胶比单掺30%煤矸石混凝土工作性能和力学性能见表11-23。

不同水胶比单掺30%煤矸石混凝土工作性能和力学性能　　　　表 11-23

混凝土强度等级	水胶比	外加剂掺量（%）	坍落度/扩展度（mm）	抗压强度（MPa）				
				3d	7d	28d	60d	90d
C20	0.60	0.92	210/500	16.8	24.0	32.0	38.8	41.5
C30	0.49	1.06	195/450	23.4	35.3	49.8	53.6	58.0
C40	0.40	1.38	200/490	31.2	43.0	53.6	64.9	68.5
C50	0.35	1.54	210/490	37.1	53.6	67.2	74.0	76.6

由图11-10可以看出，单掺30%煤矸石时，不同水胶比下混凝土各龄期的强度发展规律是一致的，只是由于煤矸石需水量较大，同等和易性下，高强度的混凝土所用减水剂的量也随之增多。由各龄期混凝土强度可以看出，采用P.O42.5的普通硅酸盐水泥和30%的煤矸石粉复合，可以配制出C20～C50强度等级混凝土，这表明煤矸石掺合料在商品混凝土搅拌站应用有较好的前景。

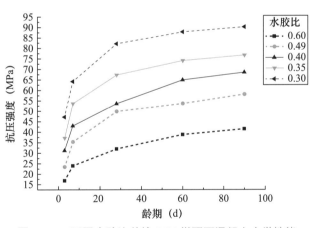

图 11-10　不同水胶比单掺30%煤矸石混凝土力学性能

（4）活化煤矸石粉与其他掺合料的对比试验

目前，混凝土中常用的矿物掺合料为矿粉、粉煤灰。矿粉由具有潜在活性的玻璃体结构组成，具有潜在的水硬性，加入混凝土中可提高混凝土的早期强度。粉煤灰的火山灰反应和微集料效应对混凝土后期强度和耐久性起到增强作用，其特有的微珠结构可降低混凝的单方用水量。因此，选取这两种矿物掺合料与活化煤矸石对比研究活化煤矸石粉的性能。

试验选定的水胶比为0.49和0.35，其掺合料掺量分别为30%、20%。分别加入不同掺合料做平行对比试验，试验结果见表11-24。

煤矸石混凝土与其他掺合料混凝土的对比试验结果 表 11-24

水胶比 / 掺量		0.49/30%				0.35/20%			
掺合料		纯水泥	煤矸石粉	粉煤灰	矿粉	纯水泥	煤矸石粉	粉煤灰	矿粉
用水量（kg）		175	175	175	175	170	170	170	170
外加剂掺量（%）		0.95	1.06	0.77	1.01	1.34	1.48	1.21	1.40
坍落度 / 扩展度（mm）		195/460	195/450	190/460	195/470	210/480	205/470	220/510	200/470
抗压强度（MPa）	3d	28.4	23.4	20.6	23.4	49.9	45.0	40.6	42.6
	7d	39.1	35.3	30.6	33.7	61.5	59.2	54.6	58.7
	28d	48.9	49.8	43.0	51.6	76.1	74.3	69.7	78.3
	60d	49.6	53.6	53.1	52.4	78.2	78.8	82.5	84.0
	90d	52.5	58.0	61.3	55.0	79.5	84.1	91.4	86.3
抗折强度（MPa）	7d	4.06	4.32	3.56	4.46	6.10	6.46	5.72	6.48
	28d	4.48	4.83	4.69	4.99	6.45	7.24	6.96	7.38
	56d	4.77	5.25	5.32	5.56	7.00	7.62	7.55	7.70

由表 11-24 可以看出，在相同坍落度时，加入煤矸石的混凝土的减水剂用量要多于加其他掺合料的混凝土，需水量由大至小的排序为：煤矸石混凝土＞矿粉混凝土＞粉煤灰混凝土，这与前面胶砂流动度试验结果是一致的。当水胶比为 0.49，矿物掺合料掺量为 30% 时，煤矸石混凝土与矿粉混凝土 3d 强度持平，高于粉煤灰混凝土。3d 后，矿粉混凝土的强度发展速率明显高于煤矸石混凝土和粉煤灰混凝土，其 28d 抗压强度已超过了基准试样的抗压强度，而此时煤矸石混凝土强度发展较快，其强度接近于矿粉混凝土，超过了基准试样的抗压强度，但 60d 后，粉煤灰混凝土的强度增长速率加快，90d 后粉煤灰混凝土的强度超过其他混凝土达到最大。水胶比为 0.35，矿物掺合料掺量 20% 时混凝土强度发展规律与前面所述大体相似，只是在 60d 后煤矸石混凝土的强度低于矿粉混凝土和粉煤灰混凝土，这是由于煤矸石需水量较大，需要较多的自由水来促进其水化，因此，高水胶比更有利于煤矸石的水化。早龄期下，由于煤矸石质地疏松，活性易于激发，煤矸石混凝土的抗折强度与矿粉混凝土相近，大于粉煤灰混凝土和纯水泥混凝土的抗折强度。90d 后，由于二次水化反应粉煤灰与水泥之间生成了牢固的凝胶体系，使得粉煤灰混凝土的抗拉性能更好，体现为抗折强度较高。

综上所述，煤矸石和矿粉对混凝土强度的影响程度相差不大，矿物掺合料掺量低于 30% 时，在较高水胶比下（0.49），煤矸石混凝土 90d 之后的强度增长大于矿粉混凝土，而粉煤灰混凝土前期强度较低，后期的火山灰活性使得混凝土强度有较大增长。水胶比降低（0.35）对煤矸石的后期水化不利，在一定程度上降低了煤矸石混凝土的强度。整体而言，加入掺合料后混凝土的后期强度均高于纯水泥混凝土的后期强度。

（5）活化煤矸石与矿粉、粉煤灰的二元复配试验

不同矿物掺合料在混凝土中的作用各不相同，根据复合材料的"超叠效应"原理，将不同种类的细掺料以合适的比例掺入混凝土，则可取长补短，提高混凝土的性能。

试验时粉煤灰和矿粉分别与煤矸石复合使用，设定矿物掺合料的总量为胶凝材料的40%，配合比为（3:1）、（1:1）、（1:3）。水胶比设定为0.35，通过调整外加剂掺量，使混凝土初始坍落度为210~220mm，扩展度为460~480mm。混凝土配合比及工作性能和力学性能见表11-25。

煤矸石与粉煤灰、矿粉二元复配试验结果　　　　　　　　　　　表 11-25

试验编号	煤矸石（%）	粉煤灰（%）	矿粉（%）	外加剂（%）	坍落度／扩展度（mm）	1h 坍损（mm）	抗压强度（MPa）				
							3d	7d	28d	60d	90d
1	40	0	0	1.56	190/460	140/330	32.9	48.3	62.8	70.2	75.9
2	30	10	0	1.50	215/470	170/390	36.3	50.1	73.2	80.0	91.6
3	20	20	0	1.40	205/480	185/410	38.2	53.2	72.6	81.7	92.6
4	10	30	0	1.28	215/480	190/420	35.7	50.9	69.0	80.7	85.2
5	0	40	0	1.20	225/500	195/430	32.9	46.6	64.8	75.1	79.3
6	30	0	10	1.52	210/470	165/360	37.9	52.6	71.7	74.0	85.9
7	20	0	20	1.45	215/480	175/390	36.8	52.7	69.2	75.8	82.7
8	10	0	30	1.38	205/460	180/400	36.0	47.8	63.6	73.0	79.6
9	0	0	40	1.32	210/480	180/410	39.2	58.4	76.7	81.2	83.5

如图11-11所示，煤矸石与粉煤灰、矿粉复合使用时，总掺量40%不变下，超塑化剂用量随着煤矸石量的减少而减少，与粉煤灰复合使用时，减水量更为明显。这是由于粉煤灰所具有的"玻璃微珠"效应，使得混凝土的需水量减少，当与煤矸石复配后，不同细度的颗粒填充于水泥粗颗粒之间的空隙中，使颗粒分布更加致密，排挤出空隙中的部分水分，润滑颗粒，有助于改善混凝土的流动性。两者的共同作用表现为复合使用时需水量介于单掺煤矸石或粉煤灰两者之间，改善了单掺煤矸石粉需水量大的问题，使混凝土的流动性变好，降低超塑化剂的使用量；当煤矸石与矿粉复配时，由于加入煤矸石，改善了单掺矿粉时所产生的泌水现象，使混凝土流动性变好，但总体需水量依然偏高。如图11-12所示，煤矸石与粉煤灰复合使用后的力学性能优于煤矸石与矿粉的复合使用，并且随着复合体系中煤矸石比例的增大，其抗压强度呈现先增大后减小。当煤矸石与粉煤灰比例为1:1时，其各龄期的抗压强度最大，高于单掺任何一种矿物掺合料的强度。综上所述，煤矸石与粉煤灰的复合优于煤矸石与矿粉的复合，在煤矸石与粉煤灰复合作用下，材料的"超叠效应"体现在降低了复合体系混凝土单方用水量，改善了混凝土的和易性，使其结构更加密实，提高了混凝土各龄期的强度。

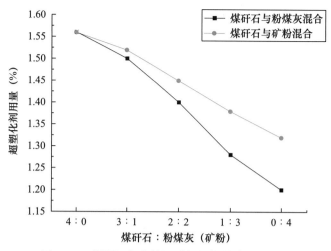

图 11-11 煤矸石复合使用对超塑化剂掺量的影响

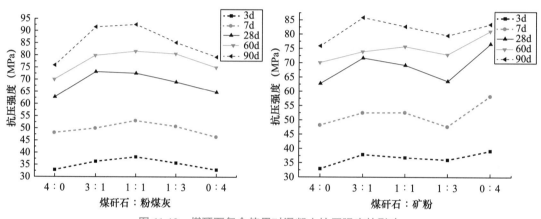

图 11-12 煤矸石复合使用对混凝土抗压强度的影响

11.2.3 煤矸石水泥混凝土耐久性研究

1. 抗氯离子渗透性能

本试验采用电通量法来表征氯离子渗透的能力。试验参考 ASTM C1202-97 标准，在混凝土中掺入 20%、30%、40% 的活性煤矸石作辅助胶凝材料，水胶比设定为 0.49 和 0.35，对比基准试验制备混凝土试块。其氯离子渗透能力等级划分如表 11-26 所示，试验结果如表 11-27 和图 11-13 所示。

基于电通量的混凝土氯离子渗透能力等级划分　　　　表 11-26

电通量（C）	氯离子渗透能力
＞4000	高
2000～4000	中等
1000～2000	低
100～1000	很低
＜100	可忽略

掺煤矸石混凝土电通量（C） 表 11-27

煤矸石掺量（%）	水胶比 0.49		水胶比 0.35	
	28d	60d	28d	60d
0	2955	1387	2689	1094
20	2912	964	2341	839
30	2811	755	1881	632
40	2897	689	2208	646

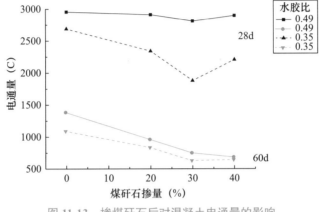

图 11-13 掺煤矸石后对混凝土电通量的影响

由数据分析可知，混凝土电通量与水胶比有关，水胶比越低，相同状态下混凝土的电通量值越小。同一水胶比下，掺煤矸石后混凝土的电通量明显低于基准试样，并且当掺量在 30% 时，其 28d 电通量值最低，这一点在低水胶比 0.35 时更为明显。这是因为掺入煤矸石粉后，由于煤矸石粉密度较小，颗粒较细，其等量替代水泥后，大量细小颗粒填充于水泥粒子之间的空隙中，减少了混凝土中的毛细孔径，优化了混凝土的结构，使混凝土更加密实，抗渗能力提高，因此电通量值降低；再者，煤矸石的掺入量影响混凝土结构密实性，由于煤矸石粉的早期活性较水泥要低，水化 28d 时，煤矸石的凝胶性能还未完全实现，导致随煤矸石掺入量增加，混凝土电通量值呈现先减后增的趋势，煤矸石掺量在 30% 时，混凝土电通量最小，其抗氯离子渗透能力最好。60d 后，由于煤矸石后期的二次火山灰作用，使得混凝土水化更加完全，结构更加致密，其抗渗能力也得到了大幅提高，加入煤矸石后混凝土电通量值均在 1000C 以下，对照表 11-26 可知，此时氯离子渗透能力已经很低。

2. 抗碳化性能

碳化引起的钢筋锈蚀发生在一般大气环境中，锈蚀现象比较普遍。因此，混凝土的抗碳化性能是混凝土耐久性的一项重要指标。混凝土抗碳化性能的评价指标主要为碳化深度。依据《混凝土物理力学性能试验方法标准》GB/T 50081—2019 进行碳化试验，试样成型 100mm×100mm×100mm 的立方体，标准养护 28d 后，放入 CO_2 浓度为 20%±3%，温度为（20±1）℃，相对湿度为70%±3%的碳化箱内进行快速碳化试验，碳化龄期分别为7d、14d、28d，待每个试验周期结束后劈开试块测量其碳化深度。

由表11-28、图11-14的碳化数据分析，混凝土的碳化深度随水胶比的增大而增大，碳化深度和混凝土的强度发展成负相关性。这是因为水胶比较大时，混凝土的毛细空隙率较多，大孔较多，CO_2扩散入混凝土内部的速率较快，与水泥水化后产生的$Ca(OH)_2$反应加快，从而碳化较快，碳化深度增加。两种不同水胶比下的煤矸石混凝土碳化曲线趋势相同，加入煤矸石后，对混凝土的碳化改善作用不大，并且随着其掺量增加，同等碳化时间内混凝土的碳化深度大于基准试验。当煤矸石掺量在20%时，对混凝土的碳化略有改善。这是因为煤矸石掺入量较少时，可以减少混凝土中的毛细孔隙，改善混凝土的孔隙结构，使其更加密实，降低了CO_2在混凝土中的扩散速度，从而增加混凝土抗CO_2的侵蚀能力。但随着煤矸石的掺量增加，混凝土中水泥量相对减少，水化生成的$Ca(OH)_2$也减少，而煤矸石水化过程中还要消耗一定的$Ca(OH)_2$，从而使混凝土整体的碱度降低，抗CO_2的侵蚀能力变差。

混凝土碳化深度试验数据　　　　　　　　　　　　　　　　表 11-28

龄期（d）	碳化深度（mm）							
	C30：煤矸石掺量（%）				C50：煤矸石掺量（%）			
	0	20	30	40	0	20	30	40
0	0	0	0	0	0	0	0	0
7	6.8	6.7	7.8	9.5	2.5	2.6	3.5	4.0
14	8.6	8.2	10.0	12.7	3.6	3.2	5.0	6.2
28	13.4	12.4	14.0	18.0	5.2	5.0	6.9	7.8

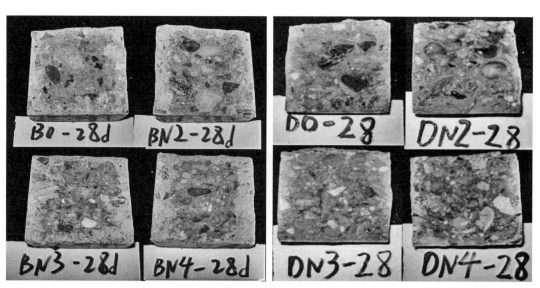

图 11-14　C30（左）、C50（右）混凝土 28d 碳化

3. 干缩性能

影响混凝土耐久性的一个重要因素就是混凝土的开裂问题，造成混凝土结构产生裂缝的原因有很多，其中一个重要原因就是混凝土材料的收缩。掺加矿物掺合料可以减少水泥用量并延缓混凝土水化放热，是预防混凝土收缩开裂的一个重要手段。因此，研究掺入煤矸石矿物掺合料后混凝土的干缩性能变化，其试验数据如图 11-15～图 11-18 所示。

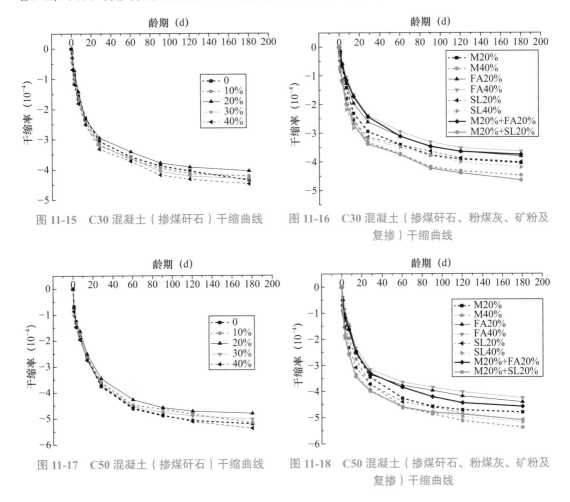

图 11-15　C30 混凝土（掺煤矸石）干缩曲线

图 11-16　C30 混凝土（掺煤矸石、粉煤灰、矿粉及复掺）干缩曲线

图 11-17　C50 混凝土（掺煤矸石）干缩曲线

图 11-18　C50 混凝土（掺煤矸石、粉煤灰、矿粉及复掺）干缩曲线

由干缩变形的试验数据分析可知，混凝土干缩变形与胶凝材料的用量有关，即随强度等级增大，混凝土的干缩变形也增大。C30 混凝土 28d 干缩率为 -3.06×10^{-4}，180d 干缩率为 -4.35×10^{-4}；C50 混凝土 28d 干缩率为 -3.75×10^{-4}，180d 干缩率为 -5.21×10^{-4}；掺入煤矸石后，同龄期期下，两个强度等级混凝土的干缩率变化规律相同，即随煤矸石掺量的增大，干缩率呈现先减小后增大的趋势。当单掺煤矸石掺量在 20% 时，C30 混凝土 28d 干缩率为 -2.95×10^{-4}，180d 干缩率为 -4.05×10^{-4}；C50 混凝土 28d 干缩率为 -3.45×10^{-4}，180d 干缩率为 -4.81×10^{-4}，干缩率最小。由图 11-15、图 11-17 分析可知，分别掺入煤矸石、粉煤灰、矿粉后，混凝土的收缩规律为粉煤灰最小，矿粉次之，煤矸石最大，但合适掺量下均较基准试验小。煤矸石与粉煤灰、矿粉在总量 40% 下按

1:1 比例双掺，混凝土的收缩明显较单掺煤矸石时小，其中，煤矸石与粉煤灰复掺收缩最小。这与各掺合料的活性有关。粉煤灰早期活性较矿粉、煤矸石低，其火山灰活性需要水泥水化的产物才能激发，因此对体系的水化有抑制作用，从而也抑制了混凝土的收缩，后期由于火山灰反应，密实了混凝土内部孔隙，增加了干燥条件下混凝土中水分迁移的难度，从而降低了混凝土的收缩率；矿粉活性较高，前期参与水化并促进水泥水化，从而加快了混凝土中水分的消耗速率，因此其混凝土的收缩高于粉煤灰；而煤矸石由于煅烧后内孔较多，早期其内部水分的散失会造成混凝土干缩增大，而随着煤矸石火山灰反应逐渐进行，混凝土中内部孔结构被细化，降低了孔隙的连通性，降低了混凝土的干缩，在这两者的作用下，煤矸石混凝土的干缩较大，但低于基准试样。复掺时，煤矸石与粉煤灰的性能叠加，使得干缩率降低，混凝土性能较好。

11.2.4 煤矸石水化硬化机理研究

本节主要研究了煤矸石水泥体系的水化过程，阐明煤矸石在水泥体系中的作用机理并为其所发挥的作用提供理论依据。通过 XRD 分析了水化产物及微观形貌，通过对水化样品的孔结构测试研究分析了煅烧煤矸石对孔结构的影响，通过测定水化样的化学结合水和 $Ca(OH)_2$ 含量对煤矸石的火山灰活性进行初步评价。

1. 煤矸石水泥体系水化过程的 XRD 分析

试样组成为 30% 的 900℃煅烧煤矸石＋65% 的熟料＋5% 的石膏，对比纯水泥水化体系，各试验水胶比均为 0.5，试样净浆成型后在标准条件下养护至 3d、7d、28d 后分别取样，各试验 XRD 分析如图 11-19、图 11-20 所示。

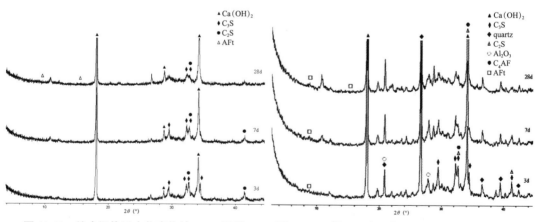

图 11-19 纯水泥体系水化产物的 XRD 图谱　　图 11-20 煤矸石水泥体系水化产物的 XRD 图谱

由图 11-19 可知，纯水泥体系中随着龄期增长，硅酸三钙（C_3S）、硅酸二钙（C_2S）的峰明显减弱，含量明显减少，水化产物 $Ca(OH)_2$ 峰增强，含量增加明显，而另一个非常重要的水化产物 C-S-H 是凝胶态的，在 2θ 为 30°～35° 时出现弥散峰，钙矾石（AFt）的峰不明显，在 2θ 为 11° 附近出现一个较强的峰，经分析含有 CO_2、Ca、Al、Si 的水合物，可能是水化产物如钙矾石被碳化形成的。

由图 11-20 可知，体系中的水泥组成矿物及水化产物与纯水泥体系变化类似。但水化产物中 Ca（OH）$_2$ 含量随龄期变化不像纯水泥体系那么明显。这是因为随着反应不断进行，有 Ca（OH）$_2$ 生成，煤矸石活性组分和 Ca（OH）$_2$ 反应消耗掉部分 Ca（OH）$_2$。与纯水泥体系同龄期相比，加入煤矸石的 XRD 图谱的 C-S-H 凝胶（2θ 为 30°～35° 出现的弥散峰）增加较明显，这也与前面的力学性能试验结果吻合。在水化产物中，发现了 SiO$_2$、Al$_2$O$_3$ 的晶体，一方面是由于煤矸石本身就含有较多的石英晶体，另一方面也可能是部分的活性物质在煅烧过程中重结晶完全引起的。

2. 煤矸石水泥体系水化过程的孔结构分析

（1）纯水泥体系的水化过程孔结构分析

在比表面积 350m^2/kg 熟料中掺加 5% 的石膏，水胶比为 0.5，对 3d、28d 两个龄期纯水泥的孔结构进行分析，结果如表 11-29 所示。从孔径参数可以看出，3d 和 28d 的空隙率没有明显差别。这跟试验采用的是固定水胶比的净浆试块有关系。进一步分析特征孔径和孔径分布可以发现，3d 的孔径主要集中在 50～100nm，平均孔径达到了 116.1nm；而 28d 的孔径高度集中在小于 50nm 的区间，平均孔径为 37.5nm，大于 100nm 的孔分布不到 1%。图 11-21 给出了纯水泥体系 3d 和 28d 汞压入量－孔径曲线，28d 的样品的孔明显细化，主要集中在小于 50nm 的区间。根据吴中伟院士对孔的分类，小于 50nm 的孔为无害孔。这就是 3d 和 28d 几乎相同空隙率的试样抗压强度相差很大的主要原因。随着水化反应进行，后期的水化产物明显改善了水泥的孔结构。

纯水泥的孔结构分析结果　　　　　　　　　　　　表 11-29

试样	龄期	空隙率（%）	中值孔径（nm）	平均孔径（nm）	＞100nm（%）	50～100nm（%）	＜50nm（%）	抗压强度（MPa）
C	3d	23.35	66.3	116.1	19.33	56.33	24.34	29.6
	28d	23.08	23.8	37.5	0.37	24.76	74.87	57.5

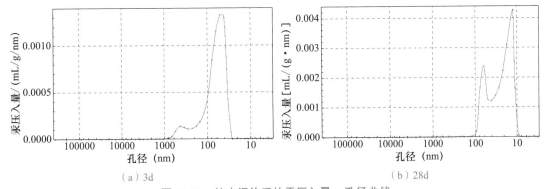

（a）3d　　　　　　　　　　　　　　　　（b）28d

图 11-21　纯水泥体系的汞压入量－孔径曲线

（2）煤矸石水泥体系的水化过程孔结构分析

对纯水泥体系掺 30% 的 900℃ 煅烧的煤矸石进行 3d 和 28d 孔结构分析，结果如表 11-30 所示。从表 11-30 的孔径参数可以看出，添加 30% 的煤矸石的体系空隙率与纯水泥体系相当。但是从中值孔径、平均孔径和孔径分布可以看出，添加煤矸石后水泥孔径变大。这首先跟煅烧煤矸石的需水量较大有关系，相同的水胶比，掺需水量较大的煤矸石会使净浆稠度变大，成型的时候密实度变小，空隙率增加，大孔增加；另一个原因是煅烧煤矸石的活性没有纯水泥的活性高，整个体系的反应程度没有纯水泥的高，导致孔结构依然较大。水泥水化 3d 的孔分布以大于 100nm 的有害孔为主。

煤矸石水泥试样的孔结构分析 表 11-30

试样	龄期	空隙率（%）	中值孔径（nm）	平均孔径（nm）	>100nm（%）	50~100nm（%）	<50nm（%）	抗压强度（MPa）
M	3d	23.09	175.1	278	60.77	37.78	1.45	26.2
	28d	22.54	45.1	62.1	7.35	38.21	54.44	49.9

从表 11-30 中的试验结果可以看出，水泥水化 28d 后，大于 100nm 的有害孔由 3d 的 60.77% 减小到 7.35%，而 50~100nm 这个区间孔径分布几乎没有变化，小于 50nm 的无害孔急剧增加，由 1.45% 增加到 54.44%，中值孔径降到 50nm 以下。对比纯水泥体系可以看出，添加煅烧煤矸石对孔结构影响更大，经过 28d 水化孔的细化更为明显。这是由于煅烧煤矸石与水泥水化产物反应，可以改善 $Ca(OH)_2$ 析晶造成的大孔，而且新生成的水化产物可以填充原来的孔隙。所以密实度大幅提高，孔结构明显改善。

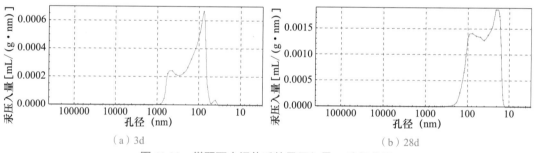

（a）3d （b）28d
图 11-22 煤矸石水泥体系的汞压入量－孔径曲线

如图 11-22 所示，对纯水泥体系和掺 30% 煤矸石水泥体系的孔结构进行对比分析可以看出，煤矸石水泥样品 28d 水化孔结构细化程度更大，说明了煅烧煤矸石在水化过程中参与水化反应，对孔结构具有明显的改善作用。

3. 煤矸石火山灰活性的评价

（1）化学结合水的测定

试样的水胶比为 0.5，到龄期后取样用无水乙醇终止水化。具体为准确称取 1g 已脱去非化学结合水的硬化试样（105℃烘干），放入预先已烘干至恒重的坩埚中，然后置于 950~1000℃的高温炉中灼烧至恒重，测出试样烧失量，它与新鲜试样的烧失量之差为浆体化学结合水量。本部分试验编号为：

C：95% 熟料＋5% 的石膏；

M2：900℃煤矸石 20%＋75% 熟料＋5% 的石膏；

M3：900℃煤矸石 30% ＋ 65% 熟料 ＋ 5% 石膏；

M4：900℃煤矸石 40% ＋ 55% 熟料 ＋ 5% 石膏。

从煤矸石水泥体系化学结合水量测定的结果（表 11-31、图 11-23）可以看出，随着养护时间的延长，各样品的硬化浆体中的化学结合水量逐渐增多。说明煅烧煤矸石与水泥的水化产物之间的反应程度逐渐加深。由图 11-23 还可以看出水化前 3d 化学结合水增加较快，这是由于水化初期的化学结合水主要来源于水泥矿物的水化产物，煤矸石较少参加反应；而后期随着煤矸石参与水化反应，吸收体系中的 $Ca(OH)_2$，促进水泥进一步水化，化学结合水继续增加，但是总的来说后期的增加幅度不如前期大。掺煤矸石的水泥样品其化学结合水没有纯水泥体系的化学结合水含量高，主要是纯水泥体系含有更多的熟料矿物，掺入的煤矸石活性不及熟料高，导致化学结合水没有纯熟料体系高。对于不同掺量的煤矸石，煤矸石掺量越高，化学结合水含量越低。掺量越大，化学结合水越低，强度也越低，这与前文的力学性能结果一致。

化学结合水试验结果

表 11-31

试验编号	化学结合水（%）					
	1d	3d	7d	14d	21d	28d
C	13.48	16.28	18.64	20.23	21.68	21.95
M2	11.25	13.64	15.78	17.44	18.23	18.55
M3	10.05	13.20	14.94	16.28	17.64	17.88
M4	9.20	12.03	13.68	15.50	17.21	17.25

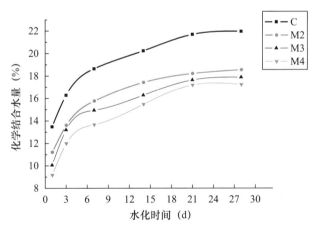

图 11-23 不同体系的化学结合水量与水化时间的关系

（2）$Ca(OH)_2$ 含量的测定

本试验运用 DSC-TG 研究方法对各混合体系在不同龄期浆体的 $Ca(OH)_2$ 含量进行了定量测试。测试原理为：$Ca(OH)_2$ 分解温度在 422℃左右，分解时吸收一定热量，同时重量损失。据此，用差示扫描仪对净浆粉末试样进行热分析，从室温以 10℃/min 的速度加热到 800℃。扫描曲线分热量曲线和重量曲线，运用分析软件对两条曲线进行分析，得出样品 Ca(OH)$_2$ 在分解温度 422℃左右的单位重量损失量，其与纯 Ca(OH)$_2$ 的单位重量损失量相除即可得出样品中 Ca(OH)$_2$ 质量百分含量。

图 11-24 是四个样品的 DSC-TG 曲线。曲线反映了样品在试验中能量和重量的变化。

根据上述试验方法和图 11-24 的曲线数据，计算四个样品的 Ca(OH)$_2$ 的含量，见表 11-32。从表 11-32 中数据可以看出，纯水泥体系的水化 28d 的 Ca(OH)$_2$ 含量由 13.86% 增加到 21.50%，而掺 30% 的煤矸石的水泥 3d 的 Ca(OH)$_2$ 含量为 9.71%，比纯水泥体系小。

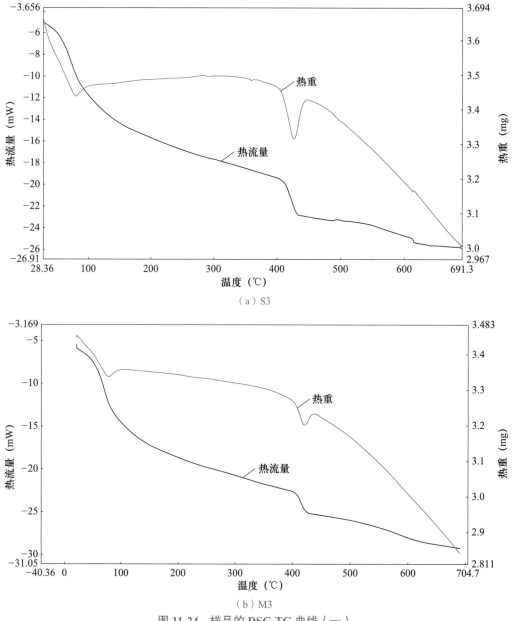

（a）S3

（b）M3

图 11-24 样品的 DSC-TG 曲线（一）

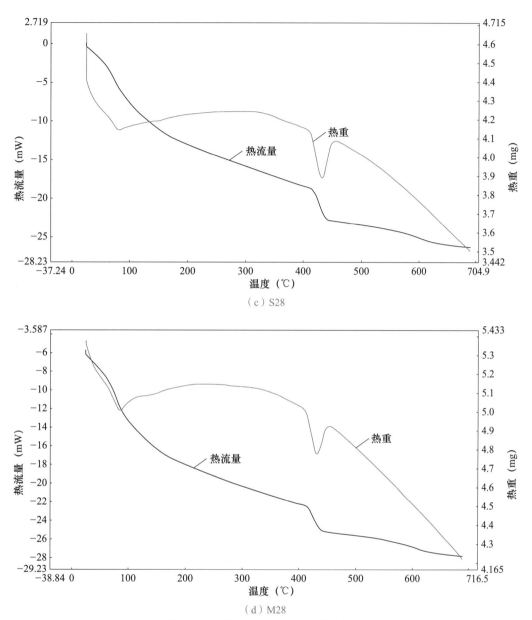

（c）S28

（d）M28

图 11-24　样品的 DSC-TG 曲线（二）

样品的 Ca(OH)₂ 含量　　　　　　　　　　　　　表 11-32

试验编号	配合比及龄期	Ca(OH)₂ 含量（%）
S3	纯水泥 3d	13.86
S28	纯水泥 28d	21.50
M3	掺 30% 煤矸石水泥 3d	9.71
M28	掺 30% 煤矸石水泥 28d	12.83

由图 11-25 的四种水化样品的 DSC 曲线可知，C-S-H 凝胶（分解吸热峰值对应的温

度为 70~100℃)、Ca(OH)$_2$(约 422℃)的峰,及 DSC 曲线上峰的面积与物质发生转变的焓变成正比,与其质量成正比,因此可以用吸热峰的面积来确定其含量。从上述 C-S-H 凝胶和 Ca(OH)$_2$ 的峰的面积也可以看出几个样品的反应程度从小到大依次为:M3、S3、M28、S28,这与前面用 TG 计算出来的 Ca(OH)$_2$ 含量的大小是一致的。三硫型水化硫铝酸钙(AFt,约 125℃)的峰不明显,在 28d 水化产物中可以看见。

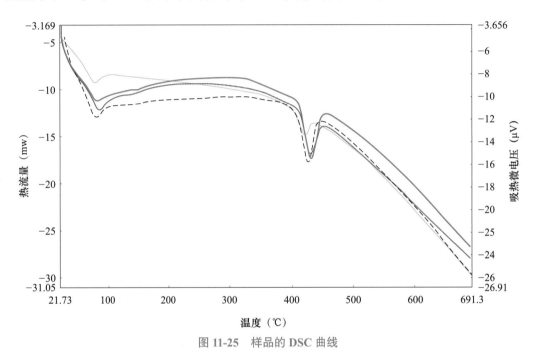

图 11-25 样品的 DSC 曲线

如图 11-24 所示,400℃前的质量损失被认为是 C-S-H 凝胶和 Aft 脱水引起的,纯水泥体系的水化产物较多,质量损失也较大。400~500℃的质量损失是 Ca(OH)$_2$ 分解产生的 H$_2$O 的挥发造成的,掺煤矸石的体系消耗掉部分 Ca(OH)$_2$,所以 Ca(OH)$_2$ 含量比纯水泥低,这与前文的 XRD 分析的 Ca(OH)$_2$ 衍射峰强度变弱的结果是一致的。

11.2.5 研究结论

本书从制备活化煤矸石的工艺制度出发,研究了煅烧温度、保温时间、粉磨时间等工艺参数,同时研究了活化煤矸石对水泥混凝土的工作性能、力学性能及耐久性能的影响以及与粉煤灰、矿渣等常用掺合料活性进行比较;研究了活化过程中煤矸石微观结构及形貌上的变化,为其活性来源提供证据;研究分析了煅烧煤矸石水泥水化过程的产物、微观形貌、孔结构及化学结合水和 Ca(OH)$_2$ 含量,分析了煅烧煤矸石对水泥水化过程的影响。研究所得主要结论如下:

(1)煤矸石的化学成分、矿物组成及活化工艺试验研究结果。本试验采用的煤矸石的主要矿物是高龄石、绿泥石等黏土矿物与 α-石英,主要化学成分为 SiO$_2$、Al$_2$O$_3$、Fe$_2$O$_3$ 等,经活化处理后,黏土矿物分解成无定形的 SiO$_2$ 和 Al$_2$O$_3$ 物质,其具有一定的活性。

煅烧温度、保温和粉磨时间是决定煅烧煤矸石活性的关键。本试验采用的煤矸石最佳煅烧温度为900℃，保温2小时，粉磨15分钟，活化后煤矸石粉的45μm筛筛余、比表面积、密度、需水量比、烧失量分别为16.8%、450m²/kg、2.53kg/m³、103.5%和3.5%。

（2）活化煤矸石火山灰活性试验结果。通过胶砂强度试验确定煅烧磨细后的煤矸石粉可以用作混凝土矿物掺合料。比表面积在450m²/kg左右的活化煤矸石粉，其28d抗压强度为49.9MPa，为纯熟料水泥的87%；28d抗折强度为8.8MPa，为纯熟料水泥的94%。对煅烧煤矸石、矿渣和粉煤灰做胶砂试验比较其活性，研究表明煅烧煤矸石的活性介于粉煤灰和矿渣之间，更接近于矿渣。添加辅助煅烧材料可适当提高煤矸石的活性。

（3）活化煤矸石作掺合料配制混凝土试验结果。掺入煤矸石后，混凝土用水量随煤矸石量的增加而增大，其各龄期抗压强度随掺量的增加呈现先增大后减小的趋势。在综合考虑混凝土工作性和力学性的条件下，等量取代水泥单掺量以小于等于20%为宜，超量取代水泥下，单独使用煤矸石掺量可以达到30%。配置高强度等级混凝土时，煤矸石的掺入量应适当减少。煤矸石与矿粉、粉煤灰对比性试验研究证明，煤矸石混凝土需水量＞矿粉混凝土需水量＞粉煤灰混凝土需水量，但煤矸石混凝土早期强度高于粉煤灰混凝土，与矿粉混凝土相差不多，后期强度也有较大增长。因此，煤矸石更适合与粉煤灰复合使用，可在粉煤灰现有使用量下加入20%左右的煤矸石，此时混凝土和易性较好，各龄期抗压强度较高。

（4）掺活化煤矸石高性能混凝土耐久性试验结果。掺活化煤矸石混凝土的抗氯离子渗透能力较强，在水胶比0.49和0.35下，掺量小于40%时，养护60d的氯离子迁移电量均小于1000C，达到高性能的要求。加入煤矸石后，混凝土抗碳化性能无较大改善。随水胶比的降低，煤矸石混凝土干缩增大，与矿粉、粉煤灰比较，煤矸石混凝土干缩率大于粉煤灰，与矿粉混凝土相差不多，但合理掺量下均小于纯水泥混凝土。

（5）煤矸石水化硬化机理研究结果。通过XRD分析，掺煤矸石水泥体系的水化产物与纯水泥体系类似，只是Ca(OH)₂含量较低。由SEM和孔结构分析可知，掺煤矸石后可细化混凝土孔径分布，改善混凝土的微孔结构，使混凝土结构更加致密。同时，由于煤矸石水化，化学结合水较高，并降低了混凝土中Ca(OH)₂含量。

综上所述，煤矸石属于黏土类矿物，通过合适的活化工艺处理后，可以作为混凝土矿物掺合料使用，材料各项性能指标均能满足现行国家标准和行业标准要求。合理的配制条件下，掺煤矸石混凝土的各项性能指标均能满足预拌混凝土设计强度等级以及施工操作性的需要，同时可以增强混凝土的耐久性。

11.3 煤矸石矿物掺合料中试生产和生产线建设

1. 煤矸石活化工艺技术的制定

煤矸石最佳活化工艺：煅烧温度为900℃，保温2小时，粉磨15分钟，比表面积在550m²/kg左右，其28d抗压强度49.9MPa，为纯熟料水泥的87%；28d抗折强度8.8MPa，为纯熟料水泥的 94%。

2. 煤矸石矿物掺合料生产试验

选定沸腾炉为煤矸石煅烧活化装置,对煤矸石制备矿物掺合料进行中试生产试验,其生产工艺如图 11-26 所示。

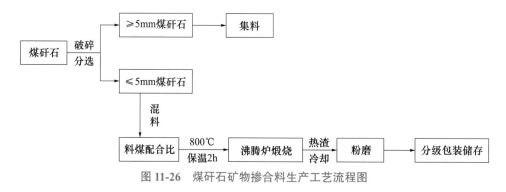

图 11-26 煤矸石矿物掺合料生产工艺流程图

（1）破碎、分选

煤矸石取自北京市房山区南窖乡。将煤矸石经两次破碎后形成 10～20mm、5～10mm 两种规格的集料,在破碎过程中产生的小于 5mm 的软质煤矸用于制备活化煤矸石矿物掺合料。

（2）混料

分选出的 5mm 以下软质煤矸石的热值为 300～1200kcal/kg,平均热值约为 600kcal/kg。将煤矸石与优质煤（热值 6000kcal/kg 左右）按 4:1 的比例混合均匀,混合后的热值约为 1800kcal/kg,送入沸腾炉进行热活化煅烧。煅烧过程中,可根据炉内底料燃烧情况适当增大煤矸石与煤的配合比。为烧制出活性较高的活化煤矸石粉,可在配料过程中加入石灰石、石膏、萤石等辅助材料进行增钙煅烧。煤矸石中试煅烧生产配料方案如表 11-33 所示。

煤矸石中试煅烧生产配料方案（%） 表 11-33

煤矸石	煤	石灰石	石膏	萤石
72	20	5	2	1

（3）沸腾炉煅烧

按照前期试验制定的活化工艺,采用沸腾炉煅烧煤矸石,采取连续煅烧、间断出渣方式,温度控制在（850±50）℃,煤矸石入炉 1h 后开始取渣,根据炉内燃烧料层变化情况,取渣间隔时间大于 30min。每 20min 记录一次炉温,煅烧空冷后利用球磨机将煤矸石磨细。煤矸石炉内煅烧温度随时间变化如图 11-27 所示。

（4）粉磨

将煅烧好的煤矸石送入球磨机进行粉磨,采用直径 1.2m 的大型球磨机,粉磨过程如图 11-28 所示。活化煤矸石粉物理性能检测数据如表 11-34 所示。

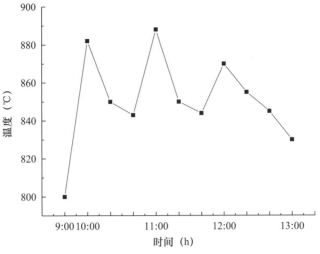

图 11-27 煤矸石煅烧温度随时间的变化

图 11-28 煤矸石矿物掺合料粉磨过程

活化煤矸石粉物理性能检测数据 表 11-34

密度（g/cm³）	细度（45μm 筛余）（%）	比表面积（m²/kg）	需水量比（%）	烧失量（%）
2.53	16.8	454	103.5	3.5

3. 煤矸石矿物掺合料生产线建设

本着因地制宜、就地取材的原则，在北京市房山区南窖乡煤矸石生产基地内建设煤矸石矿物掺合料生产线，如图 11-29 所示。

图 11-29 煤矸石矿物掺合料生产线建设

11.4 煤矸石矿物掺合料水泥混凝土的示范应用

11.4.1 煤矸石矿物掺合料用于商品混凝土的技术路线

根据基础试验研究结果，确定煤矸石矿物掺合料 1m³ 混凝土用量为 30kg。中试工程采用 4 种混凝土配合比，分别为煤矸石粉单掺、煤矸石粉与粉煤灰双掺、煤矸石粉与矿粉双掺、煤矸石粉与矿粉和粉煤灰三掺。对比研究煤矸石粉不同应用方式下混凝土工作性能、力学性能和耐久性能的差异，探讨煤矸石矿物掺合料商品混凝土的生产技术和应用技术。

11.4.2 原材料

水泥：选用北京金隅琉璃河 P.O42.5 水泥，标准稠度为 26.0%±2.0%，$R_3 = 26.0 \sim 32.0\text{MPa}$，$R_{28} = 53.0 \pm 3.0\text{MPa}$。

粉煤灰：选用河北唐山青宇粉煤灰，细度小于 25%，需水量比小于 105%，烧失量小于 8%，满足 Ⅱ 级粉煤灰质量要求。

矿渣粉：选用北京首钢嘉华磨细矿渣粉，流动度比大于等于 95%，28d 活性指数大于等于 95%，比表面积大于等于 400m²/kg，满足 S95 级矿渣粉质量要求。

煤矸石矿物掺合料：由北京南窖新源煤矸石科技开发有限公司生产，比表面积 454m²/kg，密度 2.53g/cm³，烧失量 3.5%，细度 16.8%，需水量比 104%。

砂：选用河北涿州天然中砂，含泥量小于 2.5%，泥块含量小于 0.5%，细度模数 2.3 ~ 2.7。

石：选用河北涿州卵碎石，公称粒径 5~25mm，含泥量小于 0.8%，针片状含量小于 7.5%。

外加剂：选用天津同祥混凝土外加剂厂生产的 TX-D，减水率大于 21%，28d 抗压强度比大于 110%。

拌合用水：自来水。

11.4.3 混凝土配合比设计

煤矸石矿物掺合料配制商品混凝土的强度等级、强度保证率、标准差应符合《普通混凝土配合比设计规程》JGJ 55—2011 的规定，配合比设计以基准混凝土配合比为基础，按等稠度、等强度等级的原则等效置换。根据相关工程技术要求，进行混凝土配合比优化设计，混凝土配合比设计如表 11-35 所示，混凝土主要性能指标如表 11-36 所示。

混凝土配合比设计 表 11-35

配合比	水胶比	砂率（%）	水泥（kg/m³）	粉煤灰（kg/m³）	矿粉（kg/m³）	煤矸石粉（kg/m³）	中砂（kg/m³）	石子（kg/m³）	减水剂（kg/m³）
C30-1	0.45	45	171	60	110	30	831	1016	12.2
C30-2	0.45	45	281	60	0	30	831	1016	12.2
C30-3	0.45	45	231	0	110	30	831	1016	12.2
C30-4	0.45	45	335	0	0	30	831	1016	12.0
C25-1	0.52	46	144	52	95	30	872	1024	10.3
C25-2	0.52	46	239	52	0	30	872	1024	10.3
C25-3	0.52	46	196	0	95	30	872	1024	10.3
C25-4	0.52	46	287	0	0	30	872	1024	10.1

混凝土主要性能指标 表 11-36

配合比	坍落度（mm）	扩展度（mm）	和易性	抗压强度（MPa）		
				3d	7d	28d
C30-1	225	500	良好	12.6	22.9	41.3
C30-2	240	500	良好	19.6	31.9	40.2
C30-3	225	460	良好	17.0	30.1	42.5
C30-4	215	390	良好	23.3	35.0	45.1
C25-1	240	470	良好	8.0	19.8	36.2
C25-2	245	525	良好	13.2	21.6	37.7
C25-3	245	530	良好	11.8	20.9	37.6
C25-4	215	460	良好	15.8	25.4	38.5

11.4.4 工程应用情况

从 2010 年 9 月开始到进入冬期施工之前，采用上述配合比，共生产混凝土约 5500m³，使用煤矸石矿物掺合料约 150t，主要用于民建工程。具体工程应用情况汇总见

表 11-37。

工程应用情况汇总   表 11-37

施工单位	工程名称	强度等级	部位
南通二建	大兴新城北区项目	C15、C25、C30	基础底板、内外墙、顶板、楼梯、阳台、盖板
中建二局三公司	首创奥特莱斯项目	C15、C25、C30	垫层、基础、内外墙

煤矸石矿物掺合料水泥混凝土在民建工程中应用部位、技术要求、强度等级、生产工艺和施工工艺基本相同，下面以首创奥特莱斯项目实例进行详细分析说明。

1. 工程基本情况

该工程为典型的商业与住宅建筑工程，混凝土主要使用部位为垫层、基础和内外墙，主体结构为 5~8 层，整个工程约需要混凝土 9 万 m^3。现场所有混凝土均泵送施工。施工地点在北京市房山区长阳镇，距离搅拌站 15km，混凝土运送时间约 30min。

2. 工程技术要求

混凝土强度等级：C15~C30；现场坍落度要求：160~180mm，和易性好，不离析，不泌水；外观要求："长城杯"验收要求，不得出现较多气泡和麻面等现象。

3. 混凝土配合比设计

根据相关工程技术要求，进行混凝土配合比优化设计。

4. 生产工艺

投料顺序：石—砂—水泥—粉煤灰—矿渣粉—煤矸石粉—水—外加剂。

搅拌设备：2 台 2m^3 强制式搅拌机。

搅拌时间：30s/ 盘。

搅拌工艺参数：搅拌机电流及其他工艺与常规生产没有明显变化。

5. 混凝土质量检验及评定

（1）混凝土工作性能（图 11-30~图 11-33）

图 11-30 出机煤矸石矿物掺合料混凝土拌合物
（煤矸石粉、粉煤灰双掺）

图 11-31 现场煤矸石矿物掺合料混凝土拌合物
（煤矸石粉、粉煤灰双掺）

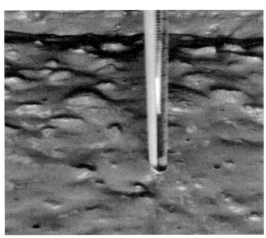

图 11-32 出机煤矸石矿物掺合料混凝土拌合物　　图 11-33 现场煤矸石矿物掺合料混凝土拌合物
（煤矸石粉、粉煤灰、矿粉 三掺）　　　　　　　（煤矸石粉、粉煤灰、矿粉 三掺）

　　煤矸石粉、粉煤灰双掺和煤矸石粉、粉煤灰、矿粉三掺混凝土工作性能良好，无离析泌水现象，新拌混凝土的黏聚性优于普通混凝土。比较出机煤矸石矿物掺合料混凝土和现场煤矸石矿物掺合料混凝土的工作性能，两者工作性能相差不大，混凝土坍落度经时损失较小，现场混凝土工作性能良好，无离析泌水现象，泵送过程顺利，无堵泵现象。两种掺入方式下煤矸石矿物掺合料混凝土的工作性能完全满足运送方式、运送距离和工程施工的技术要求。

　　煤矸石粉单掺和煤矸石粉、矿粉双掺混凝土拌合物出机工作性能良好，无离析泌水现象。现场混凝土工作性能较差，混凝土拌合物黏聚性过大，坍落度经时损失较大，通过增加外加剂用量调整现场混凝土工作性能，满足工程施工的技术要求。煤矸石矿物掺合料混凝土各项工作性能指标如表 11-38 所示。

煤矸石矿物掺合料混凝土工作性能　　　　　　　　　　表 11-38

技术指标	出机混凝土	现场混凝土
坍落度	210mm	160mm
含气量	3.4%	3.1%
温度	18.3℃	14.6℃
表观密度	2360～2390kg/m³	2360～2390kg/m³

（2）混凝土力学性能（平均）

　　煤矸石矿物掺合料混凝土不同龄期的抗压强度如表 11-39 所示。煤矸石矿物掺合料混凝土应用于民建工程，不同龄期的抗压强度完全满足混凝土施工技术要求和结构设计要求。

混凝土抗压强度 表 11-39

配合比	抗压强度（MPa）		
	3d	7d	28d
C30-1	12.0	21.7	39.2
C30-2	18.6	30.3	38.2
C30-3	16.2	28.6	40.4
C30-4	22.1	33.2	42.8
C25-1	7.6	18.9	34.4
C25-2	12.5	20.5	35.8
C25-3	11.2	19.9	35.7
C25-4	15.0	24.1	36.6

（3）混凝土实体检测

煤矸石矿物掺合料混凝土表面颜色一致，色泽均匀；自然光下，煤矸石矿物掺合料混凝土外观颜色略深于普通混凝土，未出现煤矸石矿物掺合料浮于混凝土表面现象。煤矸石矿物掺合料混凝土实体结构回弹强度检测结果如表 11-40 所示，不同强度等级的煤矸石矿物掺合料混凝土回弹强度均满足混凝土结构设计强度要求。

混凝土回弹强度 表 11-40

强度等级	C25	C30
回弹强度（MPa）	26.9	32.8

11.4.5 成本经济分析

1. 煤矸石矿物掺合料成本分析

煤矸石破碎过程中产生的小于 5mm 的软质煤矸石经过分选后成本价格为 30 元 /t；将煤矸石与优质煤（成本价格 800 元 /t）按 4：1 的比例混合均匀，送入沸腾炉进行热活化煅烧，按出渣率 60% 计算，煅烧后的软质煤矸石成本价格为 300 元 /t；煅烧和粉磨过程人工费用、电费、设备使用费约为 100 元 /t，加上营业税、管理费和运费等，煤矸石矿物掺合料成本价格约为 450 元 /t。

2. 煤矸石矿物掺合料水泥混凝土成本分析

混凝土原材料成本、普通混凝土和煤矸石矿物掺合料水泥混凝土 1m³ 成本构成如表 11-41 和表 11-42 所示。

混凝土原材料成本 表 11-41

品种	水	水泥	粉煤灰	矿粉	砂	石	煤矸石矿物掺合料	外加剂
单价（元 /t）	5	500	140	210	50	50	450	2500

1m³ 混凝土成本构成（元） 表 11-42

强度等级	水	水泥	粉煤灰	矿粉	砂	石	煤矸石	外加剂	成本合计	销售价格	利润	利润增加值
C30	167	201	60	110	831	1016	0	12.2	255.68	380	102.81	0
C30	153	171	60	110	831	1016	30	12.2	254.12	380	104.37	1.56
C30	153	281	60	0	831	1016	30	12.2	286.02	380	72.47	−30.34
C30	153	231	0	110	831	1016	30	12.2	275.72	380	82.77	−20.04
C30	151	335	0	0	831	1016	30	12	304.10	380	54.39	−48.42
C25	167	174	52	95	872	1024	0	10.3	235.61	370	113.44	0
C25	151	144	52	95	872	1024	30	10.3	234.04	370	115.02	1.58
C25	151	239	52	0	872	1024	30	10.3	261.59	370	87.47	−25.97
C25	151	196	0	95	872	1024	30	10.3	252.76	370	96.30	−17.14
C25	149	287	0	0	872	1024	30	10.1	277.80	370	71.26	−42.18

　　煤矸石矿物掺合料的价格低于水泥而高于粉煤灰和矿粉，三掺煤矸石矿物掺合料水泥混凝土的价格要低于普通混凝土，单掺和双掺煤矸石矿物掺合料水泥混凝土的价格要高于普通混凝土。在实际生产应用过程中，现有混凝土搅拌站生产条件很难为煤矸石矿物掺合料单独配置料仓和称量系统，三掺煤矸石矿物掺合料水泥混凝土的技术路线并不可行，但采用单掺和双掺煤矸石矿物掺合料的应用技术路线会导致混凝土原材料成本上升，产品利润下降。

　　在煤矸石矿物掺合料生产过程中，煅烧工艺的热值没有得到充分利用，如果这部分热值得到充分开发利用，煤矸石矿物掺合料的生产综合成本会降低，商品混凝土的产品利润有望与普通混凝土持平。总之，煤矸石矿物掺合料应用于商品混凝土中，实现了矿山废弃物的资源化利用，虽然煤矸石矿物掺合料在应用过程中会导致混凝土产品利润降低，但是其社会效益十分显著。

11.5　煤矸石矿物掺合料应用技术指南

11.5.1　煤矸石矿物掺合料原材料质量要求

　　活化煤矸石粉按其品质分为Ⅰ、Ⅱ、Ⅲ三个等级。其品质指标应满足表 11-43 的规定。

活化煤矸石粉品质指标和分类 表 11-43

项目指标	级别		
	Ⅰ	Ⅱ	Ⅲ
细度（0.08mm 方孔筛筛余，%）不大于	5	8	20
需水量比（%）不大于	100	105	115

续表

项目指标		级别		
		Ⅰ	Ⅱ	Ⅲ
烧失量（%）不大于		5	8	15
活性指数（%）不小于	7d	85	70	55
	28d	95	85	75
含水率（%）不大于		1	1	不规定
三氧化硫（%）不大于		3	3	3

注：代替细骨料的煤矸石不受此规定的限制。

11.5.2 煤矸石矿物掺合料应用规定

1. 应用范围

Ⅰ级活化煤矸石粉允许用于后张预应力钢筋混凝土构件及跨度小于6m的先张预应力钢筋混凝土构件。Ⅱ级活化煤矸石粉主要用于普通钢筋混凝土。Ⅲ级活化煤矸石粉主要用于无筋混凝土和路用混凝土。

2. 掺量范围

在普通钢筋混凝土中，活化煤矸石粉掺量不宜超过基准混凝土水泥用量的30%，且活化煤矸石粉取代水泥率不宜超过20%。预应力钢筋混凝土中，活化煤矸石粉的掺量不宜超过20%。活化煤矸石粉取代水泥率，采用普通硅酸盐水泥时不宜大于15%，采用矿渣硅酸盐水泥时不宜大于10%。

无筋干硬性混凝土中，活化煤矸石粉掺量可适当增加，其取代水泥率不宜超过30%。

3. 其他规定

活化煤矸石粉宜与外加剂复合使用，以改善混凝土拌合物的和易性，提高混凝土的耐久性。外加剂的合理掺量可通过试验确定。

活化煤矸石粉与粉煤灰、石灰石粉等矿物掺合料复合使用可以更好地改善混凝土和易性，提高混凝土的力学性能和耐久性能。复合矿物掺合料的比例用量可通过试验确定。

11.5.3 煤矸石矿物掺合料混凝土配合比设计

（1）煤矸石在混凝土中的掺量，宜按等量置换法取代水泥，其取代率不宜超过表11-44的规定。超过限量时，应经试验确定取代率。

活化煤矸石粉取代水泥的取代率（%）　　　　　　　　表 11-44

混凝土强度等级	硅酸盐水泥	普通硅酸盐水泥	矿渣硅酸盐水泥
C15～C30	20	20	15
C35～C45	20	20	10
C45 以上	10	10	5

（2）煤矸石混凝土的配合比设计应以基准混凝土的配合比设计为基础，按照等稠度、等强度等级原则，用等量置换法进行。

（3）煤矸石混凝土的配合比设计可按下列规定进行：

① 可按设计要求，根据现行行业标准《普通混凝土配合比设计规程》JGJ 55—2011的规定进行基准混凝土配合比设计。

② 选择活化煤矸石粉取代水泥的取代率。

③ 煤矸石混凝土的用水量应按等稠度原则适量添加，也可掺减水剂调整其稠度。在掺减水剂时，减水剂的掺量应按胶凝材料总量的百分率计算。

④ 根据计算的煤矸石混凝土配合比，进行试配，在保证设计所需要的和易性和强度的基础上，进行混凝土配合比调整。

⑤ 根据调整后的配合比，提出现场用煤矸石混凝土的配合比。当对煤矸石混凝土有特殊要求时，还应对配合比作相应调整。

附录 第10章相关试验数据

铁尾矿混合砂混凝土基准配合比

附表 1

配合比		水胶比	胶凝材料 (kg/m³)	混凝土配合比 (kg/m³)							砂率	含气量	密度 (kg/m³)
				水	水泥	粉煤灰	矿渣粉	石子	铁尾矿砂	机制砂			
C20	1	0.60	300	180	180	60	60	906	298	696	52%	2.5%	2381
C20	2	0.60	300	180	180	60	60	937	386	579	51%	2.5%	2381
C20	3	0.60	300	180	180	60	60	983	459	459	48%	2.5%	2382
C20	4	0.60	300	180	180	60	60	1014	533	355	47%	2.5%	2382
C20	5	0.60	300	180	180	60	60	1060	590	253	44%	2.5%	2383
C30	1	0.46	384	175	240	72	72	925	271	632	49%	2.0%	2404
C30	2	0.46	384	175	240	72	72	956	349	524	48%	2.0%	2404
C30	3	0.46	384	175	240	72	72	1004	413	413	45%	2.0%	2405
C30	4	0.46	384	175	240	72	72	1035	477	318	43%	2.0%	2405
C30	5	0.46	384	175	240	72	72	1082	524	225	41%	2.0%	2406
C40	1	0.40	440	175	264	88	88	1001	240	560	44%	1.5%	2416
C40	2	0.40	440	175	264	88	88	1035	307	460	43%	1.5%	2416
C40	3	0.40	440	175	264	88	88	1085	358	358	40%	1.5%	2417
C40	4	0.40	175	440	264	88	88	1049	376	376	42%	1.5%	2417
C40	5	0.40	175	440	264	88	88	1121	340	340	38%	1.5%	2417
C50	1	0.35	170	486	292	97	97	1020	227	529	43%	1.2%	2432
C50	2	0.35	170	486	292	97	97	1054	289	433	41%	1.2%	2432
C50	3	0.35	170	486	292	97	97	1106	336	336	38%	1.2%	2433
C50	4	0.35	170	486	292	97	97	1140	382	255	36%	1.2%	2434
C50	5	0.35	170	486	292	97	97	1192	410	176	33%	1.2%	2434

附表 2

铁尾矿混合砂混凝土基准配合比的工作性能、力学性能试验数据

强度等级	胶凝材料（kg/m³）	砂率	铁尾矿砂比例	混凝土工作性能		其他描述	混凝土抗压强度（MPa）				
				坍落度（mm）	扩展度（mm）		R_{3d}	R_{7d}	R_{28d}	R_{60d}
C20	300	52%	30%	155	420	稍离析	11.0	18.2	31.0	38.0
C20	300	51%	40%	165	440	干湿	11.4	21.8	32.0	39.1
C20	300	48%	50%	185	440	和易性好	12.2	22.1	31.0	39.8
C20	300	47%	60%	195	450	和易性好	12.0	23.1	33.4	41.0
C20	300	44%	70%	140	380	和易性好	13.0	21.0	28.7	41.1
C30	384	49%	30%	200	500	黏聚性差	15.8	25.1	40.6	51.7
C30	384	48%	40%	195	480	和易性好	15.5	28.1	42.7	51.3
C30	384	45%	50%	205	460	和易性好	16.4	26.3	43.0	51.7
C30	384	43%	60%	190	450	和易性好	14.1	25.5	42.8	49.6
C30	384	41%	70%	175	430	和易性好	14.4	24.9	43.2	50.2
C40	440	44%	30%	190	530	稍离析	20.2	30.2	48.6	60.7
C40	440	43%	40%	215	570	和易性好	22.6	32.5	52.6	63.9
C40	440	40%	50%	195	450	和易性好	22.6	32.1	51.1	60.8
C40	440	38%	60%	190	420	和易性好	21.6	30.7	50.7	61.8
C40	440	35%	70%	180	420	稍黏	22.5	30.0	50.0	60.1
C50	500	43%	30%	180	420	稍干湿	25.2	38.6	56.0	66.3
C50	500	41%	40%	210	540	和易性好	25.5	39.1	59.8	68.6
C50	500	38%	50%	195	500	和易性好	27.1	39.8	55.4	66.2
C50	500	36%	60%	200	450	和易性好	26.2	37.0	51.4	63.9
C50	500	33%	70%	175	400	稍黏	25.5	39.7	56.2	62.0

附表 3

混合砂理想级配颗粒分布与实测曲线颗粒分布

曲线名称	颗粒尺寸（mm）						
	4.750	2.360	1.180	0.600	0.300	0.150	0.075
Fuller 曲线（$n = 1/2$）	100.0%	70.5%	49.8%	35.5%	25.1%	17.8%	12.6%
Fuller 曲线（$n = 1/3$）	100.0%	79.2%	62.9%	50.2%	39.8%	31.6%	25.1%
Bolomey 曲线（$A = 14$）	100.0%	74.6%	56.9%	44.6%	35.6%	29.3%	24.8%
Bolomey 曲线（$A = 8$）	100.0%	72.8%	53.9%	40.7%	31.1%	24.3%	19.6%
铁尾矿砂 30% 的混合砂通过率	94.0%	75.2%	63.6%	46.1%	33.2%	17.6%	3.1%
铁尾矿砂 40% 的混合砂通过率	94.1%	77.8%	67.1%	49.9%	36.2%	19.2%	3.8%
铁尾矿砂 50% 的混合砂通过率	94.7%	80.4%	70.7%	53.7%	39.2%	20.9%	4.5%
铁尾矿砂 60% 的混合砂通过率	95.3%	83.0%	74.2%	57.5%	42.2%	22.6%	5.2%

附表 4

铁尾矿混凝土砂石理想级配曲线与实测颗粒分布（砂率 = 40%）

曲线名称	颗粒尺寸（mm）									
	19.0	16.0	9.5	4.750	2.360	1.180	0.600	0.300	0.150	0.075
Bolomey 曲线（C_{340}，$A = 14$）	100.0%	91.6%	70.2%	49.2%	34.2%	23.7%	16.4%	11.1%	7.4%	4.7%
Bolomey 曲线（C_{485}，$A = 14$）	100.0%	91.0%	68.0%	45.3%	29.2%	17.9%	10.1%	4.4%	0.3%	2.5%
Bolomey 曲线（C_{340}，$A = 8$）	100.0%	91.0%	68.2%	45.6%	29.6%	18.4%	10.6%	4.9%	0.9%	1.9%
Bolomey 曲线（C_{485}，$A = 8$）	100.0%	90.4%	65.7%	41.5%	24.2%	12.1%	3.8%	2.3%	6.6%	9.7%
Fuller 曲线（$n = 1/2$，C_{340}）	100.0%	90.3%	65.4%	40.9%	23.5%	11.3%	2.8%	3.3%	7.7%	10.8%
Fuller 曲线（$n = 1/2$，C_{485}）	100.0%	89.5%	62.7%	36.4%	17.6%	4.5%	4.6%	11.2%	15.9%	19.2%
Fuller 曲线（$n = 1/3$，C_{340}）	100.0%	93.4%	75.6%	56.3%	40.8%	28.6%	19.2%	11.5%	5.4%	0.5%
Fuller 曲线（$n = 1/3$，C_{485}）	100.0%	92.9%	73.8%	52.9%	36.3%	23.2%	13.0%	4.7%	1.9%	7.1%
Fuller 曲线（$n = 1/2$）	100.0%	91.8%	70.7%	50.0%	35.2%	24.9%	17.8%	12.6%	8.9%	6.3%
Fuller 曲线（$n = 1/3$）	100.0%	94.4%	79.4%	63.0%	49.9%	39.6%	31.6%	25.1%	19.9%	15.8%
实测砂石通过率	100.0%	96.5%	77.0%	46.7%	38.0%	35.3%	29.1%	21.6%	11.7%	3.2%

附表 5

铁尾矿混合砂混凝土砂石理想级配曲线颗粒级配分布

曲线名称	颗粒尺寸 (mm)									
	19.0	16.0	9.5	4.750	2.360	1.180	0.600	0.300	0.150	0.075
Fuller 曲线 ($n=1/2$, C_{300})	100.0%	90.5%	66.1%	42.1%	25.0%	13.1%	4.8%	1.2%	5.5%	8.5%
Fuller 曲线 ($n=1/2$, C_{550})	100.0%	89.1%	61.4%	34.0%	14.6%	1.0%	8.5%	15.3%	0	23.6%
Bolomey 曲线 (C_{300}, $A=14$)	100.0%	91.8%	70.8%	50.2%	35.5%	25.2%	18.1%	12.9%	9.3%	6.7%
Bolomey 曲线 (C_{550}, $A=14$)	100.0%	90.7%	66.8%	43.3%	26.5%	14.8%	6.7%	0.8%	3.4%	6.3%
Bolomey 曲线 (C_{300}, $A=8$)	100.0%	91.2%	68.8%	46.7%	31.0%	20.0%	12.4%	6.9%	3.0%	0.2%
Bolomey 曲线 (C_{550}, $A=8$)	100.0%	90.0%	64.5%	39.3%	21.4%	8.9%	0.2%	6.1%	10.6%	13.7%
Fuller 曲线 ($n=1/3$, C_{300})	100.0%	93.6%	76.1%	57.2%	42.0%	30.1%	20.8%	13.3%	7.3%	2.5%
Fuller 曲线 ($n=1/3$, C_{550})	100.0%	92.7%	72.8%	51.2%	33.9%	20.3%	9.8%	1.2%	5.7%	11.1%
C20 砂石通过率	100.0%	96.9%	79.6%	51.5%	39.6%	34.8%	27.0%	19.8%	10.6%	2.4%
C30 砂石通过率	100.0%	96.8%	79.5%	51.4%	39.5%	34.7%	26.9%	19.7%	10.5%	2.3%
C40 砂石通过率	100.0%	96.7%	78.1%	48.2%	36.3%	31.8%	24.7%	18.1%	9.7%	2.2%
C50 砂石通过率	100.0%	96.8%	78.9%	49.9%	38.0%	33.3%	25.8%	18.9%	10.2%	2.3%

附表 6

原材料颗粒粒径分布

名称	粒径 (μm)																	
	26500	19000	16000	9500	4750	2360	1180	600	300	150	75	37	18	10	5	2.5	1.2	0.55
5~10mm 碎石	100.0%	100.0%	100.0%	60.0%	40.0%	0	0	0	0	0	0	0	0	0	0	0	0	0
10~20mm 碎石	100.0%	80.0%	51.0%	13.0%	1.0%	0	0	0	0	0	0	0	0	0	0	0	0	0
机制砂	100.0%	100.0%	100.0%	100.0%	91.8%	67.4%	52.9%	34.6%	24.1%	12.5%	1.0%	0.6%	0.2%	0	0	0	0	0
水泥 (金隅北水) P.O42.5	100.0%	100.0%	100.0%	100.0%	100.0%	100.0%	100.0%	100.0%	100.0%	100.0%	100.0%	96.0%	81.0%	57.0%	34.0%	18.0%	4.0%	0.5%
磨细石粉 (恒坤)	100.0%	100.0%	100.0%	100.0%	100.0%	100.0%	100.0%	100.0%	100.0%	100.0%	100.0%	100.0%	100.0%	97.0%	78.0%	46.0%	17.0%	3.0%
磨细矿渣粉 S95	100.0%	100.0%	100.0%	100.0%	100.0%	100.0%	100.0%	100.0%	100.0%	100.0%	100.0%	96.0%	75.0%	48.0%	29.0%	15.0%	4.0%	0.3%
铁尾矿砂	100.0%	100.0%	100.0%	100.0%	97.6%	93.4%	88.4%	72.8%	54.2%	29.4%	8.0%	6.0%	3.2%	1.0%	0	0	0	0
粉煤灰 I 级	100.0%	100.0%	100.0%	100.0%	100.0%	100.0%	100.0%	100.0%	100.0%	100.0%	100.0%	90.0%	80.0%	67.0%	45.0%	25.0%	8.0%	0.5%

混凝土全级配理想级配曲线颗粒粒径分布与实测颗粒粒径分布

附表7

名称	粒径（μm）																	
	26500	19000	16000	9500	4750	2360	1180	600	300	150	75	37	18	10	5	2.5	1.2	0.55
Fuller 曲线（1/2）	100.0%	84.7%	77.7%	59.9%	42.3%	29.8%	21.1%	15.0%	10.6%	7.5%	5.3%	3.7%	2.6%	1.9%	1.4%	1.0%	0.7%	0.5%
Fuller 曲线（1/3）	100.0%	89.5%	84.5%	71.0%	56.4%	44.7%	35.4%	28.3%	22.5%	17.8%	14.1%	11.2%	8.8%	7.2%	5.7%	4.6%	3.6%	2.7%
Bolomey 曲线（A = 8）	100.0%	85.9%	79.5%	63.1%	47.0%	35.5%	27.4%	21.8%	17.8%	14.9%	12.9%	11.4%	10.4%	9.8%	9.3%	8.9%	8.6%	8.4%
Bolomey 曲线（A = 14）	100.0%	86.8%	80.8%	65.5%	50.4%	39.7%	32.1%	26.9%	23.2%	20.5%	18.6%	17.2%	16.2%	15.7%	15.2%	14.8%	14.6%	14.4%
Bolomey 曲线（A = 2）	100.0%	85.3%	78.6%	61.5%	44.6%	32.6%	24.3%	18.4%	14.2%	11.2%	9.1%	7.6%	6.5%	5.9%	5.3%	4.9%	4.6%	4.4%
Fuller 曲线（0.27）	100.0%	91.4%	87.3%	75.8%	62.9%	52.0%	43.2%	36.0%	29.8%	24.7%	20.5%	16.9%	14.0%	11.9%	9.9%	8.2%	6.7%	5.4%
Bolomey 曲线（A = 4, n = 0.27）	100.0%	91.8%	87.8%	76.8%	64.4%	54.0%	45.4%	38.5%	32.6%	27.7%	23.7%	20.3%	17.4%	15.4%	13.5%	11.9%	10.4%	9.2%
Bolomey 曲线（A = 2, n = 0.27）	100.0%	91.6%	87.5%	76.3%	63.6%	53.0%	44.3%	37.2%	31.2%	26.2%	22.1%	18.6%	15.7%	13.7%	11.7%	10.0%	8.6%	7.3%
Bolomey 曲线（A = -2, n = 0.27）	100.0%	91.2%	87.0%	75.3%	62.1%	51.1%	42.0%	34.7%	28.4%	23.2%	18.9%	15.3%	12.2%	10.1%	8.1%	6.4%	4.9%	3.5%
Bolomey 曲线（A = 8, n = 0.27）	100.0%	92.1%	88.3%	77.7%	65.8%	55.9%	47.7%	41.1%	35.4%	30.8%	26.9%	23.6%	20.8%	19.0%	17.1%	15.5%	14.2%	13.0%
C20 铁尾矿砂混凝土	100%	96%	90%	70%	61%	47%	46%	40%	34%	26%	18%	17%	13%	9%	6%	3%	1%	0
C30 铁尾矿砂混凝土	100%	96%	90%	71%	62%	48%	46%	41%	35%	27%	20%	18%	14%	10%	6%	3%	1%	0
C40 铁尾矿砂混凝土	100%	96%	90%	69%	60%	46%	44%	40%	35%	28%	21%	20%	16%	11%	7%	4%	1%	0
C50 铁尾矿砂混凝土	100%	96%	90%	70%	61%	47%	46%	41%	36%	29%	23%	21%	18%	12%	8%	4%	1%	0
Fuller 曲线（n = 1/2）	100.0%	84.7%	77.7%	59.9%	42.3%	29.8%	21.1%	15.0%	10.6%	7.5%	5.3%	3.7%	2.6%	1.9%	1.4%	1.0%	0.7%	0.5%
Fuller 曲线（n = 1/3）	100.0%	89.5%	84.5%	71.0%	56.4%	44.7%	35.4%	28.3%	22.5%	17.8%	14.1%	11.2%	8.8%	7.2%	5.7%	4.6%	3.6%	2.7%
C20 铁尾矿混合砂混凝土	100%	96%	91%	73%	64%	49%	44%	37%	31%	23%	17%	15%	12%	8%	5%	3%	1%	0
C30 铁尾矿混合砂混凝土	100%	96%	91%	73%	64%	49%	44%	37%	32%	25%	20%	18%	15%	10%	6%	3%	1%	0
C40 铁尾矿混合砂混凝土	100%	96%	91%	73%	63%	47%	43%	37%	32%	26%	22%	20%	16%	12%	7%	4%	1%	0
C50 铁尾矿混合砂混凝土	100%	96%	91%	73%	63%	47%	43%	38%	33%	28%	24%	22%	18%	13%	8%	4%	1%	0

参 考 文 献

［1］李永生，郭金敏，王凯．煤矸石及其综合应用［M］．徐州：中国矿业大学出版社，2006．

［2］蒋正武，梅世龙，等．机制砂高性能混凝土［M］．北京：化学工业出版社，2015．

［3］张金喜．道路工程材料资源循环利用技术［M］．北京：科学出版社，2008．

［4］重庆市建设技术发展中心．特细砂水泥混凝土和砂浆应用技术［M］．北京：人民交通出版社，2011．

［5］黄士元，蒋家奋，杨南如，等．近代混凝土技术［M］．西安：陕西科学技术出版社，1998．

［6］（英国）内维尔．混凝土的性能［M］．李国洋，马贞勇，译．北京：中国建筑工业出版社，2014．

［7］吴中伟，廉慧珍．高性能混凝土［M］．北京：中国铁道出版社，1999．

［8］李彦昌，王海波，杨荣俊．预拌混凝土质量控制［M］．北京：化学工业出版社，2016．

［9］朱申红．矿业固体废物－尾矿的资源化［J］．环境与开发，1999，14（1）：24-28．

［10］唐鹏程，余崇俊，张胜，等．机制砂石粉含量对混凝土性能的影响及其合理限值研究［J］．民营科技，2009，10：8-11．

［11］丁言伟，于小川．尾矿库利用［J］．当代矿工，2002，9：13-15．

［12］陈家珑．尾矿利用与建筑用砂［J］．金属矿山，2005，1：71-75．

［13］马茂君，陈家珑，郭林华．铁矿山废料再利用实验研究与实践［J］．中国资源综合利用，2007，3：3-7．

［14］闫满志，白丽梅，张云鹏，等．我国铁尾矿综合利用状况问题及对策［J］．矿业快报，2008，7：9-13．

［15］张锦瑞．论铁矿尾矿的资源化［J］．矿产资源，1999，15（2）：89-90．

［16］袁永强．我国尾矿库安全现状分析及建议［J］．有色冶金设计与研究，2010，31（1）：32-33．

［17］谢旭阳，田文旗，王云海，等．我国尾矿库安全现状分析及管理对策研究［J］．中国安全生产科学技术，2009，5（2）：5-9．

［18］徐振伟，章银祥．铁尾矿在外墙保温砂浆中的应用［J］．预拌砂浆，2008，（7）：50-53．

［19］贾清梅，张锦瑞，李凤久，等．铁尾矿的资源化利用研究及现状［J］．矿业工程，2006，4（3）：7-9．

［20］刘露，郑卫，祝聪玲，等．铁尾矿在建材中的应用现状［J］．资源与产业，2008，10（3）60-62．

［21］金家康，孙宝臣．浅谈铁尾矿综合利用的现状和问题［J］．山西建筑，2008，34（14）：26-27．

［22］李荣海，汪建，周志华．铁尾矿在公路工程中的应用［J］．矿业工程，2007，5（5）：52-54．

［23］赵言勤．歪头山铁矿尾矿高效回收技术研究与实践［J］．本钢技术，2008，8：1-3．

［24］陈家珑，方源兴．我国混凝土骨料的现状与问题［J］．建筑技术，2005，36（1）：23-25．

［25］冯乃谦．实用混凝土大全［M］．北京：科学出版社，2010．

［26］张玉海．在细集料缺乏地区混凝土施工的新经验［J］．混凝土，2004，11：63-66．

［27］张蔺．特细砂的应用问题浅析［J］．西部探矿工程，2008，6：207-209．

［28］江育. 特细砂与中砂混凝土配合比比较设计及工程应用［J］. 施工技术，2008，37（增刊）：45-48.

［29］张财，黄爱芹. 非洲撒哈拉沙漠特细砂混凝土配合比应用研究［J］. 黑龙江交通科技，2007，5：15-16.

［30］张德瑜. 特细砂泵送混凝土在瑞奇大厦的应用［J］. 施工技术，2000，29（5）：29-30.

［31］（美国）Steven H. Kosmatka, Beatrix Kerkhoff, William C. Panarese. 混凝土设计与控制［M］. 钱觉时，唐祖全，卢忠远，等译. 重庆：重庆大学出版社，2005.

［32］蔡路，陈太林. 人工砂的研究与应用［J］. 上海建材，2005，3：24-26.

［33］余良君. 混合砂代替天然中砂在混凝土中的应用研究［J］. 福建建材，2006，94（4）：18-19.

［34］徐飞. 普通混凝土骨料最小空隙率的探讨［J］. 混凝土，2004（3）：17-18.

［35］陈爱新，郑刚，胡晓军，等. 应用保罗米曲线优化设计高强高性能混凝土配合比的尝试［J］. 工程质量，2007，2：42-48.

［36］龚灵力，金南同，何小勇，等. 基于骨料信息的自密实混凝土配合比设计新方法［J］. 浙江大学学报（工学版），2010，44（4）：826-830.

［37］（意大利）Collepardi M, Collepardi S, Troli R. 混凝土配合比设计［M］. 刘数华，李家政，译. 北京：中国建材工业出版社，2009.

［38］（法国）de Larrard, F. 混凝土混合料的配合［M］. 廖欣，叶枝荣，李启令，译. 北京：化学出版社，2004，1-60.

［39］赵筠. 自密实混凝土的研究和应用［J］. 混凝土，2003，6：9-17.

［40］段雄辉，何涌东，于鸣新. 基于颗粒级配理论的自密实混凝土设计方法［J］. 膨胀剂与膨胀混凝土，2008，2：52-55.

［41］Okamura, H. Self Compacting High Performance Concrete[J]. ACI Concrete Internation, July（1997）.

［42］曹永民，孙昊苏，董福琳. 铁尾矿混凝土配合比设计及强度性能研究［J］. 辽宁建材，2001，（3）：26-27.

［43］刘娟红，李政，王俊杰，等. 机制砂与天然细砂混掺配制高性能混凝土耐久性的研究［J］，新型建筑材料，2006（7）：1-3.

［44］王瑞燕，周超，朱志明. 混合砂C60高性能泵送混凝土在特大型桥梁中的应用研究［J］. 重庆建筑，2008，（1）：37-39.

［45］覃光焱，刘大超. 混合砂在C50清水混凝土中的应用研究［J］. 混凝土，2007，（9）：60-62.

［46］姜波. 机制砂掺特细砂在混凝土桥梁施工中的应用［J］. 山西建筑，2008，34（11）：311-312.

［47］李章建，吕剑锋，李昕成，等. 机制砂和III级粉煤灰配制低水泥用量C60高性能混凝土的试验和工程应用［J］. 混凝土，2006，（12），74-77.

［48］廖太昌. 机制砂加特细砂配制泵送混凝土的应用［J］. 铁道建筑技术，2002（增刊），97-99.

［49］梁建林，张梦宇，王淑红. 开发利用石屑与特细砂配制混凝土［J］. 黄河水利职业技术学院学报，1999，11（3）：20-23.

［50］宋少民. 尾矿人工砂高性能混凝土研究［J］. 施工技术，2005，34（增刊）：92-95.

［51］李光伟. 水工特细砂混凝土性能试验［J］. 水利水电科技进展，2006，26（4）：18-20.

［52］刘长坤，吴启凤. 特细砂混凝土分层的原因分析与防止措施［J］. 四川建筑科学研究，2006，32（4）：111-114.

［53］牛占，和瑞雪，李静，等. 激光粒度分析仪应用于黄河泥沙颗粒分析的实验研究［J］. 泥沙研究，2002，（5）：6-15.

［54］谢素兰．应用 Fuller 级配曲线高性能混凝土配比模式之研究［J］．南亚学报，2006，（26）：81-94.

［55］覃维祖．高性能混凝土的回顾与展望［J］．建筑技术，2004，35（1）：12-16.

［56］秦连平，杨统连，马涛，等．高石粉含量机制砂在商品混凝土中的应用［J］．商品混凝土，2008，（4）：57-58.